Mastercam 2019 中文版从入门到精通

胡仁喜　刘昌丽　等编著

机 械 工 业 出 版 社

本书介绍了 Mastercam2019 版本的 CAD/CAM 功能,主要内容包括:Mastercam 2019 软件概述、二维图形的创建与标注、二维图形的编辑与转换、三维实体的创建与编辑、曲面、曲线的创建与编辑、CAM 通用设置、二维刀路规划、曲面粗加工、曲面精加工、加工综合实例、多轴加工和线架加工等。

本书可作为高等工科院校机械制造与自动化专业的本、专科学生学习 Mastercam 软件操作课程辅助教材,也可作为工程技术人员更新知识的参考书或自学手册。

图书在版编目(CIP)数据

Mastercam 2019中文版从入门到精通 / 胡仁喜等编著. —3版. —北京:机械工业出版社, 2019.11(2021.2重印)

ISBN 978-7-111-64258-9

Ⅰ.①M… Ⅱ.①胡… Ⅲ.①计算机辅助制造—应用软件 Ⅳ.①TP391.73

中国版本图书馆 CIP 数据核字(2019)第 269875 号

机械工业出版社(北京市百万庄大街 22 号 邮政编码 100037)
责任编辑:曲彩云 责任校对:刘秀华 责任印制:郜 敏
北京中兴印刷有限公司印刷
2021 年 2 月第 3 版第 2 次印刷
184mm×260mm · 27.75 印张 · 686 千字
2501−3300 册
标准书号:ISBN 978-7-111-64258-9
定价:99.00 元

电话服务 网络服务
客服电话:010-88361066 机 工 官 网:www.cmpbook.com
010-88379833 机 工 官 博:weibo.com/cmp1952
010-68326294 金 书 网:www.golden-book.com
封底无防伪标均为盗版 机工教育服务网:www.cmpedu.com

前　　言

制造是推动人类历史发展和文明进程的主要动力。它不仅是经济和社会发展的物质基础，也是创造人类精神文明的重要手段，在国民经济中起着重要的作用。

为了在最短的时间内用最低的成本生产出最高质量的产品，人们除了从理论上进一步研究制造的内在机理外，也渴望能在计算机上用一种更加有效的直观手段显示产品的设计、制造过程，这便形成了 CAD/CAM 的萌芽。

Mastercam 是美国 CNC Software 公司开发的一款 CAD/CAM 软件，利用这款软件，可以辅助使用者完成产品从设计到制造全过程中最核心的问题。由于其诞生较早且功能齐全，特别是在 CNC 编程上快捷方便，成为国内外制造业广泛采用的 CAD/CAM 集成软件之一，主要用于机械、电子、汽车、航空等行业，特别是在模具制造业中应用尤为广泛。

全书主要分为三大部分：第一部分详细介绍了 Mastercam 的 CAD 功能，主要包括：二维图素的创建与编辑，三维图素的创建与编辑，曲线、曲面的创建与编辑等。第二部分详细介绍了 CAM 的基础知识以及 Mastercam 的 CAM 功能，主要包括：数控加工工艺概述、数控编程基础、CAM 通用设置、二维及三维加工方法等。第三部分则用一些实例对 Mastercam 的 CAD/CAM 功能进行了阐述。

总之，理论与实践结合是本书的突出特点之一，因此本书具有很强的可读性和实用性。但本书所介绍的 Mastercam 2019 软件只是反映了现阶段的开发成果，随着新成果的推出，必定有对于更新版本的说明。

为了配合各校师生利用此书进行教学的需要，随书配送了电子资料包。包含全书实例操作过程录屏讲解 MP4 文件和实例源文件。为了增强教学的效果，进一步方便读者的学习，编者对实例动画进行了配音讲解。读者可以登录百度网盘地址：https://pan.baidu.com/s/1ny-7 KMPInIFMz ChHKh-k0A 下载，密码：5h4y（读者如果没有百度网盘，需要先注册一个才能下载）。

本书可作为高等工科院校机械制造与自动化专业的本、专科学生学习 Mastercam 软件操作课程的辅助教材，也可作为工程技术人员更新知识的参考书或自学手册。

本书主要胡仁喜和刘昌丽编写，其中胡仁喜编写了第 1～9 章，刘昌丽编写了第 10～12 章。另外李瑞、王敏、康士廷、张俊生、王玮、孟培、王艳池、闫聪聪、王培合、王义发、王玉秋、杨雪静、卢园、王渊峰、孙立明、甘勤涛、李兵、李亚莉等也参加了部分编写工作。

由于时间仓促、作者水平有限，书中错误、纰漏之处在所难免，欢迎广大读者、同仁登录网站www.sjzswsw.com或联系 win760520@126.com批评斧正，编者将不胜感激。也欢迎加入三维书屋图书学习交流群（QQ：761564587）进行交流探讨。

编　者

目　录

第1章

Mastercam 2019 软件概述

本章首先介绍 CAD/CAPP/CAM 技术及其有关基本知识，并由此引出了 Mastercam 的最新版本 Mastercam 2019。讲述了 Mastercam 的功能特点、工作环境以及系统配置等，最后用一个简单的实例使读者对 Mastercam 有个初步认识。

重点与难点

- CAD/CAPP/CAM 概述
- 常用的 CAD /CAM 软件
- Mastercam 的功能与工作环境
- 串连、构图平面以及构图深度
- Mastercam 的系统配置

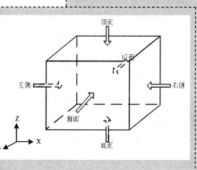

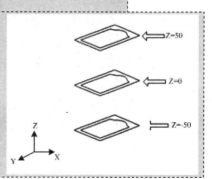

1.1 CAD/CAPP/CAM 概述

1.1.1 CAD 的概述

计算机辅助设计（CAD, Computer Aided Design）是一种用计算机软、硬件辅助人们对产品或工程进行设计的方法与技术。虽然只经历了几十年的时间，但其几乎已经渗透科学技术的多个领域，使传统的产品设计方法与生产模式发生了深刻的变化，并产生了巨大的社会效益和经济效益。CAD 一般包括以下功能：

（1）几何造型功能：利用线框、曲面和实体造型技术显示三维形体的外形，并且利用消隐、明暗处理等技术增加显示的真实感。

（2）计算和分析功能：根据产品的几何模型计算物体的物性，如体积、质量、重心、转动惯量等，从而对产品进行系统工程分析提供必要的参数和数据。同时还具有对产品的特性、强度、应力等进行有限元分析的能力。

（3）动态仿真功能：具有研究运动学特征的能力，如凸轮连杆的运动轨迹、干涉检验等。

（4）工程绘图功能：CAD 的结果应该是工程图，因此 CAD 系统具备自动二维绘图能力。

值得指出的是，应该将 CAD 与计算机绘图、计算机图形学区分开来。计算机绘图是指使用图形软件和硬件进行绘图及有关标注的一种方法和技术，其主要目的是摆脱繁重的手工绘图。计算机图形学（CG, Computer Graphics）是研究通过计算机将数据转换为图形，并在专用设备上显示的原理、方法和技术的科学。

1.1.2 CAPP 的概述

工艺设计是产品设计与车间生产的纽带，它所生成的工艺文档是指导生产过程的重要文件，是制定生产计划与调度的依据，对产品质量和制造成本具有极为重要的影响。长期以来，模具加工车间的工艺编制主要依赖于手工，由于模具种类多、批量小，工艺设计烦琐，规范性差，成熟的工艺经验与知识难以保存和借鉴等原因导致工艺设计时间长、协同工作困难、工艺文档保存困难、工艺规程的质量难以保证等问题。

应用 CAPP（Computer Aided Process Planning）技术，可以使工艺人员从烦琐重复的事务性工作中解脱出来，迅速编制出完整而详尽的工艺文件，缩短生产准备周期，提高产品制造质量，进而缩短整个产品的开发周期。从发展看，CAPP 可以从根本上改变工艺过程设计的"个体"劳动与"手工"劳动性质，提高工艺设计质量，并为制定先进合理的工时定额、改善企业管理提供科学依据，同时还可以逐步实现工艺过程设计的自动化及工艺过程的规范化、标准化与优化。

CAPP 的构成随着其开发环境、产品对象、规模大小等因素而有所不同，但其基本结构相同，即由零件信息的获取、工艺决策、工艺数据库/参数库、人机交互界面和工艺文件管理与输出 5 大部分组成，图 1-1 所示为 CAPP 组成图。

1. 零件信息的获取

零件信息是 CAPP 系统进行工艺过程设计的对象和依据，零件信息的描述和输入是 CAPP 系统的重要组成部分。由于目前计算机还不能像人一样识别零件图上的信息，所以计算机必须有一个专门的数据结构来对零件的信息进行描述。如何描述零件信息，选用怎样的数据结构存储这些信息是 CAPP 的关键技术，也是影响 CAPP 能否实用化的关键问题。

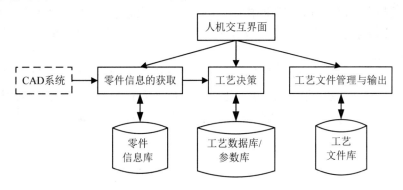

图 1-1　CAPP 系统组成

2．工艺决策

工艺决策是系统的控制指挥中心。工艺决策的过程是以零件信息为依据，按照预先规定的决策逻辑，调用相关的知识和数据，进行必要的比较、推理和决策，生成所需零件加工工艺规程的过程。

3．工艺数据库/参数库

工艺数据库/参数库是 CAPP 系统的支撑工具，它包含了工艺设计所要求的工艺数据（如加工方法、加工余量、切削用量、机床、刀具、量具、辅具、材料、工时、成本核算等多方面的信息）和规则（包括工艺决策逻辑、决策习惯、加工方法选择规则、工序工步归并与排序规则等）。如何组织和管理这些信息，使之便于调用和维护，适用于各种不同的企业和产品，是 CAPP 系统迫切需要解决的问题。

4．人机交互界面

人机交互界面是用户的操作平台，包括系统菜单，工艺设计界面，工艺数据/知识输入界面，工艺文件的显示、编辑与管理界面等。

5．工艺文件管理与输出

一个 CAPP 系统可以拥有成百上千个工艺文件，如何管理和维护这些工艺文件，按什么格式形式输出这些文件，是 CAPP 系统所要完成的重要内容，也是整个 CAD/CAPP/CAM 集成系统的重要组成部分。工艺文件的输出部分包括工艺文件的格式化显示、存盘和打印等内容。

1.1.3 CAM 的概述

广义的制造是包括市场调研分析、产品设计、工艺规划、制造实施、产品销售、售前售后服务、产品的回收处理和再利用的产品生命周期的全过程。这里的制造仅仅指从工艺设计开始，经加工、检测、装配直至进入市场的过程。在这个过程中，工艺设计是基础，它决定了工序规划、

刀具夹具、材料计划以及采用 NC 机床时的加工编程等，然后进行加工、检验与装配。这些环节信息处理的计算机实现便构成了 CAM 系统。

　　CAM 有狭义与广义之分。狭义 CAM 通常指对模具加工 NC 程序的编制，包括刀路的规划、刀位文件的生成、刀具轨迹仿真以及后置处理和 NC 代码生成等。广义 CAM 是指利用计算机实现从模具图样到产品制造过程中的直接和间接活动。包括对物质流动和信息流动的直接控制、管理和监督，也包括工艺准备、生产作业、计划、NC 程序编制等，其核心内容是实现产品加工过程中的 NC 编程的自动化。

　　CAM 技术发展至今，无论在软、硬件平台，系统结构、功能特点上都发生了翻天覆地的变化，当今流行的 CAM 系统在功能上也存在着巨大的差异。CAM 系统一般均具有工艺参数的设定、刀位轨迹自动生成、刀位轨迹编辑、刀位验证、后置处理、动态仿真等基本功能。其工作流程如图1-2 所示。

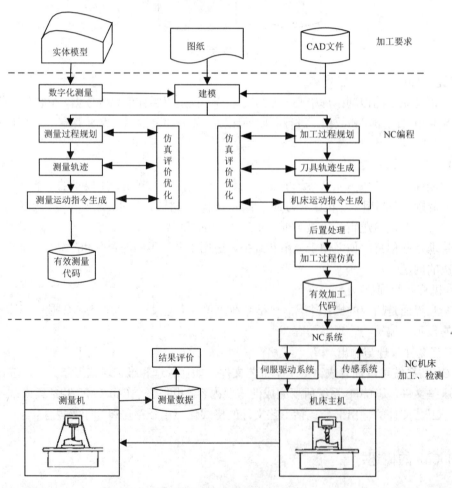

图 1-2　CAM 系统的工作流程

1. 准备被加工零件的几何模型

对一个零件进行 NC 编程，必须首先获得零件的模型信息。获取被加工零件几何模型的途径主要有 3 种：

1）利用 CAM 系统中提供的 CAD 模块直接建立加工模型。

2）利用数据接口读入其他 CAD 软件中建立的模型数据文件。

3）利用数据接口读入加工零件的测量数据，生成加工模型。

2．刀具轨迹生成

根据工艺要求，选择加工刀具，生成不同零件加工面的刀具轨迹。

3．仿真评价优化

当文件的 NC 加工程序（或刀位数据）计算完成以后，将刀位数据在图形显示器上显示出来，从而判断刀位轨迹是否连续，检查刀位计算是否正确。根据生成的刀位轨迹，经计算机的仿真加工，模拟零件的整个加工过程。根据加工结果作出判断，不满意可返回修改。

4．后置处理

不同的 NC 机床，其 NC 加工指令总有细微差别。后置处理的目的就是根据校验过的刀位轨迹，生成与不同机床匹配的 NC 加工代码。目前后置处理的方法主要有如下几种。

（1）通用后置处理：通用后置处理系统一般指后置处理程序功能的通用化，要求能针对不同类型的 NC 系统对刀位原文件进行后置处理，输出 NC 程序。一般情况下，通用后置处理系统要求输入标准格式的刀位原文件，结合 NC 系统数据文件或机床特性文件，输出的是符合该 NC 系统指令集及格式的 NC 程序。通用后置处理程序采用开放结构，以数据库文件方式，由用户自行定义机床运动结构和控制指令格式，扩充应用系统，使其适合于各种机床和 NC 系统，具有通用性，其操作流程如图 1-3 所示。

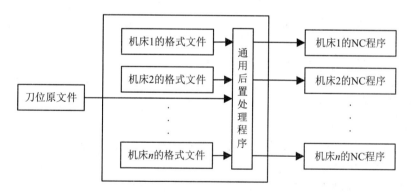

图 1-3　通用后置处理操作流程

（2）专用后置处理：专用后置处理系统将机床特性直接编入后置处理程序中，只能适应于一种或一个系列机床，对于不同的 NC 装置和 NC 机床必须有不同的专用后置处理程序，其操作流程如图 1-4 所示。

5．NC 代码仿真验证

将零件的 NC 加工程序读入 CAM 系统中，在图形显示器上显示对应的刀位轨迹，从而检验 NC 加工程序正确与否。

6．NC 代码传至 NC 机床（DNC 加工）

如果装有 CAM 系统的计算机通过通信口 RS232C、RS422 或 RS432 串口接口与一台（或多台）

NC 机床相连，则可通过通信协议将 CAM 系统中产生的 NC 代码直接传至 NC 机床，控制其进行加工。

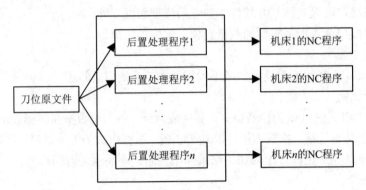

图 1-4　专用后置处理操作流程

1.1.4 CAD/CAPP/CAM 集成

对于产品设计和制造的全过程而言，CAD 和 CAM 技术长期处于单独发展和使用状态，使得不同的 CAD 系统以及 CAD 与 CAM 系统之间无法共享信息资源。随着计算机技术的发展和应用水平的提高以及用户要求的不断扩大和深入，这些系统不能满足实际工程的需要，存在越来越严重的问题。

CAD/CAPP/CAM 集成系统的特点如下：

1．模型统一、数据统一

在产品设计、计算、制造过程中所需的数学模型，一次生成，并作为全过程的唯一依据。在产品设计、制造过程中所需要的各种主要技术数据、生产管理的数据能在一个作业点上生成，并保持各个环节所需的数据一致。

2．信息交换、资源共享

各个设计、制造环节所产生的数据信息能在集成系统内流通，并能相互交换和按规定权限查阅信息资源，达到资源共享。

3．联机传递、实时处理

在集成系统内能及时地发行、更改、增删信息数据（如图样、工艺、计划等）。

1.2 Mastercam 简介

1.2.1 功能特点

Mastercam 2019 中共包含五种机床类型模块：【设置】模块、【铣床】模块、【车床】模块、【线切割】模块、【木雕】模块。【设置】模块用于被加工零件的造型设计，【铣床】模块主要用于生成铣削加工刀具路径，【车床】模块主要用于生成车削加工刀具路径，【线切割】模块主要用于生成线切割加工刀具路径，【木雕】模块主要用于生成雕刻。本书对应用最广泛的【设置】模块和【铣床】模块进行介绍。Mastercam 主要完成以下三个方面的工作：

1．二维或三维造型

Mastercam 可以非常方便地完成各种二维平面图形的绘制工作，并能方便地对它们进行尺寸标注、图案填充（如画剖面线）等操作。同时它也提供了多种方法创建规则曲面（圆柱面、球面等）和复杂曲面（波浪形曲面、鼠标状曲面等）。

在三维造型方面，Mastercam 采用目前流行的功能十分强大的 Parasolid 核心（另一种是 ACIS）。用户可以非常随意地创建各种基本实体，再联合各种编辑功能可以创建任意复杂程度的实体。创建出来的三维模型可以进行着色、赋予材质和设置光照效果等渲染处理。

2．生成刀具路径

Mastercam 的终极目标是将设计出来的模型进行加工。加工必须使用刀具，只要被运动着的刀具接触到的材料才会被切除，所以刀具的运动轨迹（即刀具路径）实际上就决定了零件加工后的形状，因而设计刀具路径是至关重要的。在 Mastercam 中，可以凭借加工经验，利用系统提供的功能选择合适的刀具、材料和工艺参数等完成刀具路径的工作，这个过程实际上就是数控加工中最重要的部分。

3．生成数控程序，并模拟加工过程

完成刀具路径的规划以后，在数控机床上正式加工，还需要一个对应于机床控制系统的数控程序。Mastercam 可以在图形和刀具路径的基础上，进一步自动和迅速地生成这样的程序，并允许用户根据加工的实际条件和经验修改，数控机床采用的控制系统不一样，则生成的程序也有差别，Mastercam 可以根据用户的选择生成符合要求的程序。

为了使用户非常直观地观察加工过程、判断刀具轨迹和加工结果的正误，Mastercam 提供了一个功能齐全的模拟器，从而使用户可以在屏幕上预见"实际"的加工效果。生成的数控程序还可以直接与机床通信，数控机床将按照程序进行加工，加工的过程与结果和屏幕上显示的一模一样。

1.2.2 工作环境

当用户启动 Mastercam 时，会出现如图 1-5 所示的工作环境界面。

1．选项卡

与其他的 Windows 应用程序一样，Mastercam 2019 的标题栏在工作界面的最上方。标题栏不仅显示 Mastercam 图标和名称，还显示了当前所使用的功能模块。

用户可以通过选择【机床】选项卡【机床类型】面板中的不同机床，进行功能模块的切换。对于【铣床】、【车床】、【线切割】、【木雕】，可以选择相应的机床进入相应的模块，而对于【设置】则可以直接选择【机床类型】面板中的【设置】命令切换至该模块。

2．菜单栏

用户可以通过选项卡获取大部分功能，选项卡包括：【文件】、【首页】、【线框】、【曲面】、【实体】、【建模】、【尺寸标注】、【转换】、【机床】、【检视】、【刀路】。下面将对各个选项卡进行

简单介绍。

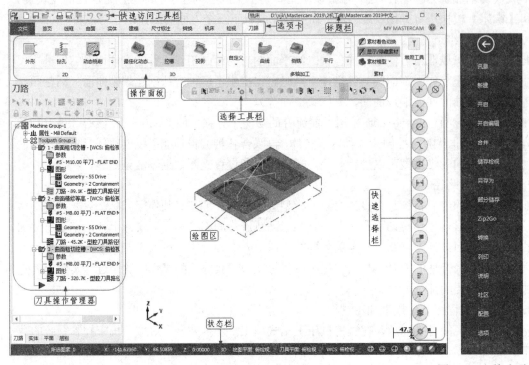

图 1-5   Mastercam 2019 的工作环境界面   图 1-6   文件选项卡

（1）【文件】：该选项卡提供了创建新文件、开启文件、开启编辑文件、合并文件、保存文件、转换文件、列印文件、选项等标准功能，如图 1-6 所示。

1）【新建】：创建一个新的文件，如果当前已经存在一个文件，则系统会提示是否要恢复到初始状态。

2）【开启】：打开一个已经存在的文件。

3）【合并】：将两个以上的图形文件合并到同一个文件中。

4）【开启编辑】：打开并编辑如 NC 程序的 ASCⅡ 文本文件。

5）【储存检视】、【另存为】、【部分储存】：分别表示保存、另存为、部分保存数据。其中部分保存可以将整个图形或图形中的一部分另行存盘。

6）【转换】：将图形文件转换为不同的格式导入或导出。

7）【列印】：打印图形文件，以及在打印之前对打印的内容进行预览。

8）【说明】：输入或查看图形文件的说明性或者批注文字。

9）【选项】：设置系统的各种命令或自定义选项卡。

（2）【首页】：该选项卡提供了剪贴簿、属性、规划、删除、显示、分析、插件等操作面板，如图 1-7 所示。

1）【剪贴簿】：剪切、复制或粘贴图形文件，包括图形、曲面或实体，但不能用于刀路的操作。

图1-7 【首页】选项卡

2）【属性】：用于设置点、线型、线宽的样式以及线条、实体、曲面的颜色、材质等属性。

3）【规划】：用于设置层高和选择图层。

4）【删除】：用于删除或按需求选择删除图形、实体、曲面等。

5）【显示】：用于显示或隐藏特征。

6）【分析】：对图形、实体、曲面、刀路根据需求做各种分析。

7）【插件】：用于执行或查询插件命令。

（3）【线框】：该选项卡主要用于图形的绘制和编辑，包括点、线、圆弧、曲线、形状、曲线、修剪操作面板，如图1-8所示。

图1-8 【线框】选项卡

（4）【曲面】：该选项卡主要用于曲面的创建和编辑，包括基本实体、建立、修剪、法向操作面板，如图1-9所示。

图1-9 【曲面】选项卡

（5）【实体】：该选项卡主要用于实体的创建和编辑，包括基本实体、建立、修剪、工程图操作面板，如图1-10所示。

图1-10 【实体】选项卡

（6）【建模】：该选项卡主要用于模型的编辑，包括建立、建模编辑、修剪、布局、颜色操作面板，如图1-11所示。

（7）【尺寸标注】：该选项卡主要用于对绘制的图形进行尺寸标注、注解和编辑，包括尺寸标注、纵标注、注解、重建、修剪操作面板，如图1-12所示。

（8）【转换】：利用该选项卡，用户可以对绘制的图形完成镜射、旋转、缩放、平移、补正等操作，从而提高设计造型的效率，如图1-13所示。

图 1-11 【建模】选项卡

图 1-12 【尺寸标注】选项卡

图 1-13 【转换】选项卡

（9）【机床】：该选项卡用于选择机床类型、模拟加工、生成报表以及机床模拟等，如图 1-14 所示。

图 1-14 【机床】选项卡

（10）【检视】：该选项卡用于视图的缩放、视角的转换、视图类型的转换以及各种管理器的显示与隐藏等，包括缩放、图形检视、外观、刀路、管理、显示、网格、控制、检视面板等操作面板，如图 1-15 所示。

图 1-15 【检视】选项卡

（11）【刀路】：该选项卡包括各种刀路的创建和编辑功能，如图 1-16 所示。值得注意的是，该选项卡只有选择了一种机床类型后才被激活。

图 1-16 【刀路】选项卡

3．操作面板

操作面板是为了提高绘图效率，提高命令的输入速度而设定的命令按钮的集合，操作面板提供了比命令更加直观的图标符号。用鼠标单击这些图标按钮就可以直接打开并执行相应的命令。操控面板是按照不同的功能划分的，分布在不同的选项卡中。操控面板包含了 Mastercam 的绝大数功能。

4．绘图区

绘图区是用户绘图时最常用也是最大的区域，利用该工作区的内容，用户可以方便地观察、创建和修改几何图形、拉拔几何体和定义刀具路径。

在该区域的左下角显示有一个图标，这是工作坐标系（WCS，Work Coordinate System）图标。同时，还显示了屏幕视角（Gview）、坐标系（WCS）和刀具/绘图平面（Cplane）的设置等信息。

值得注意的是：Mastercam 应用默认的米制或英制显示数据，用户可以非常方便地根据需要修改单位制。

5．状态栏

状态栏显示在绘图窗口的最下侧，用户可以通过它来修改当前实体的颜色、层别、群组、方位等设置。各选项的具体含义如下。

（1）【3D】：用于切换 2D/3D 构图模块。在 2D 构图模块下，所有创建的图素都具有当前的构图深度（Z 深度），且平行于当前构图平面，用户也可以在 AutoCursor 工具栏中指定 X、Y、Z 坐标，从而改变 Z 深度。而在 3D 构图模式下，用户可以不受构图深度和构图面的限制。

（2）【刀具平面】：单击该区域打开一个快捷菜单，用于选择、设置刀具视角。

（3）【绘图平面】：单击该区域的一个快捷菜单，用于选择、创建设置构图、刀具平面。

（4）【Z】：表示在构图面上的当前工作深度值。用户既可以单击该区域即可绘图区域选择一点，也可以在右侧的文本框中直接输入数据，作为构图深度。

（5）【WCS】：单击该区域将打开一快捷菜单，用于选择、创建、设置工作坐标系。

6．刀具路径、实体管理器

Mastercam 2019 将刀具路径管理器和实体管理器集中在一起，并显示在主界面上，充分体现了新版本对加工操作和实体设计的高度重视，事实上这两者也是整个系统的关键所在。刀具路径管理器对已经产生的刀具参数进行修改，如重新选择刀具大小及形状，修改主轴转速及进给率等。而实体管理器则能够修改实体尺寸、属性及重排实体构建顺序等。

7．提示栏

当用户选择一种功能时，在绘图区会出现一个小的提示栏，它引导用户怎样完成刚选择的功能。例如，当用户执行【线框】→【线】→【绘制任意线】命令时，在绘图区会弹出【指定第一个端点】提示栏。

1.2.3 图层管理

图层是用户用来组织和管理图形的一个重要工具，用户可以将图素、尺寸标注、刀具路径等放在不同的图层里，这样在任何时候都很容易地控制某图层的可见性，从而方便地修改该图层的图素，而不会影响其他图层。在管理器中单击【层别】按钮，会弹出如图 1-17 所示【层别】

管理器对话框。

1. 新建图层

在【层别】管理器中单击【新建图层】按钮➕，创建一个新图层，也可以在【编号】文本框中输入一个层号，并在【名称】文本框中输入图层的名称，然后按 Enter 键，就新建了一个图层。

2. 设置当前层

当前图层是指当前用于操作的图层，此时用户所有创建的图素都将放在当前图层中，在 Mastercam 中，有两种方式设置图层为当前图层。

1）在图层列表中，单击图层号码即可将该层设置为当前图层。

2）在【首页】选项卡的【规划】面板中单击【更改层别】按钮📥 右侧的下拉箭头，在弹出的下拉菜单中选择所需的图层，从而将该层设置为当前层。

3. 显示或隐藏图层

如果想要将某图层的图素不可见，用户就需要隐藏该图层。单击图层所在行与【高亮】栏相交的单元格，就可以显示或隐藏该图层。

图 1-17　【层别】管理器对话框

📖 1.2.4 选择方式

在对图形进行创建、编辑修改等操作时，首先要选择图形对象。Mastercam X7 的自动高亮显示功能使得当光标掠过图素时，其显示改变，从而使得图素的选择更加容易。同时，Mastercam X7 还提供了多种图素的选择方法，不仅可以根据图素的位置进行选择（如单击、窗口选择等方法），而且还能够对图素按照图层、颜色和线型等多种属性进行快速选定。

图 1-18 所示为【选择】工具栏。在二维建模和三维建模中，这个工具栏被激活的对象是不

同的，但其基本含义相同。该工具栏中主要选项的含义已经在图中注明，下面只对选择方式进行简单介绍。

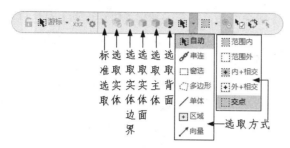

图 1-18　【选择】工具栏

Mastercam X7 提供了串连、窗选、多边形、单体、区域、向量 6 种对象的选择方式。

1．串连

该方法可以选取一系列的串连在一起的图素，对于这些图素，只要选择其中任意一条，系统就会根据拓扑关系自动搜索相连的所有图素，并选中之。

2．窗选

该方法是在绘图区中框选矩形的范围来选取图素的，可以使用不同的窗选设置，其中：视窗内表示完全处于窗口内的图素才被选中；视窗外表示完全处于窗口外的图素才被选中；范围内表示处于窗口内且与窗口相交的图素都被选中；范围外表示处于窗口外且与窗口相交的图素被选中；交点表示只与窗口相交的图素才被选中。

3．多边形

该方法和窗选类似，只不过选择的范围不再是矩形，而是多边形区域，同样也可以使用窗选设置。

4．单体

该方法是最常用的选择方法，单击图素则该图素被选中。

5．区域

与串连选择类似，但范围选择不仅要首尾相连，而且还必须是封闭的。区域选择的方法是在封闭区域内单击一点，则选中包围点的形成封闭的所有图素。

6．向量

可以在绘图区连续指定数点，系统将这些点之间按照顺序建立矢量，则与该矢量相交的图素被选中。

1.2.5　串连

串连常被用于连接一连串相邻的图素，当执行修改、转换图形或生成刀具路径选取图素时均会被使用到。串连有两种类型：开式串连和闭式串连。开式串连是指起始点和终止点不重合，如直线、圆弧等。闭式串连是指起始点和终止点重合，如矩形、圆等。

执行串连图形时，要注意图形的串连方向，尤其是规划刀具路径时更为重要，因为它代表

刀具切削的行走方向，也作为刀具补正偏移方向的依据。在串连图素上，串连的方向用一个箭头标识，且以串连起点为基础。

在使用【拉伸】、【孔】等命令后，将首先弹出【串连选项】对话框，如图 1-19 所示，利用该对话框可以在绘图区选择待操作的串连图素，然后设置相应的参数后完成操作。【串连选项】对话框中的各选项的含义如下。

图 1-19   【串连选项】对话框

 （串连）：这是默认的选项，通过选择线条链中的任意一条图素而构成串连，如果该线条的某一交点是由 3 个或 3 个以上的线条相交而成，此时系统不能判断该往哪个方向搜寻，此时，系统会在分支点处出现一个箭头符号，提示用户指明串连方向，用户可以根据需要选择合适的分支点附近的任意线条确定串连方向。

 （单点）：选取单一点作为构成串连的图素。

（窗选）：使用鼠标框选封闭范围内的图素构成串连图素，且系统通过窗口的第一个角点来设置串连方向。

（区域）：使用鼠标选择在一边界区域中的图素作为串连图素。

（单体）：选择单一图素作为串连图素。

（多边形）：与窗口选择串连的方法类似，它用一个封闭多边形来选择串连。

（矢量）：与矢量围栏相交的图素被选中构成串连。

（部分串连）：它是一个开式串连，由整个串连的一部分图素串连而成，部分串连先选择图素的起点，然后再选择图素的终点。

内　　▼ （选取方式）：用于设置窗口、区域或多边形选取的方式，包括 5 种情况。【内】即选取窗口、区域或多边形内的所有图素；【内＋相交】即选取窗口、区域或多边形内以及与窗口、区域或多边形相交的所有图素；【相交】即仅选取与窗口、区域或多边形边界相交的图素；【外＋相交】即选取窗口、区域或多边形外以及与窗口、区域或多边形相交的所有图素；【外】

即选取窗口、区域或多边形外的所有图素。

    ⬌（反向）：更改串连的方向。

    ⚠（选项）：设置串连的相关参数。

📖 1.2.6 构图平面及构图深度

构图平面是用户绘图的二维平面，即用户要在 XY 平面上绘图，则构图平面必须是顶面或底面（亦即俯视或仰视），如图 1-20 所示。同样，要在 YZ 平面上绘图，则构图平面必须为左侧或右侧（亦即左侧视或右侧视），要在 ZX 平面上绘图，则构图平面必须设为前面或后面（亦即前视或后视）。默认的构图平面为 XY 平面。

当然即使在某个平面上绘图，具体的位置也可能不同，如图 1-21 所示，虽然三个二维图素都平行于 XY 平面，但其 Z 方向的值却不同。在 Mastercam X7 中，为了区别平行于构图平面的不同面，采用构图深度来区别。

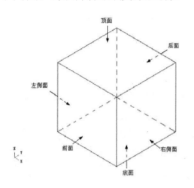

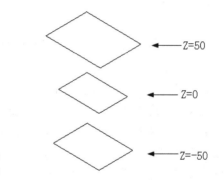

图 1-20　构图平面示意图　　　　图 1-21　构图深度示意图

1.3　系统配置

Mastercam 系统的配置主要包括内存设置、公差设置、文件参数设置、传输参数设置和工具栏设置等内容，单击【文件】→【配置】命令，用户就可以根据需要对相应的选项进行设置，图 1-22 所示为【系统配置】对话框。

每个选项卡都具有三个按钮：📂为打开系统配置文件按钮；💾为保存系统配置文件按钮，用于将更改的设置保存为默认设置，建议用户将原始的系统默认设置为文件备份，避免错误的操作后而无法恢复；📁为合并系统配置文件按钮。

📖 1.3.1 公差设置

选择【系统配置】对话框中主题栏里的【公差】选项，弹出如图 1-23 所示对话框。公差设置是指设定 Mastercam 在进行某些具体操作时的精度，如设置曲线、曲面的光滑程度等。精度

越高，所产生的文件也就越大。

图 1-22 【系统配置】对话框

各项设置的含义如下：

【系统公差】：决定系统能够区分的两个位置之间的最大距离，同时也决定了系统中最小的直线长度，如果直线的长度小于该值，则系统认为直线的两个端点是重合的。

【串连公差】：用于在对图素进行串连时，确定两个端点不相邻的图素仍然进行串连的最大距离，如果图素端点间的距离大于该值，则系统无法将图素串连起来。

串连是一种选择对象的方式，该方式可以选择一系列的连接在一起的图素。Mastercam 系统的图素是指点、线、圆弧、样条曲线、曲面上的曲线、曲面、标注，还有实体，或者说，屏幕上能画出来的东西都称为图素。图素具有属性，Mastercam 为每种图素设置了颜色、层、线型（实线、虚线、中心线）、线宽四种属性，对点还有点的类型属性，这些属性可以随意定义，定义后还可以改变。串连有开放式和封闭式两种类型。对于起点和终点不重合的串连称为开放式串连，重合的则称为封闭式串连。

图 1-23 公差设置

16

【平面串联公差】：用于设定平面串联几何图形的公差值。

【最短圆弧长】：设置最小的圆弧尺寸，从而防止生成尺寸非常小的圆弧。

【曲线最小步进距离】：设置构建的曲线形成加工路径时，系统在曲线上单步移动的最小距离。

【曲线最大步进距离】：设置构建的曲线形成加工路径时，系统在曲线上单步移动的最大距离。

【曲线弦差】：设置系统沿着曲线创建加工路径时，控制单步移动轨迹与曲线之间的最大误差值。

【曲面最大公差】：设置从曲线创建曲面时的最大误差距离。

【刀路公差】：用于设置刀具路径的公差值。

📖1.3.2 文件管理设置

选择【系统配置】对话框中主题栏里的【文件】选项，弹出如图1-24所示的对话框，在此对话框中可设置 Mastercam 使用的各种相关文件默认位置，以及默认的后处理文件，一般使用默认配置即可，但建议开启自动存档选项。对话框中各项设置的含义如下：

（1）数据路径：存放各种相关文件的默认路径。Mastercam 软件中的专用文件都可以设定存放在硬盘中的相关子目录中。选中需要指定的文件类型，然后单击项目所在路径栏右侧的路径按钮🖼，打开指定目录的对话框来进行定义，指定后的目录路径将出现在项目所在路径栏中。

（2）文件用法：此栏中设置系统启动后相关的默认文件，包括默认的后处理器等默认设置文件名，可在栏目中选中项目后单击下面的路径选择图标📄，选择所要使用的文件。

文件管理对话框的其他设定都很简单，读者可自己理解。

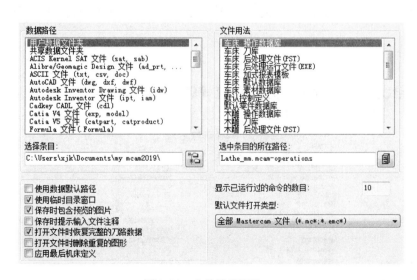

图1-24　文件管理设置

📖 1.3.3 转换参数设置

选择【系统配置】对话框中主题栏里的【文件转换】选项，弹出如图 1-25 所示的对话框，此项主要用于设置系统在输入、输出文件时默认的初始化参数，对话框中各项设置的含义如下：

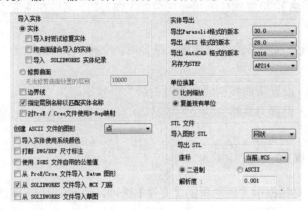

图 1-25　转换参数设置

（1）导入实体：此项用于设置其他软件生成的图形输入 Mastercam 系统时如何初始化，以及所使用的修补技术。

（2）实体导出：设置实体输出的格式版本号。

（3）创建 ASCII 文件的图形：设置输出 ASCII 文件使用的图素。

（4）单位换算：模型转换时的单位是按比例换算还是忽略。

（5）打断 DWG/DXF 尺寸标准：此复选框可使图形与尺寸标注不关联。

（6）使用 IGES 文件自带公差值：此复选框是指是否使用 IGES 文件的公差值。

📖 1.3.4 屏幕设置

选择【系统配置】对话框中主题栏里的【屏幕】 选项，弹出如图 1-26 所示的对话框，此设置栏中的大多数参数选用默认即可。

图 1-26　屏幕设置

1.3.5 颜色设置

选择【系统配置】对话框中主题栏里的【颜色】选项，弹出如图 1-27 所示的对话框，大部分的颜色参数按系统默认设置即可，对于要设置绘图区背景颜色时，可选取工作区背景颜色，然后在右侧的颜色选择区选择所喜好的绘图区背景颜色。

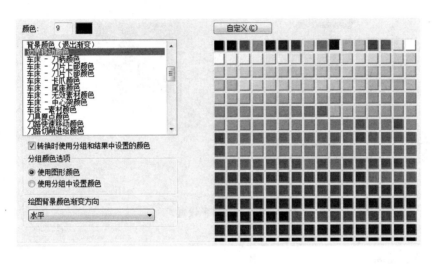

图 1-27　颜色设置

1.3.6 串连设置

选择【系统配置】对话框中主题栏里的【串连选项】选项，弹出如图 1-28 所示的对话框，建议初学者使用默认选项。

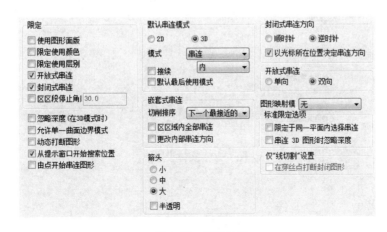

图 1-28　串连设置

Mastercam 2019

📖 1.3.7 着色设置

选择【系统配置】对话框中主题栏里的【着色】选项，弹出如图 1-29 所示的对话框，建议初学者使用默认选项。

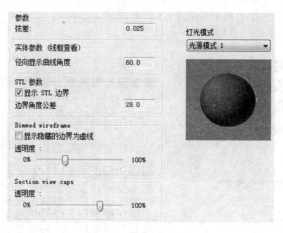

图 1-29　着色设置

📖 1.3.8 实体设置

选择【系统配置】对话框中主题栏里的【实体】选项，弹出如图 1-30 所示的对话框，可设置实体操作方面的参数，建议按系统默认设置。

图 1-30　实体设置

📖 1.3.9 打印设置

选择【系统配置】对话框中主题栏里的【打印】选项，弹出如图 1-31 所示的对话框，可设置系统打印参数，各参数设置内容说明如下：

图 1-31 打印设置

1. 线宽

（1）使用图形：选择此项，系统以几何图形本身的线宽进行打印。

（2）统一线宽：选择此项，用户可以在输入栏输入所需要的打印线宽。

（3）颜色与线宽映射如下：选择此项后，在列表中对几何图形的颜色进行线宽设置，这样系统在打印时以颜色来区分线型的打印宽度。

2. 打印选项

此项中设置彩色打印、打印日期和屏幕信息。

1.3.10 CAD 设置

选择【系统配置】对话框中主题栏里的【CAD 设置】选项，弹出如图 1-32 所示的对话框，可设置 CAD 方面的参数，建议按系统默认设置。

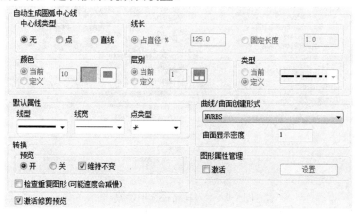

图 1-32 CAD 设置

其中，"自动生成圆弧中心线"是指在绘制圆弧时是否绘制中心线，如果需要绘制，设置它的长度、颜色、图层以及线型。

1.3.11 启动/退出设置

选择【系统配置】对话框中主题栏里的【启动/退出】选项，弹出如图 1-33 所示的对话框，可设置启动/退出方面的参数，大部分参数按系统默认设置即可，一般需要设置的参数为当前配置单位，用于设定系统启动时自动调入的单位制，有米制【DEFAULT（Metric）】和英制【DEFAULT（English）】两种单位，一般选择米制【DEFAULT（Metric）】单位，这样系统每次启动时都将进入米制单位设计环境。

图 1-33　启动/退出设置

1.3.12 刀具路径设置

选择【系统配置】对话框中主题栏里的【刀路】选项，弹出如图 1-34 所示的对话框，在此对话框中可设置刀具路径方面的参数，对话框中各项设置的含义如下：。

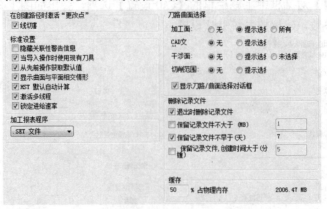

图 1-34　刀具路径选项设置

【缓存】：设置缓存的大小。

【删除记录文件】：设置删除生成记录的准则。

1.3.13　其他设置

【系统配置】对话框中主题栏里的【标注与注释】选项包括尺寸属性、尺寸文本、注释文字、引导线/延伸线、尺寸标注 5 个设置项，剩下的设置选项都是关于 NC 加工的，这些设置在本书的后续章节都有介绍。

1.4　实例操作

Mastercam 的 CAD/CAM 工作一般按照如下的流程进行：①打开或创建 CAD 文件；②选择机床类型；③设置通用加工参数；④创建刀路；⑤用刀路管理器编辑刀路；⑥刀路验证、加工模拟与后处理。本节用一个简单的实例让读者对 Mastercam 的 CAD/CAM 工作流程有个初步认识。

> 参见网盘　网盘\动画演示\第 1 章\1.4 实例操作.MP4

1.4.1　创建或打开基本图形

单击【线框】→【形状】→【文字】按钮A 文字，系统弹出【Create Letters（文字）】对话框，在该对话框的【文字】文本框中输入【Mastercam】，勾选【对齐】组中的【圆弧】→【顶部】复选框，在【尺寸】组中的【高度】文本框中输入 200，在【对齐】组中的【半径】文本框中输入 800，如图 1-35 所示，然后单击【类型】后边的【True Type Font（真实字型）】按钮，在弹出的【字体】对话框中设置字体，如图 1-36 所示，并单击【确定】按钮，在绘图区域单击左键，最后单击【绘制文字】对话框中的【确定】按钮，完成图形的创建工作。

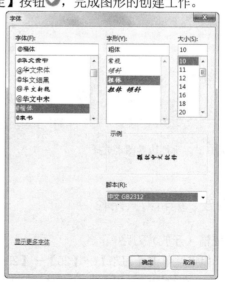

图 1-35　创建文字图形　　　　　　　　　　图 1-36　设置字体类型

1.4.2 选择机床

为了生成刀具路径，首先必须选择一台实现加工的机床，本次加工用系统默认的铣床，即直接单击【机床】→【机床类型】→【铣床】→【默认】命令即可。

1.4.3 设置通用加工参数

在刀路管理器中，单击【属性】下拉菜单中的【素材设置】选项，系统弹出【机床分组属性】对话框。在该对话框中，单击【边界盒】按钮 边界盒(B) ，系统弹出【边界盒】对话框；在绘图区域框选所有的图素，如图 1-37 所示，然后单击【结束选取】按钮 结束选取 ，单击【边界盒】对话框中的【确定】按钮 ，返回【机床分组属性】对话框。

分别将毛坯 X、Y 方向尺寸更改为 1500、450，并将毛坯厚度设计为 20，勾选【显示】复选框，就可以在绘图区中显示刚设置的毛坯，如图 1-38 所示。

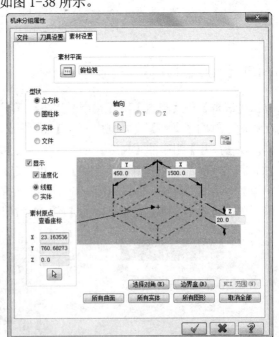

图 1-37　毛坯边界图素选择　　　　　　　图 1-38　毛坯设置

1.4.4 创建、编辑刀具路径

1. 创建挖槽（开放）刀路

（1）选择串连：单击【刀路】→【2D】→【2D 铣削】→【挖槽】按钮 ，系统弹出的【串连选项】对话框，在绘图区采用窗选方式对几何模型串连，然后系统提示：【输入草图起始点】，在绘图区域选择起始点，如图 1-39 所示，然后单击【确定】按钮 ，系统弹出【2D 刀路-2D

挖槽】对话框。

（2）选择刀具：单击【2D 刀路 - 2D 挖槽】对话框中的【刀具】选项卡，进入刀具参数设置区。单击【从刀库选择】按钮 从刀库选择 ，选择直径为 10 的平刀，并设置相应的刀具参数，具体如下：【进给速率】为 5，【主轴转速】为 200，【下刀速率】为 10，【提刀速率】为 100，如图 1-40 所示。

起始点

图 1-39 窗选图素选择

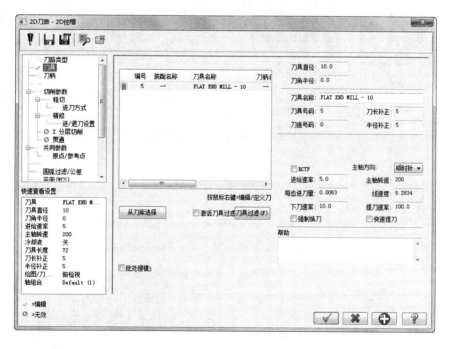

图 1-40 2D 刀路-2D 挖槽（刀具选项卡）

（3）设置挖槽加工参数：单击【2D 刀路 - 2D 挖槽】对话框中的【共同参数】选项卡，进入挖槽参数设置区。设置如下：【参考高度】为 50，【下刀位置】为 10，【工件表面】为 0，【深度】为-10，其他均采用默认值，如图 1-41 所示。

（4）设置挖槽加工方式：单击【2D 刀路 - 2D 挖槽】对话框中的【切削参数】选项卡，设置【挖槽加工方式】为【标准】，如图 1-42 所示，然后单击【确定】按钮 ，系统立即在绘图区生成刀具路径。

（5）验证刀具路径：完成刀具路径设置以后，接下来就可以通过刀具路径模拟来观察刀具路径是否设置合适。在操作管理区单击【刀路】按钮 ，即可进入刀具路径，图 1-43 所示为刀具路

径的校验效果。

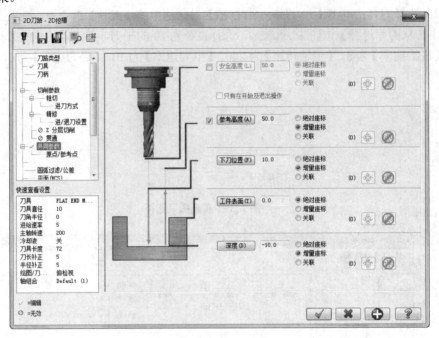

图 1-41　2D 刀路-2D 挖槽（共同参数选项卡）

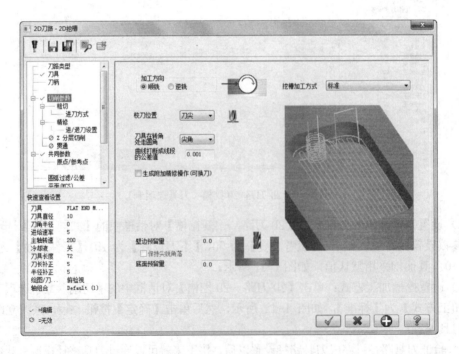

图 1-42　2D 刀路-2D 挖槽（切削参数选项卡）

图 1-43 刀路校验效果

2．创建挖槽（残料加工）刀具路径

（1）选择串连：串连图素的选择和上面相同，读者可以参考上面内容自行完成。

（2）选择刀具：单击【2D 刀路 - 2D 挖槽】对话框中的【刀具】选项卡，进入刀具参数设置区。单击【从刀库选择】按钮<u>从刀库选择</u>，选择直径为 5 的平刀，并设置相应的刀具参数，具体如下：【进给速率】为 2，【主轴转速】为 100，【下刀速率】为 5，【提刀速率】为 100，如图 1-44 所示。

（3）设置残料加工参数：单击【2D 刀路 - 2D 挖槽】对话框中的【共同参数】选项卡，进入挖槽参数设置区。设置如下：【参考高度】为 50，【下刀位置】为 10，【工作表面】为 0，【深度】为-10，如图 1-45 所示。

单击【2D 刀路 - 2D 挖槽】对话框中的【切削参数】选项卡，设置【挖槽类型】为【残料】，如图 1-46 所示，其他均采用默认值，然后单击【确定】按钮，系统立即在绘图区生成刀具路径。

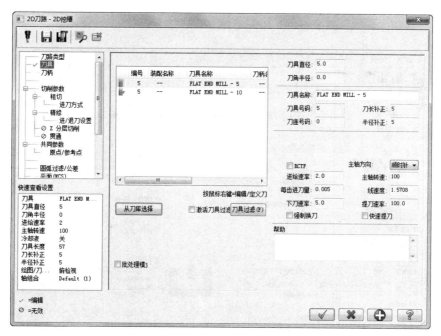

图 1-44 2D 刀路-2D 挖槽（刀具选项卡）

（4）验证刀具路径：完成刀具路径设置以后，接下来就可以通过刀具路径模拟来观察刀具路径是否设置合适。在操作管理区单击【刀路】按钮，即可进入刀具路径，图 1-47 所示为刀具路径的校验效果。

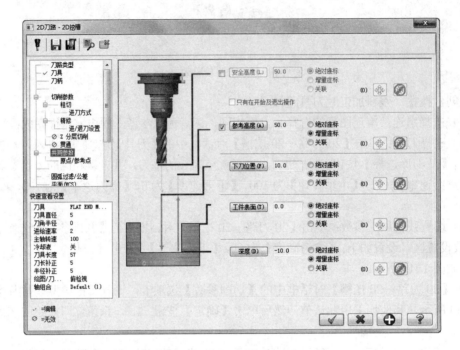

图 1-45　2D 刀路-2D 挖槽（共同参数选项卡）

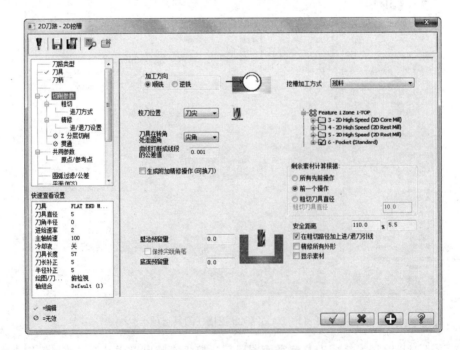

图 1-46　2D 刀路-2D 挖槽（切削参数选项卡）

图 1-47   刀路校验效果

1.4.5 加工仿真与后处理

在确定了刀具路径正确后，还可以通过真实加工模拟来观察加工结果。单击【刀路】管理器中的【验证已选择的操作】按钮 ，即可对使用相关命令完成工件的加工仿真，图 1-48 所示为真实加工模拟的效果图。

图 1-48   真实加工模拟效果

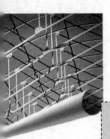

第2章

二维图形的创建与标注

二维图形绘制是整个 CAD 和 CAM 的基础，Mastercam 提供的二维绘图功能十分强大。使用这些功能，不仅可以绘制简单的点、线、圆弧等图素，而且能创建样条曲线等复杂图素。

本章首先重点介绍了各种二维图素的创建方法，然后给出了一个操作实例，从而让读者对 Mastercam 二维绘图的流程以及命令的使用有一定的认识。

重点与难点

- 基本图素的创建
- 曲线的创建
- 规则二维图形的创建
- 特殊二维图形的创建
- 图形尺寸的标注

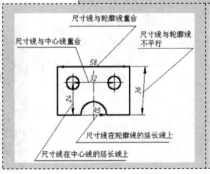

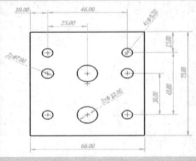

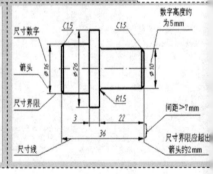

2.1 基本图素的创建

2.1.1 点的绘制

点既可作为绘图的辅助工具，也可以提供其他图素定位与刀具路径钻孔之用。默认情况下，在二维视图中的点用"＋"符号表示，而在三维视图中的点则用"＊"符号表示。Mastercam 提供了多种绘制点的方法，如图 2-1 所示。

図 2-1　点绘制命令

1. 绘点

单击【线框】→【点】→【绘点】按钮 ，系统弹出【绘点】对话框，如图 2-2 所示，就能够在某一鼠标指定位置绘制点（包括端点、中点、交点等位置，但要求事先设置好光标自动捕捉功能，如图 2-3 所示），也可以单击【选择工具栏】中的【输入坐标点】按钮，在弹出的文本框中输入坐标点的位置，用户可按照【21,35,0】或者【X21Y35Z0】格式直接输入要绘制点的坐标，然后按 Enter 键，如果要继续绘制新点，则单击【绘点】对话框中的【确定并创建新操作】按钮，如果要结束该命令，则单击【绘点】对话框中的【确定】按钮，完成点的绘制。

图 2-2　【绘点】对话框

图 2-3　【自动抓点设置】对话框

2. 动态绘点

动态绘点是指在指定的直线、圆弧、曲线或实体面上绘制点，由于这种方法绘制的点是依赖其他图素存在的，因此用该方法绘制点时，绘图区必须有直线、圆弧、曲线或实体面存在。动态绘点的流程如下：

1）单击【线框】→【点】→【绘点】下拉菜单中的【动态绘点】按钮 **动态绘点**，系统弹出【动态绘点】对话框，同时在绘图区域弹出【选择直线，圆弧，曲线，曲面或实体面】提示信息。

2）在绘图区选择某一图素。

3）移动系统在所选图素上产生的箭头光标或在【距离】组【沿（A）】的文本框  中输入相应的距离值单击，即可在图素上绘制一点。

4）当所有动态绘点完成以后，按 Enter 键或单击【动态绘点】对话框中的【确定】按钮，完成动态绘点操作，如图 2-4 所示。

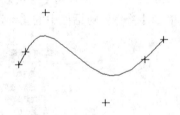

图 2-4　绘制动态点

3．节点

节点绘制是指绘制样条曲线的原始点或控制点，如图 2-5 所示。同动态绘点类似，用该方法绘制点必须事先有曲线存在。绘制曲线节点的流程如下：

1）单击【线框】→【点】→【绘点】下拉菜单中的【节点】按钮 **节点**，系统弹出【请选择曲线】提示信息。

2）在绘图区选择某一曲线。

图 2-5　绘制曲线节点

4．绘制等分点

该命令是沿着一条直线、圆弧或样条曲线创建一系列等距离的点。绘制等分点的操作流程如下：

1）单击【线框】→【点】→【绘点】下拉菜单中的【等分绘点】按钮 **等分绘点**，系统弹出【等分绘点】对话框，同时在绘图区域弹出【沿一图形画点：请选择图形】提示信息。

2）在绘图区选择一图素，可以为直线、圆弧或曲线等，选择完毕后弹出【输入数量，间距或选择新图形】提示信息。

3）设置相应的参数之后，按 Enter 键或单击对话框中的【确认】按钮，结束等分点操作。

Mastercam 提供了两种方法等分所选的图素：

1）以等分点个数等分绘点。使用该方法时，可以在【等分绘点】对话框【点数】文本框中输入等分点数，确定后即可创建所需的点，如图 2-6 所示。

2）以给定的距离创建点：使用该方法时，须在【等分绘点】对话框【距离】文本框中输入给定的距离值，确认后即可创建所需的点，如图 2-7 所示。值得注意的是，用该方法创建等分点在选择图素时，应确保所选的点靠近端点，系统会以此端点作为测量的起点。

图 2-6　以给定等点数绘制等分点　　　　图 2-7　以给定距离绘制等分点

5．绘制端点

用于创建直线、圆弧、样条曲线等图素的端点。创建图素端点的方法和创建曲线节点的方法类似，这里不再赘述。

6．绘制小圆心点

用于创建所选圆/圆弧的圆心点。默认的情况下只创建圆（封闭圆弧）的圆心点，如果要创建非封闭圆弧的圆心点，则必须选中【小圆心点】对话框中的【包括不完整的圆弧】复选框。

2.1.2　绘制直线

Mastercam 提供了 7 种直线绘制的方式，如图 2-8 所示。

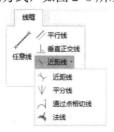

图 2-8　直线绘制菜单项

1．绘制任意线

该命令通过确定直线的两个端点来创建直线的，它是最常用的绘制直线的方法。两个端点既可以用绝对坐标或相对坐标直接输入，也可以在绘图区直接指定，还可以用捕捉其他点的方法确定。其操作流程如下：

1）单击【线框】→【线】→【任意线】按钮。

2）在绘图区分别指定第一个端点和第二个端点。

3）修改相应的参数后单击【确定】按钮，完成直线的绘制操作，其中【端点】组中的

【1】按钮 ①，用于编辑直线起点，【2】按钮 ②，用于编辑直线终点。

在默认情况下，每次只能绘制一条直线，如果需要绘制多条连续直线，可以勾选【任意线】对话框中的【Multi-line（连续线）】按复选框，即可绘制多段折线。

除了直接指定直线两个端点外，Mastercam 还允许通过设置【任意线】对话框中的内容，绘制各种特殊的直线：

➢ 长度：使用指定长度方式来绘制直线。
➢ 角度：使用角度坐标输入方式，利用设定端点、角度等数据定义一直线。
➢ 水平/垂直 绘制平行于 X、Y 轴的直线。
➢ 相切： 通过一个圆弧或两个圆弧来创建一条切线。

2．绘制近距线

该命令是指绘制一条与所选的多个图素之间距离最短的线段，如图 2-9 所示，其操作流程如下：

1）单击【直线】→【线】→【近距线】按钮 ⚡。
2）在绘图区选择两个图素（直线、圆弧或样条曲线），完成近距线的绘制操作。

图 2-9　近距线绘制示例

3．绘制平分线

此命令用于创建两条直线的角平分线。由于两条不平行的直线构成 4 个角，存在 4 条角平分线，因而在选定两条直线以后，在绘图区会出现 4 条角平分线需要用户做出选择，如图 2-10 所示。绘制角平分线的流程如下：

1）单击【线框】→【线】→【近距线】下拉菜单中的【平分线】按钮 ⍌。
2）在【平分线】对话框中勾选【单一】或【多个】复选框，在绘图区选择两个图素。
3）选择要保留的角平分线。
4）设置相应的参数，并按 Enter 键或单击【确定】按钮 ✅，结束角平分线绘制操作。

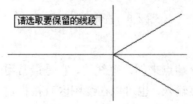

图 2-10　两直线夹角间的分角线绘制

其中，平分线长度可以通过对话框中的【长度】文本框指定。

4．绘制垂直正交线

绘制一条与选择的图素（直线、圆弧或样条曲线相垂直的直线）相垂直的直线，如图 2-11 所示。其操作流程如下：

1）单击【线框】→【线】→【垂直正交线】按钮 └。

2）在绘图区选择一个图素（直线、圆弧或样条曲线）。

3）捕捉或输入坐标，确定垂线通过的点。选择要保留的部分。

4）设置相应的法线参数，并按 Enter 键或单击【确定】按钮 ，结束垂直正交线的绘制操作。

图 2-11　法线绘制示例

其中，单击【方式】组中【点】后边的【重新选取】按钮 ⊕，可以编辑垂直正交线通过的点，垂直正交线长度可以在【垂直正交线】对话框中的【长度】文本框中指定。

5．绘制平行线

此命令用于创建一条平行于已知直线的直线，且新创建的直线的长度与已知直线长度相同，如图 2-12 所示。其操作流程如下：

1）单击【线框】→【线】→【平行线】按钮 ╱。

2）在绘图区选择一个直线。

3）在绘图区指定一点或在【补正距离】文本框中输入距离值，确定平行线通过点。

4）修改或确定平行线的绘制，其中单击【方式】组中【点】后边的【重新选取】按钮 ⊕，可以修改平行线通过的点；勾选【方向】组中的复选框，可以修改平行线的偏值方向。

Mastercam 还提供了创建一条平行于一条已知直线，且与圆弧相切的平行线。勾选【方式】组中的【相切】复选框，可以实现与圆弧相切的平行线的创建，如图 2-13 所示。

图 2-12　绘制平行线

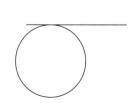

图 2-13　绘制相切于圆弧的平行线

6．绘制通过点相切线

此命令用于绘制过已有圆弧或圆上一点并和该圆弧或圆相切的线段，其操作流程如下：

1）单击【线框】→【线】→【近距线】下拉菜单中的【通过点相切线】按钮 ⌐。

2）在绘图区选择一个圆，然后选择圆上的一点。

3）在绘图区指定一点或在【长度】文本框中输入距离值，确定切线通过的点。

4）单击【通过点相切】对话框中的【确定】按钮 ，完成切线的绘制，如图 2-14 所示。

图 2-14　绘制通过点相切线

7. 绘制法线

此命令用于绘制通过已有圆弧或平面上一点并切和该圆弧或平面垂直的线段，其操作流程如下：

1）单击【线框】→【线】→【近距线】下拉菜单中的【法线】按钮 。

2）在绘图区选择一个曲面。

3）在绘图区指定一点或在【长度】文本框中输入距离值，确定切线通过的点。

4）单击【法线】对话框中的【确定】按钮 ，完成切线的绘制，如图 2-15 所示。

图 2-15　绘制法线

2.1.3　绘制圆与圆弧

Mastercam 提供了 5 种创建圆弧、2 种创建圆的方法，如图 2-16 所示。

图 2-16　圆弧与圆创建面板

1. 已知边界点画圆

不在同一条直线上的三点决定一个圆，已知边界点画圆就是通过指定圆周上的三点来绘制圆。此外，Mastercam 还有两点画圆、两点相切画圆、三点相切画圆，其中两点相切画圆，用户还需指定圆的半径。其操作流程分别如下：

1）勾选【两点】复选框 两点(P)后，可在绘图区中选取两点绘制一个圆，圆的直径就等于所选两点之间的距离。

2）勾选【两点相切】复选框 ⊙ **两点相切(T)** 后，可在绘图区中连续选取两个图素（直线、圆弧、曲线），接着再在【半径】文本框 半径(U): `0.0` 或者【直径】文本框 直径(D): `0.0` 中输入所绘圆的半径或直径值，系统将会绘制出与所选图素相切且半径值或直径值等于所输入值的圆。

3）勾选【三点】按钮 ⊙ **三点(O)** 后，可连续在绘图区中选取不在同一直线上的三点来绘制一个圆。此法经常用于正多边形外接圆的绘制。

4）勾选【三点相切】按钮 ⊙ **三点相切(A)** 后，可在绘图区中连续选取三个图素（直线、圆弧、曲线），接着再在【半径】文本框 半径(U): `0.0` 或者【直径】文本框 直径(D): `0.0` 中输入所绘圆的半径或直径值，系统将会绘制出与所选图素相切且半径值或直径值等于所输入值的圆。

5）最后，单击【确定】按钮 ✅，完成操作。

2．已知点画圆

通过圆心、半径（或直径）是最常用的画圆方式。

1）单击【线框】→【圆弧】→【已知点画圆】按钮 ⊕。

2）在绘图区指定一个点作为待画圆的圆心（单击【中心点】组中的【重新选取】按钮 重新选取(R)，可以编辑该指定的圆心）。

3）在指定圆的半径或直径后，【已知点画圆】对话框中的【确定】按钮 ✅，即可完成圆的绘制操作。

注意：Mastercam 提供了 3 种方法确定半径或直径。

1）在绘图区直接指定。

2）通过【已知点画圆】对话框【大小】组中的【半径】或【直径】文本框直接指定。

3）勾选【方式】组中的【相切】复选框，然后指定与圆相切的直线或圆弧。

3．极坐标画弧

此命令通过指定圆弧的圆心位置、半径（或直径）、圆弧的开始和结束角度来绘制圆弧。利用该方法创建圆弧时，其操作流程如下：

1）单击【线框】→【圆弧】→【已知边界点画圆】下拉菜单中的【极坐标画弧】按钮 。

2）指定圆弧的圆心位置，然后在【极坐标画弧】对话框【大小】组中的【半径】或【直径】文本框中设置圆弧的半径或直径；在【角度】组【开始角度】文本框中设置圆弧的开始角度，在【结束角度】文本框中设置结束角度。

3）按 Enter 键或单击对话框中的【确定】按钮 ✅，结束圆弧的绘制操作。

如果用户要绘制反方向的圆弧，可以勾选【方向】组中的【反转圆弧】复选框即可。

4．极坐标点画弧

此命令是指通过确定圆弧起点或终点，并给出圆弧半径或直径、开始和结束角度的方法来绘制一段弧。对于输入的半径则要求不小于两个端点间的一半，否则无法创建圆弧。创建流程如下：

单击【线框】→【圆弧】→【已知边界点画圆】下拉菜单中的【极坐标点画弧】按钮 。

该方法有两种途径绘制圆弧：

1）勾选【开始点】复选框，在绘图区中指定一点作为圆弧的起点，接着在【大小】组中的

Mastercam
2019

【半径】或【直径】文本框中输入所绘圆弧的半径或直径数值，在【角度】组中的【开始】或【结束】文本框中分别输入圆弧的开始角度和结束角度。

2）勾选【结束点】复选框，在绘图区中指定一点作为圆弧的终点，接着在【大小】组中的【半径】或【直径】文本框中输入所绘圆弧的半径或直径数值，在【角度】组中的【开始】或【结束】文本框中分别输入圆弧的开始角度和结束角度。

最后，单击对话框中的【确定】按钮，完成操作。

5．三点画弧

此命令是指通过指定圆弧上的任意三个点来绘制一段弧。单击【线框】→【圆弧】→【三点画弧】按钮，系统弹出【三点画弧】对话框。

该方法有两种途径绘制圆弧：

1）在绘图区中连续指定三点，则系统绘制出一圆弧。这三点分别是圆弧的起点，圆弧上的任意一点，圆弧的终点。

2）勾选【相切】复选框，连续选择绘图区中的三个图素（图素必须是直线或者圆弧），则系统绘制出与所选图素都相切的圆弧。

最后，单击对话框中的【确定】按钮，完成操作。

6．两点画弧

此命令是通过确定圆弧的两个端点和半径的方式绘制圆弧。单击【线框】→【圆弧】→【已知边界点画圆】下拉菜单中的【两点画弧】按钮，系统弹出【两点画弧】对话框。

该方法有两种途径绘制圆弧：

1）在绘图区中连续指定两点，指定的第一点作为圆弧的起点，第二点作为圆弧的终点，接着在【两点画圆】对话框【大小】组中的【半径】或【直径】文本框中输入圆弧的半径或直径数值。

2）勾选【两点画弧】对话框中的【相切】复选框，在绘图区中连续指定两点，指定的第一点作为圆弧的起点，第二点作为圆弧的终点，接着在绘图区中指定与所绘圆弧相切的图素。

最后，单击对话框中的【确定】按钮，完成操作。

7．切弧

该命令创建相切于一条或多条直线、圆弧或样条曲线等图素的圆弧。

2.2 样条曲线的创建

Mastercam 提供的曲线绘制功能有两种：一种是参数式曲线，其形状由节点（Node）决定，曲线通过每一个节点。另一种为非均匀有理 B 样条曲线（NURBS 曲线），其形状由控制点（Control point）决定，曲线通过第一点和最后一点，并不一定通过中间的控制点，但会尽量逼近这些控制点。参数式曲线一旦绘制完成，则无法进行编辑，而 NURBS 曲线则可通过改变控制点的位置来修改其形状。一般来说，NURBS 曲线较其他曲线更平滑，也更容易调整，因此较常用。

在 Mastercam 中，绘制样条曲线的主要命令如图 2-17 所示。值得注意的是，绘制样条曲线时，虽然样条曲线通过用户指定的每一个点，但这并不说明样条曲线一定是参数式曲线。具体的形式由系统配置的参数设置决定（由【设置】→【系统配置】命令设置）。

图 2-17　样条曲线绘制菜单项

2.2.1　手动画曲线

单击【线框】→【曲线】→【手动画曲线】按钮，然后依次在绘图区输入一系列的点后即可绘制一条通过指定点的样条曲线，如图 2-18 所示。

图 2-18　手动绘制样条曲线的示例

对于样条曲线来说，即使两条样条曲线通过的节点完全相同，但其形状却不一定相同，这是由于在绘制样条曲线时端点的切线方向不同导致的。

为了设置端点的切线方向，在指定第一个节点之前，应先勾选【手动画曲线】对话框中的【编辑结束条件】复选框，接着在绘图区绘制或选择所有节点并按 Enter 键后，则【手动画曲线】对话框会显示如图 2-19 所示的信息。

样条曲线的端点（开始点和结束点）的切线方向（由开始点类型和结束点类型设置），可以用以下 5 种方法进行确定：

1）任意点：按照最短曲线长度优化计算而得到曲线的两端的切线方向。这是系统默认的选项。

2）三点：由曲线的开始（最后）3 个节点所构成的圆弧，将起点处的切线方法作为曲线起点的切线方法。

3）到图形：选取已绘制的图素，将其作为选取点的切线方向作为本曲线的切线方向。

4）到结束点：指定其他图素的某个端点的切线方向作为本曲线端点的切线方向。

5）角度：指定端点切线方向的角度，该角度值由角度文本框输入。

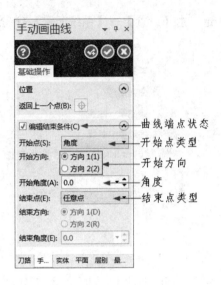

图 2-19　手动画曲线端点条件的参数设置

2.2.2 自动生成曲线

此命令是利用绘制好的 3 点绘制通过该节点的样条曲线，绘制这样的样条曲线必须保证绘图区首先有 3 个已经绘制好的点。

单击【线框】→【曲线】→【手动画曲线】下拉菜单中的【自动生成曲线】按钮，然后在绘图区依次选择 3 点后即可绘制一条通过指定点的样条曲线，如图 2-20 所示。

同样，可以编辑样条曲线端点的切线方向，编辑方法和手动绘制样条曲线的端点切线方向编辑相同。

第二点

第一点　　　　　　　　　　第三点

图 2-20　自动绘制样条曲线的示例

2.2.3 转成单一曲线

此命令用于将相连的多条曲线合并转换为一条样条曲线，其创建流程如下：

1）单击【线框】→【曲线】→【手动画曲线】下拉菜单中的【转成单一曲线】按钮，进入曲线转换状态。

2）系统弹出【串连选项】对话框，提示【选择串连 1】，在绘图区选择需要转换成曲线的连续线。

3）在【转面单一曲线】中设置相应的转换参数，如图 2-21 所示。

4）单击对话框中的【确定】按钮 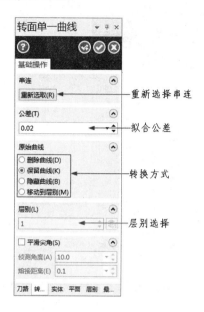，完成样条曲线的操作。

转成单一曲线参数设置工具栏中各选项的含义如下：

重新选取(R)：用于重新选择串连图素。

公差：用于设置输入曲线的拟合公差。

图 2-21 转换曲线参数设置

原始曲面：用于设置对原始曲线的处理方式，包括 4 个可选项，分别为保留曲线、隐藏曲线、删除曲线和移动到层别，如果选择移动到层别，则【层别】项被激活，用户可以用此项设置要将原始曲线移动到的层。

2.2.4 曲线熔接

此命令是在曲线上通过用户指定的点，对两条不同位置的曲线进行倒圆角或融合操作，其操作流程如下：

1）单击【线框】→【曲线】→【手动画曲线】下拉菜单中的【曲线熔接】按钮，进入曲线转换状态。

2）在绘图区依次选择第一条、第二条曲线以及曲线上连接点的位置。

3）在【曲线熔接】对话框中设置相应的转换参数，如图 2-22 所示。

4）单击对话框中的【确定】按钮 ，完成样条曲线的操作。

曲线熔接的对话框中各选项的含义如下：

图形1、图形2：用于重新选择第一条或第二条曲线以及该曲线上连接点的位置。

大小（M）、大小（A）：用于设置第一条或第二条曲线拟合的曲率。

修剪/打断：用于设置熔接曲线的修剪方式和打断方式，包括 3 种选项：

> 两者修剪：两条原始曲线均做修剪，如图 2-23a 所示。
> 图形 1：第一条原始曲线做修剪，如图 2-23b 所示。
> 图形 2：第二条原始曲线做修剪，如图 2-23c 所示。

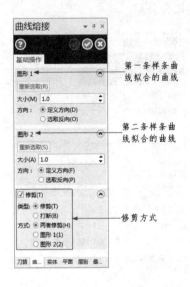

图 2-22　曲线熔接参数设置

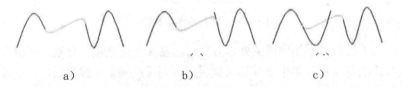

a)　　　　　　　　b)　　　　　　　　c)

图 2-23　曲线熔接修剪方式示意

2.3 规则二维图形绘制

　　Mastercam 不仅可以创建点、直线、圆弧等单一图素，而且还可以创建多种规则的复合图素，如矩形、多边形、螺旋线等，如图 2-24 所示。这些复合图素由多条直线或圆弧构成，可以用创建规则二维实体命令一次完成，但值得注意的是，这些复合图素并不是一个整体，可以独立对各组成图素进行操作。

图 2-24　绘制规则二维实体

2.3.1　绘制矩形

Mastercam 不仅允许通过指定对角线上的两个端点绘制矩形，也可以通过指定矩形的宽度和高度，然后根据矩形的任一端点或中心点的位置进行绘制。其操作流程如下：

1）单击【线框】→【形状】→【矩形】按钮▭。

2）在绘图区指定矩形对角线的两个角点。

3）利用【矩形】对话框设置矩形的相关参数，如图 2-25 所示，然后单击【确定】按钮✅，完成矩形的绘制工作。

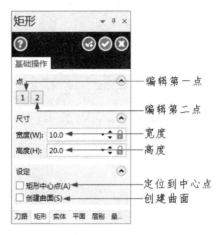

图 2-25　绘制矩形的参数设置

对话框中的各项含义如下：

➤ 　1　编辑第一点：编辑矩形的第一个角点。
➤ 　2　编辑第二点：编辑矩形的第二个角点。
➤ 　宽度：设置矩形的宽度尺寸。
➤ 　高度：设置矩形的高度尺寸。
➤ 　矩形中心点：设置矩形中心的位置。
➤ 　创建曲面：设置创建矩形时是否同时创建矩形区域中的曲面。

2.3.2　绘制圆角矩形

Mastercam 不仅可以绘制一般的矩形，而且还提供了绘制圆角矩形的能力。其操作流程如下：

1）单击【线框】→【形状】→【矩形】下拉菜单中的【圆角矩形】按钮▢。

2）在绘图区中选择矩形的基准点位置。

3）在系统弹出的【Rectangular Shapes（圆角矩形）】对话框中设置相应的参数，如图 2-26 所示，然后单击【确定】按钮✅，完成圆角矩形的绘制工作。

【Rectangular Shapes（圆角矩形）】对话框中的各项含义如下：

图 2-26　矩形选项对话框

1）立方体：用于创建一个标准矩形。

2）Obround：用于创建一个由两个半圆组成的形状，半圆由两条与终轴相切的平行线连接。

3）Single D：用于创建一个由连接半圆两端的线组成的形状。

4）Double D:用于创建一个由两个不与终轴相切的平行线连接的半圆组成的形状。

5）Base point：通过选择基本位置并输入高度和宽度来定义矩形。

6）2 points：通过选择两个角的位置来定义矩形。

7）点：用于修改矩形的基点位置，单击 1 或 2 按钮，可以在绘图中选取。

8）宽度：用于修改矩形的宽度。既可以在文本框中直接输入给定值，也可以单击⊕按钮在绘图中选取。

9）高度：用于修改矩形的高度。既可以在文本框中直接输入给定值，也可以单击⊕按钮在绘图中选取。

10）Fillet radius：设置矩形圆角的数值。

11）旋转角度：设置矩形旋转角度的数值。

12）原点：用于设置给定的基准点位于矩形的具体位置。

13）创建中心点：选中该复选框，则创建矩形时可同时创建矩形的中心点。

14）创建曲面：选中该复选框，则创建矩形时可同时创建矩形区域中的曲面。

2.3.3 绘制多边形

在 Mastercam 中，可以绘制 3~360 条边的正多边形（Polygon）。通过指定正多边形的中心以及相应圆的半径来进行绘制，而不能通过指定正多边形的边长来绘制。多边形的创建流程如下：

1）单击【线框】→【形状】→【矩形】下拉菜单中的【多边形】按钮○。

2）在绘图区中选择多边形的基准点位置。

3）在系统弹出的【Polygon（多边形）】对话框中设置相应的参数，如图 2-27 所示，然后单击【确定】按钮●，完成多边形的绘制工作。

【多边形】对话框各选项的含义如下：

1）基点：用于修改多边形的中心点。

2）Sides：用于指定多边形边数。

3）半径：用于设置多边形外接圆或内接圆的半径，既可以在后面的文本框中直接指定，也可以单击⊕按钮在绘图区中指定。

4）Flat：用于设置以外切于圆的方式创建多边形，如图 2-28a 所示；Corner：用于设置以内接于圆的方式创建多边形，如图 2-28b 所示。

5）Corner Fillet：设置多边形圆角的数值。

6）旋转角度：设置多边形旋转角度的数值。

7）创建中心点：选中该选项，则创建多边形时可同时创建多边形的中心点。

8）创建曲面：选中该选项，则创建多边形时可同时创建多边形区域中的曲面。

图 2-27　多边形选项对话框

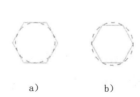

a)　　　　　b)

图 2-28　多边形创建方式示意

Mastercam
2019

2.3.4 绘制椭圆

1）单击【线框】→【形状】→【矩形】下拉菜单中的【椭圆】按钮○。

2）在绘图区中选择椭圆的基准点位置。

3）在系统弹出的【Ellipse（椭圆）】对话框中设置相应的参数，如图 2-29 所示，然后单击【确定】按钮 ✓，完成椭圆的绘制工作。

【Ellipse（椭圆）】对话框各选项的含义如下：

1）NURBS：以单个 NURBS 曲线创建椭圆。

2）圆弧段：以多个圆弧段创建椭圆。

3）线段：以多个线段创建椭圆。

4）基点：用于修改椭圆的基点位置，单击【重新选取】按钮 重新选取(R)，可以在绘图中选取。

5）半径 A：用于修改椭圆在水平方向的半径，亦即长轴半径，如图 2-30 所示。既可以在文本框中直接输入给定值，也可以单击 ⊕ 按钮在绘图中选取。

6）半径 B：用于修改椭圆在垂直方向的半径，亦即短轴半径，如图 2-30 所示。既可以在文本框中直接输入给定值，也可以单击 ⊕ 按钮在绘图中选取。

7）开始角度：用于设置椭圆的起始角度，如图 2-30 所示。

8）结束角度：用于设置椭圆的终止角度，如图 2-30 所示。

9）旋转角度：设置椭圆旋转角度的数值。

图 2-29　椭圆选项对话框

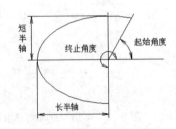

图 2-30　椭圆参数示意

10）创建曲面：选中该复选框，则创建椭圆时可同时创建椭圆区域中的曲面。

11）创建中心点：选中该复选框，则创建椭圆时可同时创建椭圆的中心点。

2.3.5　绘制螺旋线（间距）

螺旋线是指在 X 轴、Y 轴、Z 轴 3 个方向上，螺旋的间距都可以变化的螺旋线。此命令既可以绘制出平面螺旋线，也可以绘制锥形、圆柱形螺旋线。其创建流程如下：

1）单击【线框】→【形状】→【矩形】下拉菜单中的【螺旋】按钮 。

2）在绘图区中指定螺旋的圆心点。

3）利用系统弹出的【Spiral（螺旋）】对话框设置盘旋线的参数，如图 2-31 所示。然后单击【确定】按钮 ，完成盘旋线的绘制工作。

【螺旋】对话框各选项的含义如下：

1）半径：设置螺旋最内圈的半径值。

2）高度：设定螺旋线的总高度，如果该值等于 0，则为平面螺旋线；如果该值大于 0，则生成空间螺旋线，如图 2-32 所示。高度既可以通过文本框直接给定，也可以通过单击 按钮在绘图区中指定。

3）Revolutions（圈数）：用于设置螺旋旋转的圈数。

4）Vertical Pitch（垂直间距）：用于设置第一圈的环绕高度（Initial）和最后一圈的环绕高度（Final）。

5）水平间距：用于设置第一圈的水平间距（Initial）和最后一圈的水平间距（Final）。

6）方向：勾选【反向扫描】或【正向扫描】来设定螺旋线的方向。

Mastercam 2019

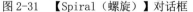

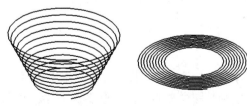

图 2-31　【Spiral（螺旋）】对话框　　　　图 2-32　螺旋线示意

2.3.6 绘制螺旋线（锥度）

锥度螺旋线是变距螺旋线的一种特殊形式，其螺距是固定的，通过给出的螺旋半径和锥度角控制螺旋线的形状。其创建流程和螺旋线（间距）的绘制类似。

【Helix（螺旋线）】对话框（见图 2-33）中的各项含义如下：

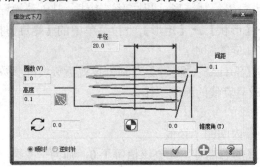

图 2-33 【Helix（螺旋线）】对话框

1）半径：设置螺旋线的半径。

2）高度：设定螺旋线的总高度，既可以在文本框中直接指定，也可以通过单击⊕按钮在绘图区中指定。

3）Revolutions（圈数）：设定螺旋线的圈数。

4）Pitch：用于设置相邻螺旋线中间的距离。

5）锥度：设定螺旋线的螺距。

6）旋转角度：设置螺旋线由什么角度开始生成，默认为从 0 开始。

7）方向：勾选【反向扫描】或【正向扫描】来设定螺旋线的方向。

2.4 特殊二维图形绘制

Mastercam 不仅可以创建如矩形、椭圆、多边形、螺旋线等规则的图素，还可以创建一些特殊的图素作为图形，如图文字、边界盒、圆周点、凹槽、楼梯状图形和门状图形等。这些复合图素由多条直线、圆弧等构成，可以用命令一次完成，但值得注意的是，这些复合图素并不是一个整体，可以独立对各组成图素进行操作。

2.4.1 绘制文字

图形文字不同于标注文字。标注文字只用于说明，是图样中的非几何信息要素，不能用于加工。而图形文字则是图样中的几何信息要素，可以用于加工。

单击【线框】→【形状】→【文字】按钮A，系统弹出【Create Letters（文字）】对话框，如图 2-34 所示。利用该对话框就可以创建图形文字了。【文字】对话框中各选项的含义如下：

1）类型：用于设置要绘制的图形文字的字体，单击【True Type Font(真实字型)】按钮🔳，利用系统弹出的【字体】对话框选取，如图 2-35 所示。

图 2-34　【Create Letters（文字）】对话框

图 2-35　【字体】对话框

2）高度：用于设置图形文字的字高。

3）间距：用于设置图形文字不同字符间的间距。

4）文字对齐方式：用于设置文字图形的对齐方式，包括水平、垂直、圆弧顶部、圆弧底部 4 种选项，如图 2-36 所示。如果使用圆弧方式，则下面的【半径】文本框被激活，用户可以在此文本框中指定圆弧的半径。

图 2-36　图形文字的对齐方式示意

2.4.2 绘制边界盒

此命令用于根据图形最长、最宽、最高的尺寸，或者再加一个扩展距离，绘制一个线框图形。这个线框图可以是矩形、圆、长方形的轮廓线或圆柱体的轮廓线。其创建流程如下：

1）单击【线框】→【形状】→【边界盒】按钮。

2）在绘图区中指定要绘制边界盒的图素。

3）利用系统弹出的【边界盒】对话框设置边界盒绘制的参数，如图 2-37 所示。然后单击【确定】按钮，完成边界盒的绘制工作。

图 2-37 【边界盒】对话框

【边界盒】对话框中各选项的含义如下：

1）：选择边界框中包含的图素。

2）全部显示：自动选择绘图区中所有的图素。

3）创建图柱体：绘制边界框的构成图素，包括：

➤ 线和圆弧：生成的边界框包含边界线和弧。

➤ 点：生成的边界框包含边界点。对于矩形边界框，生成矩形线框的各个顶点；对于圆柱形边界框而言，生成圆柱线框两个端面的圆心点。

➤ 中心点：绘出边界框的中心点。

➤ Face center points：在每个面中央创建点。

➤ 实体：由边界框生成实体，类似工件毛坯。

4）尺寸：若边界盒形状选择矩形，则该部分包含 X、Y 和 Z 三个坐标值，它们分别为确定矩形三个方向的扩展尺寸。若边界盒形状为圆柱，则该部分包含圆柱半径和高度确定扩展部分尺寸。

5）形状：在 Mastercam 中，边界盒既可以是立方体边界盒，如图 2-38a 所示，也可以是圆柱体边界盒，如图 2-38b 所示，且如果为圆柱体边界盒，则【轴心】被激活，它用于控制圆柱形边界框的轴线方向，图 2-38b、c 所示分别为采用 X 和 Z 轴创建的边界盒。

6）中心轴：只有边界框为圆柱形时才被激活，控制是否以过原点的轴线作为圆柱形边界框的轴线，如图 2-38d 所示。

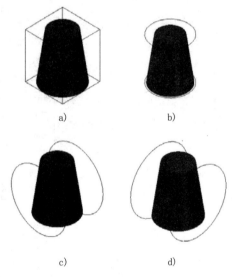

a)　　　　　　　　　b)

c)　　　　　　　　　d)

图 2-38　边界盒绘制示意

📖 2.4.3 绘制圆周点

该命令用于在圆周上创建均布的数个圆周点或圆孔，如图 2-39 所示。单击【线框】→【点】→【圆周点】命令，系统弹出如图 2-40 所示的【圆周点】对话框，利用该对话框就可以创建均布在圆周上的点。

1）方式：勾选【完整循环】复选框，则会在整个圆周上绘出圆周点，圆周的大小由【直径】文本框给定，圆周点的个数由【数量】或【角度】文本框中指定，【开始角度】决定了第一点与 X 方向的夹角。

2）创建图形：

勾选【点】复选框，则绘出的圆周点的形式为点。

勾选【圆】复选框，则绘出的圆周点的形式为圆，半径由后面的文本框给出。

勾选【中心点】复选框，则绘出圆周点的中心点。

勾选【旋转轴】复选框，则绘出的圆周点可以围绕 X、Y、Z 轴分布。

3）方向：勾选【反向】复选框，用于设置相反方向的点。

4）【移除】按钮 移除(M) ，用于移除点。

5）【重置】按钮 重置 ，用于重置移除的点。

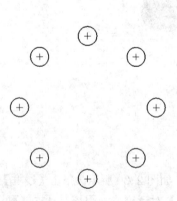

图 2-39　绘制圆周点示意图

图 2-40　【圆周点】对话框

2.4.4 绘制释放槽

此命令用于创建一个绘制释放槽。单击【线框】→【线框】→【凹槽】按钮，系统弹出【标准环切凹槽参数】对话框，如图 2-41 所示，在对话框设定相应的参数后，单击【确定】按钮，就可以完成凹槽的创建工作。

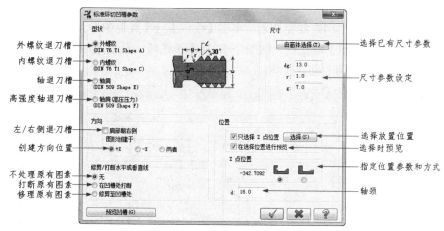

图 2-41　【标准环切凹槽参数】对话框

2.4.5 绘制楼梯状图形

此命令可以绘制一个类似台阶类的线框图形，单击【线框】→【其他图形】→【画楼梯状图形】按钮，系统将弹出【画楼梯状图形】对话框，如图 2-42 所示，在对话框设定相应的参数后，单击【确定】按钮，就可以完成楼梯的创建工作。

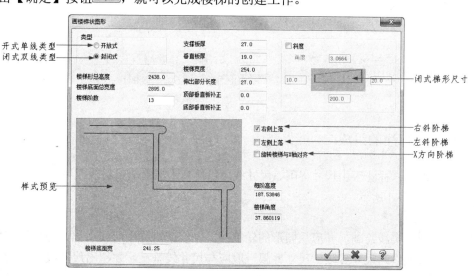

图 2-42　【画楼梯状图形】对话框

注意：【其他图形】面板是采用自定义功能区命令，用户自己定义的面板，因为默认的【线框】选项卡中没有【画门状图形】、【画楼梯状图形】命令，通过定义功能区，根据需要由用户自己创建。

2.4.6 绘制门形图形

此命令可以创建一个门的线宽图素。单击【线框】→【其他图形】→【画门状图形】按钮，系统将弹出【画门状图形】对话框，如图 2-43 所示，在对话框设定相应的参数后，单击【确定】按钮，就可以完成门的创建工作。

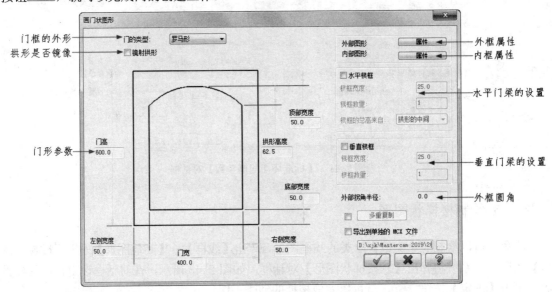

图 2-43 【画门状图形】对话框

2.5 图形尺寸标注

2.5.1 尺寸标注的组成

一个完整的尺寸标注应由尺寸界限、尺寸线（包括其末端箭头、斜线或黑点）和尺寸数字三部分组成，如图 2-44 所示。

1. 尺寸界限

尺寸界限用细实线绘制，并应从图形的轮廓线、轴线或对称中心线引出，也可以用轮廓线、轴线或对称中心线作为尺寸界限。尺寸界限一般应与尺寸线垂直，并超出尺寸线的终端 2~3mm。

2. 尺寸线

尺寸线用细实线绘制，必须单独画出，不能用其他图线代替，也不能与其他图线重合或画在其延长线上。尺寸线必须与所注的线段平行，当有几条互相平行的尺寸线时，大尺寸要注在小尺寸的外面，避免尺寸线与尺寸界限相交。尺寸引出标注时，不能直接从轮廓线上转折，如图 2-45 所示。

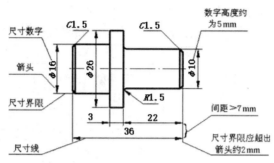

图 2-44　尺寸标注的组成

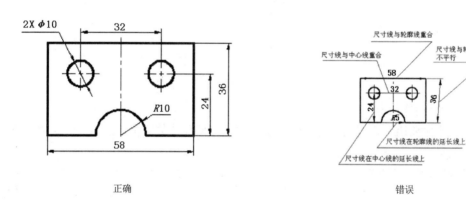

图 2-45　尺寸线的正确使用

一般而言，机械图样的尺寸线的终端常采用箭头的形式。在图 2-46 中 b 为粗实线的宽度，h 为字高。当采用箭头时，如果空间不够，允许用圆点或斜线代替箭头。

3. 尺寸数字

尺寸数字表示所注尺寸的大小，一般应写在尺寸线的上方，也允许注写在尺寸线的中断处；当空间不够时，可引出标注。

尺寸数字不能被任何图线通过，不可避免时，必须将该图线断开，如图 2-47 所示。

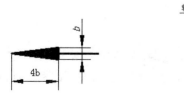

图 2-46　尺寸线终端的箭头形式

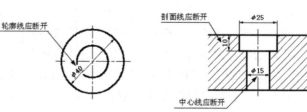

图 2-47　尺寸数字不能被任何图线通过

2.5.2 尺寸标注样式的设置

在进行尺寸标注之前，用户可以根据要求对尺寸样式进行设置。单击【尺寸标注】→【尺寸标注】面板中的启动按钮 ，系统会弹出如图 2-48 所示的【自定义选项】对话框。利用该对话框可以对尺寸标注样式进行设置，下面将介绍对话框中各参数的含义。

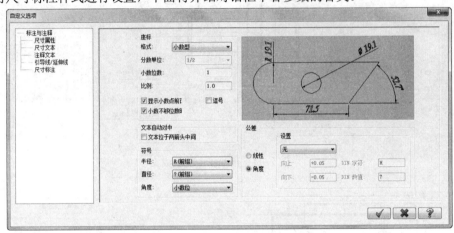

图 2-48　自定义选项-尺寸属性选项卡

1．尺寸属性选项卡

该选项卡主要用于设置尺寸标注的显示属性，包括尺寸数字格式的设定、文本位置的设定、符号样式的设定、公差设定等。下面对其主要内容进行介绍。

1）坐标：既可以在格式下拉菜单中设置文本数字的显示格式，包括小数型、科学型、工程单位、分数单位以及建筑单位；也可以设置比例系数，该值可以调整尺寸数值与测量数据之间的比例关系；还可以设置首尾 0 的处理方式以及是否用逗号（,）来代替小数中的小数点（.）。

2）文字自动对中：勾选该选项，则尺寸数值自动位于尺寸线中间位置。

3）符号：该选项可以设置半径、直径以及角度的前缀符号。

4）公差/设置：既可以利用【设置】下拉列表选择公差的表示方法，可以是无、"+/-"（正负公差）、上下限制以及 DIN（公差带）。

2．尺寸文本选项卡

该选项卡用于设置标注文本的属性以及对齐方式，如图 2-49 所示。

该选项卡的各选项的含义如下：

1）文本大小：主要用于设定尺寸文字的相关属性，如文本高度、宽度等。

➢ 文本高度：该值用于控制所有尺寸字符的高度。

➢ 字高公差：该值用于控制所有公差字符的高度。

➢ 间距：包括固定和按比例两种方式，前者使用固定的间距，后者则依据字符比例来设定，建议使用按照比例的方式，这样一旦调整文本高度，字符宽度也将按照比例进行自动调整。

➢ 长宽比：该项可以控制文字字符串的字符宽度由尺寸字高的比例决定。

➢ 文本宽度：该项可以控制所有尺寸字符宽度按照该值来决定。

➢ 文本间距：该项可以控制相邻字符间的距离。

➢ 比例、调整比例：用于设置其他参数随文本高度变化的比例因子。

2）直线：用于设置尺寸文字是否使用基准线，以及是否使用文本框。

3）文本方向：用于设定尺寸文字的排列方向。

4）字型：用于设定所有标注文字的字体。系统提供了9种基本字型：Stick、Roman、European、Swiss、Hartford、Old English、Palatino、Dayvile 以及 Arial。用户还可以通过单击 Add TrueType(R) 按钮添加需要的字体。

5）倾斜：用于设置批注文字的倾斜角度或旋转角度，工程标注中，倾斜角度一般设为15°。

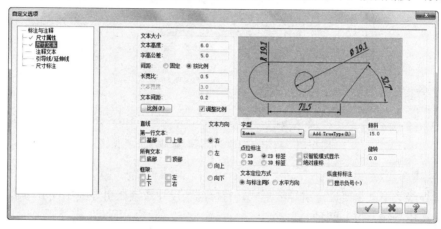

图 2-49　自定义选项-尺寸文本选项卡

3. 注释文本选项卡

该选项用于注解文本的设置，如图 2-50 所示。其中【镜射】可以控制文字标注等文字字符串依照 X 轴、Y 轴或 X＋Y 轴做镜像。其他选项与尺寸文本选项卡中内容基本一致。

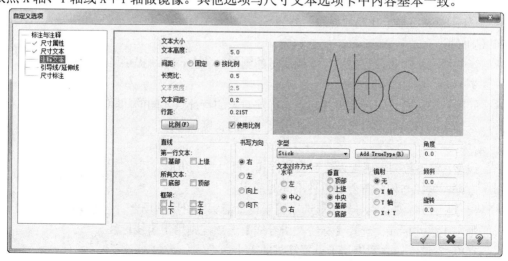

图 2-50　自定义选项-注释文本选项卡

4. 引导线/延伸线选项卡

该选项卡用于设置引导线和延伸线的形式、显示方式等，如图 2-51 所示，各选项的具体含义如下：

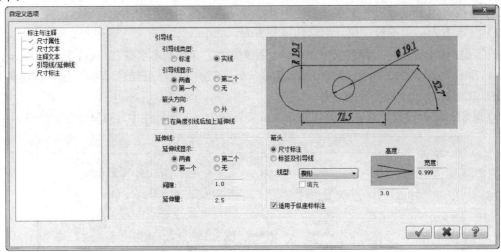

图 2-51　自定义选项-引导线/延伸线选项卡

1）引导线：

➤ 引导线类型：主要设定引导线形式，有标准（尺寸数字在引导线中间）与实线（尺寸数字在引导线上方）两种。

➤ 引导线显示：引导线的显示状态有 4 种：两者、第一个、第二个和无。而第一个与第二个的定义是根据用户标注尺寸时选取图素的顺序来决定的，也就是说所选取的第一图素的端点就是第一个。

➤ 箭头方向：系统提供了内、外两种选择。

内：箭头将显示在尺寸界线的内侧。

外：箭头将显示在尺寸界线的外侧。

2）延伸线：

➤ 延伸线显示：该参数控制尺寸标注时的延伸线状态，系统提供了下列几种状态：两者、第一个、第二个和无。

➤ 间隙：该参数设定尺寸界线起点与标注对象的特征点之间的间隙大小。

➤ 延伸量：该参数设置尺寸界线超出尺寸线的长度。

3）箭头：

➤ 线型：该下拉列表用于设置箭头的样式，可以为三角形、开放三角形、楔形、无、圆柱、方框、斜线与积分符号等各种不同的箭头。

➤ 尺寸标注/标签及引导线：该选项用于设置箭头所引用的场合，选择【尺寸标注】选项，则用于尺寸标注；选择【标签及引导线】选项，则用于引线标注。

➤ 高度/宽度：该文本框用于设置箭头的大小。

5. 尺寸标注选项卡

尺寸标注主要用于设置标注与被标注对象、标注与标注之间的间隙等关系，如图 2-52 所示，主要包括以下设置选项：

1）关联性：所谓关联性是指当图形发生变化时，所建立的尺寸标注、标签抬头、引导线以及延伸线都会随着图形的变化而自动更新。选中此项则尺寸标注等与图形关联。

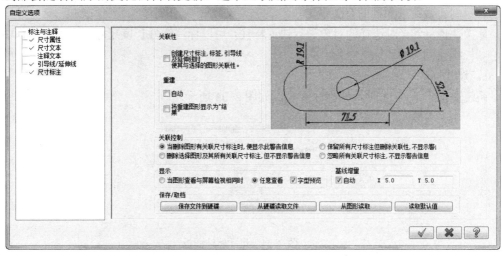

图 2-52　自定义选项-尺寸标注选项卡

2）关联控制：在删除与标注相关联的图素时，如何处理尺寸标注。

3）显示：用于切换是否将尺寸显示于其他视角。选择【当图素视角与屏幕视角相同时】时，则表示只有当视图平面与标注所在的构图平面相同时才显示标注；选择【任意视角】时，则表示在任何视图中都显示标注。

4）基线增量：用于设定使用基准标注时每一个尺寸标注的 X 与 Y 方向的间隔距离。一般情况下，该值可以设置为文本高度的 2 倍。

5）保存/取档：可以将所完成的尺寸标注整体设定输出为一个样本文件，这样下次再次使用时，就可以直接调用而无须重新设定了。

当然除了自样本图形文件取出设定值外，也可以直接选取图素所使设定值与所选的图素的设定值相同。无论是自图形文件还是利用图素获取，若不满意设定值，还可以还原系统默认值。

2.5.3　图形的尺寸标注

该菜单包含了重建、标注尺寸两个子菜单，另外还有多重编辑、延伸线和引导线等多种选项，如图 2-53 所示。各命令主要作用如下：

图 2-53　尺寸标注选项卡

- 多重编辑：编辑已标注的尺寸设定。
- 延伸线：通过抓点方式建立延伸线。
- 引导线：通过抓点方式建立引导线。
- 注解：可以输入一些批注文字，还可以针对已标注的尺寸文字进行编辑。
- 剖面线：剖面线的有关设定。
- 快速标注：对选择的对象进行快速标注，可以标注线性长度尺寸，也可以选择曲线进行构建圆尺寸。

1. 尺寸标注

系统提供了下列 11 种尺寸标注方式，如图 2-54 所示。

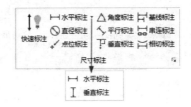

图 2-54　尺寸标注面板

1）线性标注：

水平标注：用来标注两点间的水平距离。

垂直标注：用来标注两点间的垂直距离。

平行标注：用来标注两点间的距离。

如图 2-55 所示，这两个点可以是选取的两个点（已知点或几何对象的特征点），也可以通过选取直线直接选取该直线的两个端点。下面以水平标注为例，介绍线性标注的流程。水平标注的创建流程如下：

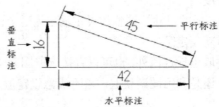

图 2-55　线性标注

- 单击【尺寸标注】→【尺寸标注】→【水平标注】按钮⊢⊣水平标注。
- 在绘图区选择要标注的图素，或依次选择两个端点。
- 系统在绘图区显示水平尺寸标注，通过移动鼠标来拖动尺寸标注到适当的位置后单击，系统在显示尺寸标注的位置绘制尺寸标注。
- 标注完成后，按 Esc 键或单击【确定】按钮，结束标注工作。

在使用每种方法进行标注时，【尺寸标注】对话框如图 2-56 所示，用于设置尺寸的各种参数，工具栏上的图标会根据方法的不同分别被激活。

图 2-56　【尺寸标注】对话框

2）基准标注：该命令以已绘制的线性标注（水平标注、垂直标注或平行标注）为基准对一系列点进行线性标注，如图 2-57 所示。标注的类型与被选的线性标注类型一致，基准标注的第一个端点为线性标注的一个端点，且该端点为距第一次基准标注点距离较大的那个端点。其创建流程如下：

➢ 单击【尺寸标注】→【尺寸标注】→【基线标注】按钮，基线标注。

➢ 系统提示选取一个线性尺寸。

➢ 系统接着提示指定第二个端点。

➢ 标注完成后，按 Esc 键或单击【确定】按钮，结束标注工作

3）串连标注：该命令的功能与基准标注相似，也是选取一个线性标注后对一系列点进行标注。所不同的是串连标注的位置不能由系统自动计算获得，且标注的第一个端点是变化的，如图 2-58 所示。

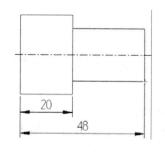

图 2-57　基准标注

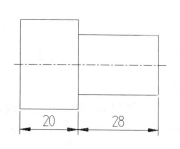

图 2-58　串连标注

4）直径标注：用来标注出圆或圆弧的直径或半径，如图 2-59 所示。其创建流程如下：

➤ 单击【尺寸标注】→【尺寸标注】→【直径标注】按钮🚫**直径标注**。

➤ 在绘图区选择要标注圆弧。

➤ 系统在绘图区显示圆弧尺寸标注，通过移动鼠标来拖动尺寸标注到适当的位置后单击，系统在显示尺寸标注的位置绘制尺寸标注。

➤ 标注完成后，按 Esc 键或单击【确定】按钮✅，结束标注工作。

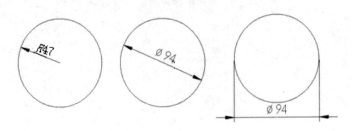

图 2-59　圆弧标注示意

值得注意的是，在指定圆弧图素以后，如图 2-56 所示的【尺寸标注】对话框被激活，勾选【圆弧符号】组中的【半径】复选框，则以半径标注该圆弧；勾选【圆弧符号】组中的【直径】复选框，则以直径标注该圆弧；勾选【箭头】组中的【内侧】或【外侧】复选框，则标注箭头在圆弧外或内。

5）角度标注：用来标注两条不平行直线的夹角，也可以用来标注一圆弧的圆心角，如图 2-60 所示。其创建流程如下：

➤ 单击【尺寸标注】→【标注尺寸】→【角度标注】按钮△**角度标注**。

➤ 在绘图区依次选择要标注的两条不平行的直线或圆弧。

➤ 系统在绘图区显示角度尺寸标注，通过移动鼠标来拖动尺寸标注到适当的位置后单击，系统在显示尺寸标注的位置绘制尺寸标注。

➤ 标注完成后，按 Esc 键或单击【确定】按钮✅，结束标注工作。

6）切线标注：用来标注某点（线或弧）到一个圆的边线而不是中心的距离，如图 2-61 所示。其创建流程两条不平行直线角度标注类似，这里不再赘述。

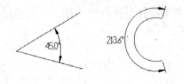
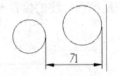

图 2-60　角度标注示意　　　　　　　　　　　图 2-61　切线标注示意

2. 重建

在完成尺寸标注以后，如果要对图素进行修改，相应的尺寸标注也自动随之变化。用户可以通过自动或手动选取方式，重新建立具有关联性的已标注尺寸。重新建立尺寸标注菜单项如图 2-62 所示。

3．绘制引导线和延伸线

延伸线是指在图素和对图素所做的注释文字之间绘出的一条直线。引导线是在图素和对图素所做的注释文字之间绘出的一条带箭头的，而且可以是多段的折线，如图 2-63 所示。

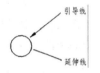

图 2-62　重建尺寸标注菜单项　　　　图 2-63　延伸线和引导线示意

4．标注注解文字

在完成的几何图形中，除了添加尺寸标注外，还可以添加图形注释来对图形进行说明。其创建流程如下：

1）单击【尺寸标注】→【注解】→【注解】按钮，系统弹出如图 2-64 所示的【Note（注解）】对话框。

2）选择图形注解的类型，并设置相应的参数。

3）在文字文本框中输入或导入注释文本（有些图形注释的类型不需输入文本）。

4）在绘图区拖动图形注释至指定位置后单击，即可按设置的类型和参数绘制图形注释。

5．图案填充

用户经常需要对图形的某个区域绘制一些图案以填充图形，进而更加清晰地表达该区域的特征，这样的填充操作就是图案填充。在机械工程中，图案填充常用于表达一个剖切的区域，而且不同的图案填充则表达不同的零部件或材料。单击【尺寸标注】→【注解】→【剖面线】按钮 剖面线，系统弹出如图 2-65 所示的【剖面线】对话框，用户可以通过该对话框来自定义填充图案，该对话框的含义如下：

图 2-64　注解文字对话框　　　　　　图 2-65　剖面线对话框

1）模式：用来设置填充图案的样式。用户既可以从列表中选用标准形式，也可以单击【进阶选项】选项卡中的【Define】按钮 Define ，自定义图样。

2）间距：用来设置填充图案线间的间距。要改变线间的间距时，只需在【间距】文本框中输入相应的值即可。

3）角度：用来设置填充图案线与 X 轴之间的倾角。要改变填充图案线的倾角，只需在【角度】文本框中输入相应的值即可。 图 2-66 给出了选择不同填充图案及不同线间距和倾斜角度时的填充效果。

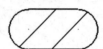

图 2-66　图案填充示意

2.6 实例操作

本节用一个简单的实例详细介绍了二维绘图的流程，从而使得读者能对 Mastercam 二维绘图有一定认识。

 网盘\动画演示\第 2 章\2.6 实例操作.MP4

2.6.1 图层设置

单击管理器中的【层别】选项，系统弹出【层别】管理器,在【编号】和【名称】中依次输入 1、尺寸线，2、中心线，3、实线，从而分别创建尺寸线层、中心线层和实线层，如图 2-67所示。

图 2-67　创建图层

2.6.2　绘制图形

1．绘制中心点

1）在绘制中心点之前，需要对图层及其属性进行设置，具体操作如下：单击【检视】选项卡【图形检视】面板中的【俯检视】按钮，状态栏显示【绘图平面】为【俯检视】，然后在【首页】选项卡【属性】面板中设置【线型】为【点画线】，【线宽】为【第一种】，【线框颜色】为【12（红色）】；在【规划】选项卡中设置【Z】值为【0】，【层别】为【2：中心线】，如图 2-68 所示。

图 2-68　中心点图层设置

2）单击【线框】→【点】→【绘点】按钮，弹出【绘点】对话框，然后单击【选择工具栏】中的【输入坐标点】按钮，在弹出的文本框中输入相应的坐标点，分别创建如下的点：P1（0，0）、P2（0，7.5）、P3（0，-22.5）、P4（23，7.5）、P5（23，22.5）、P6（23，-22.5）、P7（-23，7.5）、P8（-23，22.5）、P9（-23，-22.5），如图 2-69 所示。

2．绘制图形轮廓

1）同绘制中心点一样，在绘制图形轮廓时，也要对图形轮廓线的图层的相关属性进行设置，具体参数如下：单击【检视】选项卡【图形检视】面板中的【俯检视】按钮，状态栏显示【绘图平面】为【俯检视】，然后在【首页】选项卡【属性】面板中设置【线型】为【实线】，【线宽】为【第二种】，【线框颜色】为【0（黑色）】；在【规划】选项卡中设置【Z】值为【0】，【层别】为【3：实线】，如图 2-70 所示。

图 2-69　图形上的各点

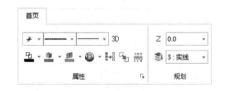

图 2-70　轮廓线图层设置

2）单击【线框】→【形状】→【矩形】按钮，创建矩形中心在原点、长宽值分别为 66、75 的矩形，结果如图 2-71 所示。

3）单击【线框】→【圆弧】→【已知点画圆】按钮，然后以 P2、P3 为圆心，12 为直径画两个圆；以 P4、P7 为圆心，7 为直径画两个圆，以 P5、P6、P8、P9 为圆心，6.2 为直径画 4 个圆，如图 2-72 所示。

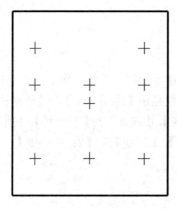

图 2-71　创建矩形

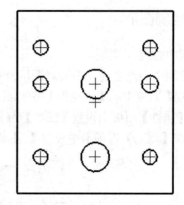

图 2-72　创建圆

2.6.3 尺寸标注

1）单击【尺寸标注】→【尺寸标注】面板右下角的【启动】按钮，系统会弹出如图 2-73 所示的对话框，按图 2-73 所示设置其属性。

2）在标注尺寸之前，需要对图层及其属性进行设置，具体参数如下：单击【检视】选项卡【图形检视】面板中的【俯检视】按钮，状态栏显示【绘图平面】为【俯检视】，然后在【首页】选项卡【属性】面板中设置【线型】为【实线】，【线宽】为【第一种】，【线框颜色】为【10（绿色）】；在【规划】选项卡中设置【Z】值为【0】，【层别】为【1：尺寸线】，，如图 2-74 所示。

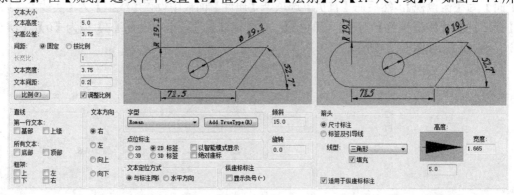

图 2-73　尺寸标注样式设置

图 2-74　图层设置

3）单击【尺寸标注】→【尺寸标注】→【水平标注】下拉菜单中的【水平标注】按钮　水平标注，

完成如图 2-75 图所示的水平尺寸标注。

　　4）单击【尺寸标注】→【尺寸标注】→【水平标注】下拉菜单中的【垂直标注】按钮 I 　**垂直标注**，完成如图 2-76 所示的垂直尺寸标注。

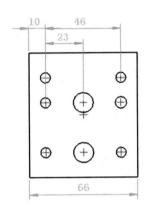

图 2-75　水平尺寸标注

图 2-76　垂直尺寸标注

　　5）单击【尺寸标注】→【尺寸标注】→【直径标注】按钮 ⊘ **直径标注**，完成圆弧尺寸标注。结果如图 2-77 所示。

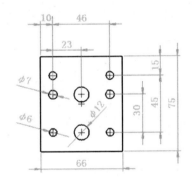

图 2-77　圆弧尺寸标注

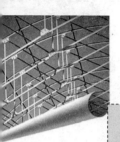

第3章

二维图形的编辑与转换

在工程设计中，对图形进行修剪、打断等编辑以及平移、镜像等转换，不仅可以大大提高设计效率，有时也是必需的。

本章重点讲解了倒角、倒圆、修剪、打断等编辑功能以及平移、镜像、旋转、阵列等转换功能。读者应该掌握这些常用的编辑与转换的使用方法，从而熟练地绘制较为复杂的二维图形。

重点与难点

- 图形的倒圆、倒角
- 常用的图形转换
- 图形的修剪、打断

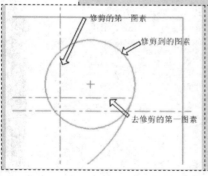

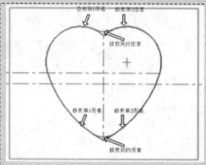

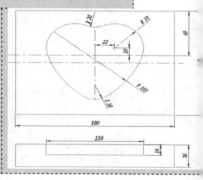

3.1 编辑图素

📖3.1.1 图素倒圆角

对图形倒圆角可以在两图素或多个图素之间进行圆角绘制。系统提供了两个倒圆角选项。

1. 绘制单个圆角

单击【线框】→【修剪】→【倒圆角】按钮，系统弹出【倒圆角】对话框，如图 3-1 所示。

图 3-1　【倒圆角】对话框

Mastercam
2019

【倒圆角】对话框各选项的功能如下：

1)【半径】文本框5.0▾⇕：圆角半径设置栏，在文本框中输入圆角的半径数值。

2)【方式】组：该组有【法向】、【内切】、【全圆】、【外切】、【单切】五种方式，每钟方式的功能都有图标说明，图 3-2 所示是这 5 种倒圆角方式示意图。

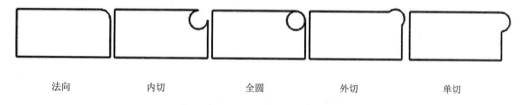

| 法向 | 内切 | 全圆 | 外切 | 单切 |

图 3-2　4 种倒圆角方式的示意图

3)【修剪圆形】复选框：设置倒圆角后的修剪原图素的方式，即是否保留原图素。

2. 串连倒圆角

绘制串连圆角命令能将选择的串连几何图形的所有锐角一次性倒圆角。执行【线框】→【修剪】→【倒圆角】→【串连倒圆角】按钮 ，系统弹出【串连倒圆角】对话框，如图 3-3 所示，同时弹出的还有【串连选项】对话框。

图 3-3　【串连倒圆角】对话框

【串连倒圆角】对话框的功能如下（与倒圆角功能相同的选项将不再阐述）：

1）重新选取(R)：重新选择串连图素。

2）【方向】组：此项功能相当于一个过滤器，它将根据串连图素的方向来判断是否执行倒圆角操作，如图 3-4 所示，具体说明如下：

➢ 【全部】复选框 ◉ 全部(A)：系统不论所选串连图素是正向还是反向，所有的锐角都会绘制倒角。

➢ 【正向扫瞄】复选框 ◉ 正向扫瞄(K)：仅在所选串连图素的方向是正向时，绘制所有的锐角倒角。

➢ 【反向扫瞄】复选框 ◉ 反向扫瞄(W)：仅在所选串连图素的方向是反向时，绘制所有的锐角倒角。

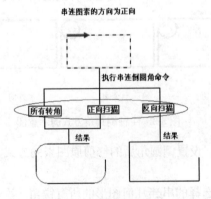

图 3-4　过滤器设置说明

3.1.2 图素倒角

对图形倒角可以在图形或多个图素之间进行倒角绘制。与倒圆角不同的是，倒圆是在两个图素之间生成圆弧，而倒角是在两个图素之间生成斜角。系统提供了两个倒角选项。

1. 绘制单个倒角

单击【线框】→【修剪】→倒角】按钮 ，系统弹出【倒角】对话框，如图 3-5 所示。

图 3-5 【倒角】对话框

倒角对话框各选项的功能如下：

1)【方式】组：在此栏的下拉列表菜单中选择倒角的几何尺寸设定方法，这是倒角第一步就要操作的步骤，因为其他功能键将根据倒角方式的不同来决定是否激活，而且功能含义也有所变化。系统提供了 4 种倒角的方式：

➤ **距离 1(D)**：根据一个尺寸进行倒角，此时只有**距离 1(1)** 5.0 尺寸输入栏被激活，数值栏中的数值代表图 3-6a 所示图形中 D 的值。

➤ **距离 2(S)**：根据两个尺寸倒角，此时**距离 1(1)** 5.0 尺寸输入栏数值代表图 3-6b 所示图形中 D1 的值，**距离 2(2)** 5.0 尺寸输入栏数值代表图 3-6b 所示图形中 D2 的值。

➤ **距离和角度(G)**：根据距离和角度倒角，此时**距离 1(1)** 5.0 尺寸输入栏数值代表图 3-6c 所示图形中 D 的值，**角度(A)** 45.0 角度输入栏数值代表图 3-6c 所示图形中 A 的角度值。

➤ **宽度(W)**：根据斜角的线段长度倒角，此时**宽度(W)** 5.0 尺寸输入栏数值代表图 3-6d 所示图形中 W 的值。

2) □**修剪图形(T)** 复选框：设置倒角后的修剪原图素的方式，即是否保留原图素。

2．绘制串连倒角

绘制串连倒角命令能将选择的串连几何图形的所有锐角一次性倒角。单击【线框】→【修剪】→【倒角】→【串连倒角】按钮 ，利用【串连选项】对话框在绘图中选择相应的串连图素，在【串连倒角】对话框中设置相应的倒角参数后，就可以完成串连图素的倒角操作。

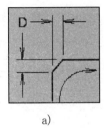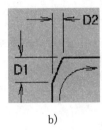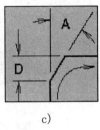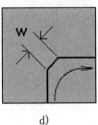

a)　　　　　　　b)　　　　　　　c)　　　　　　　d)

图 3-6　倒角样式

Mastercam 2019 系统提供了两种绘制串连倒角的样式，其功能含义与绘制单个倒角的相同，这里不再叙述。

3.1.3　修剪打断延伸

修剪打断延伸命令可以对图素进行修剪打断或延伸操作。单击【线框】→【修剪】→【修剪打断延伸】下拉菜单，系统弹出修剪打断延伸子菜单，如图 3-7 所示。

图 3-7　修剪/打断菜单

1．修剪打断延伸

执行此命令，系统弹出修剪打断延伸对话框，如图 3-8 所示，同时系统提示【选择图形区修剪或延伸】，则选取需要修剪或延伸的对象，光标选择对象时的位置决定保留端，接着系统提示【选择修剪/延伸的图素】，则选取修剪或延伸边界，具体操作步骤如图 3-9 所示。系统根据选取的修剪或延伸对象是否超过所选的边界来判断是剪切还是延伸。

【修剪打断延伸】对话框中的功能按钮说明如下：

1）◉ 修剪(T)：【修剪】复选框。被剪切的部分将被删除。

2）◉ 打断(B)：打断复选框。断开的图形分为两个几何体。

3）◉ 自动(A)：系统根据用户选择判断是【修剪单一物体】还是【修剪两物体】，此命令为默认设置。

4）◉ 修剪单一物体(1)：勾选该复选框表示对单个几何对象进行修剪或延伸。

5）◉ 修剪两物体(2)：勾选该复选框表示同时修剪或延伸两个相交的几何对象，如图 3-10 所示为操作示例。

6）○ 修剪三物体(3)：勾选该复选框表示同时修剪或延伸三个依次相交的几何对象。如图 3-11 所示为操作示例。

7）◉ 修剪至点(R)：勾选该复选框表示将几何图形在光标所指点处剪切。如果光标不是落在几何体上而是在几何体外部则几何体延长到指定点，图 3-12 所示为操作示例。

图 3-8　【修剪打断延伸】对话框

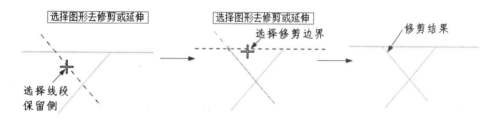

图 3-9　剪切操作过程

8）◉ **延伸(E)**：勾选该复选框表示可以根据输入指定的长度值进行延伸图素。

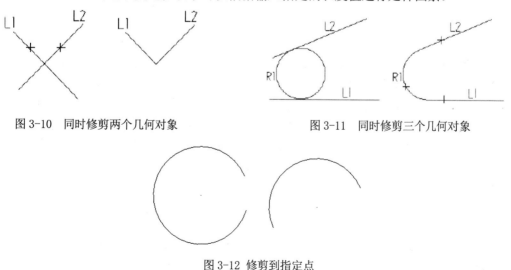

图 3-10　同时修剪两个几何对象　　　图 3-11　同时修剪三个几何对象

图 3-12　修剪到指定点

值得注意的是，要修剪的两个对象必须要有交点，要延伸的两个对象必须有延伸交点，否

Mastercam 2019

则系统会提示错误。光标选择的一端为保留段。

2．其他修剪/打断操作

1）多物体修剪：此项功能用来一次剪切/延伸具有公共剪切/延伸边界的多个图素。图 3-13 所示为此功能的操作示例。

2）在交点打断：该选项可以将两个对象（线、圆弧、样条曲线）在其交点处同时打断，从而产生以交点为界的多个图素。

3）打断若干断：将对象（包括圆弧）按照设置的参数分段成若干段直线，可根据距离、分段数、弦高等参数来设定。分段后，所选的原图形可保留也可删除。

4）打断全圆：该功能用于将一个选定的圆均匀分解成若干段，系统待用户选定要分段的圆后，会弹出分段询问框，询问用户将此圆分成几段，在对话框中输入分段数，接着按 Enter 键，则所选圆被分成指定的若干段。

5）封闭全圆：该功能将任意圆弧修复为一个完整的圆，如图 3-14 所示。

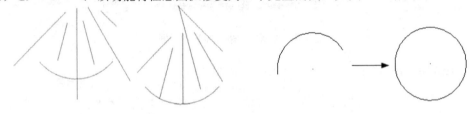

图 3-13　多物体修剪　　　　　　　　　　图 3-14　恢复全圆

3.1.4　删除图形

单击【首页】→【删除】面板中的各个按钮，如图 3-15 所示，进行删除操作。删除面板各命令功能说明如下：

1）删除图形✕：单击此命令，选择绘图区中要删除的图形，再按 Enter 键，即可删除选中的几何体。

2）重复图形：此命令用于坐标值重复的图素，如两条重合的直线，选择此命令后，系统会自动删除重复图素的后者。

3）进阶设置：执行此命令，系统提示选择图素，图素选定后按 Enter 键，系统弹出如图 3-16 所示【删除重复图素】对话框，用户可以通过设定重复几何体的属性作为删除判定条件。

4）恢复图形：此命令可以按照被删除的次序，重新生成已删除的对象。

3.1.5　其他编辑功能

1．修改曲线

修改曲线：此命令可以用于改变样条曲线的控制点，从而改变样条曲线的形状，如图 3-17 所示。其操作流程如下：

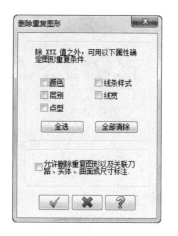

图 3-15　删除面板　　　　　图 3-16　【删除重复图形】对话框

1）单击【线框】→【修剪】→【修复曲线】→【修改曲线】按钮 。

2）根据系统的提示，在绘图区选择样条曲线，并单击样条曲线上的控制点，将其移至合适的位置即可。

3）按 Enter 键结束选择，完成更改曲线操作。

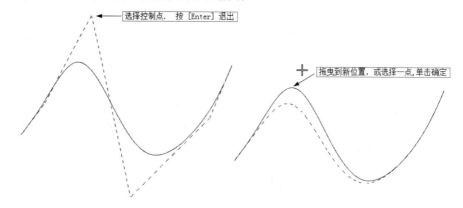

选择控制点.　按［Enter］退出

拖曳到新位置，或选择一点，单击确定

图 3-17　更改曲线示意

2．曲线变弧

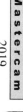

曲线变弧：此命令与将圆弧转成样条曲线命令相对应，将直线或圆弧状的样条曲线简化为直线或圆弧，该功能可以通过单击【线框】→【修剪】→【修复曲线】→【曲线变弧】按钮 。

3.2 转换图素

图素转换是图形创建过程中的重要手段，它可以改变选择图素的位置、方向以及大小等，并且可以对改变的图素进行保留、删除等操作。转换后的图素将临时成为一个群组，用于进行其他的后续操作。Mastercam 提供了绝大部分图素转换的功能，主要集中在【转换】选项卡中，如图

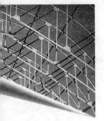

3-18 所示。

图 3-18 【转换】选项卡

3.2.1 平移转换

平移功能可以将一个或两个图素沿着一个方向进行平移，而不改变图素的大小，如图 3-19 所示。平移的方向可以通过直角坐标、极坐标或两点坐标来指定。

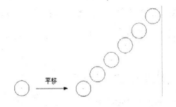

图 3-19 转换-平移示意

单击【转换】→【平移】按钮 ，接着根据系统的提示在绘图区中选择要平移的图素，然后按 Enter 键，弹出如图 3-20 所示的【平移】对话框，该对话框中各选项的含义如下：

1）重新选取：选择要移动的图素。

2）复制、移动、连接：用于设置平移后原图素的处理方式。复制表示平移后原图素会被保留；移动表示平移后原图素将被删除；连接表示平移后的图素与原图素组合。

3）数量：用于设置复制的个数，当个数大于 1 时，【两点间的距离】和【整体距离】才被激活，两点间的距离表示后续指定的距离为两个图素之间的距离，整体距离表示后续指定的距离为整个图素移动的距离，该距离再按照复制的个数平均分配给各图素。

4）直角坐标：表示在 X、Y、Z 三个要移动的距离。

5）极坐标：使用极坐标的方式进行平移，需要输入平移的角度和距离。

6）从一点到另一点：可以直接在图形上选择点作为平移的起点和终点

7）方向：选择该组中的不同复选框可以使平移的方向反向或改为双向。

3.2.2 3D 平移转换

3D 平移转换是指将选中的图素在不同的视图之间进行平移操作。

单击【转换】→【平移】→【3D 平移】按钮 3D 平移，系统弹出提示【平移/数组：选择要平移/数组的图形】，选择需要平移操作的图素，接着按 Enter 键，系统弹出【3D 平移】对话框，对话框中各项参数的意义如图 3-21 所示。其中源视图参考点指在源图形所在视图上取的一点，这一点将和目标视图的参考点对应。目标视图参考点是用来确定平移图形位置的。

图 3-20 【平移】对话框

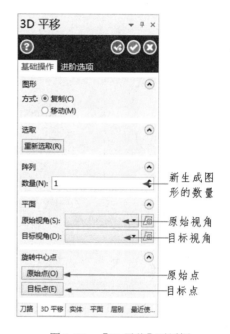

图 3-21 【3D 平移】对话框

3.2.3 镜射转换

镜射操作是指将选中的图素沿着指定的镜像轴进行对称操作，如图 3-22 所示，该镜像轴可以是通过参照点的水平线、垂直线或倾斜线，也可以是已经绘制好的直线或通过两点来指定。

单击【转换】→【镜射】按钮，系统弹出提示【选取图形】，则选取需要镜像操作的图素，接着按 Enter 键，系统弹出【镜射】对话框，如图 3-23 所示。

该对话框中的大部分选项都和前面类似，这里只对镜像轴进行介绍。Mastercam 提供了多种多样的镜像轴选取方式，包括：

X 偏移：表示使用水平线作为对称轴，其具体位置可用文本框指定。

Y 偏移：表示使用垂直线作为对称轴，其具体位置可用文本框指定。

角度：表示使用倾斜线作为对称轴，其倾斜的角度由文本框指定。

向量：表示使用现有的直线作为对称轴。

向量后的按钮：表示使用两点确定的直线作为镜像的中心线。

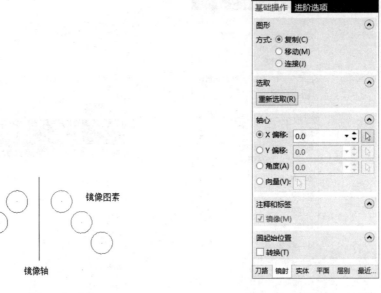

图 3-22　镜像示意

图 3-23　【镜射】对话框

3.2.4　旋转转换

此命令可以将一个或多个图素绕着某个定点进行旋转。角度的设置以 X 轴方向为 0，且规定逆时针方向为正。

单击【转换】→【旋转】按钮，系统弹出提示【选择图形】，选取需要旋转操作的图素，接着按 Enter 键，系统弹出【旋转】对话框，如图 3-24 所示。对话框中各项参数的含义如下：

1）旋转中心点：用于设置旋转中心，单击其下的【重新选取】按钮 重新选取(T)，可以在绘图中指定，不指定则采用系统默认的旋转中心。

2）角度：用于设置旋转的角度。

当数量文本框中数值大于 1 时且指定【角度之间】选项时，该角度值是指相邻图形之间的角度。

当次数文本框中数值大于 1 时且指定【完整扫描】选项时，该角度值是指所有生成的图形之间的总旋转角度。

3）旋转/转换：该选项用于设置生成的图素是与原图素是发生了旋转（如图 3-25a 所示）还是平移（如图 3-25b 所示）。

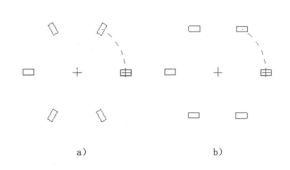

图 3-24 【旋转】对话框   图 3-25 旋转与平移选项对比示意图

4）移除/重置：单击【移除】按钮 移除(V)，可以直接删除在旋转产生的多个新图形中的某个或几个新图形。删除图素后还可以通过单击【重置】按钮 重置(E)，还原删除的图形。

3.2.5 比例

此命令是相对于一个定点将选择的图素进行缩放，可以分别设置各个轴向的缩放比例。

单击【转换】→【比例】按钮 ，系统弹出提示【选择图形】，则选取需要比例缩放操作的图素，接着按 Enter 键，系统弹出【比例】对话框，对话框中各项参数的意义如图 3-26 所示。

不等比例缩放需要指定沿 X、Y、Z 轴各方向缩放的比例因子或缩放百分比。

3.2.6 单体补正

单体补正也称为偏置，是指以一定的距离来等距离偏移所选择的图素。偏移命令只适用于直线、圆弧、SP 样条曲线和曲面等图素。

单击【转换】→【单体补正】按钮 ，系统弹出提示【选择补正、线、圆弧、曲线或曲面曲线】，则选取需要补正操作的图素，然后系统提示【指定补正方向】，则利用光标在绘图区中选择补正方向，接着在系统弹出的【单体补正】对话框中设置各项参数，如图 3-27 的左图所示。图 3-27 的右图是单体补正操作的示例。

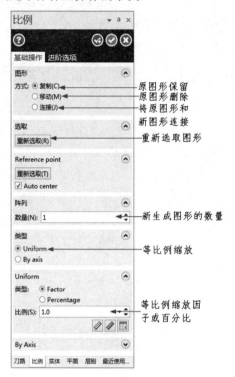

a）等比例缩放

b）不等比例缩放

图 3-26 　【比例】缩放选项对话框

在命令执行过程中，每次仅能选择一个几何图形去补正，补正完毕后，系统提示"选择补正、线、圆弧、曲线或曲面曲线"，则接着选下一个要补正的对象。操作完毕后，按 Esc 键结束补正操作。

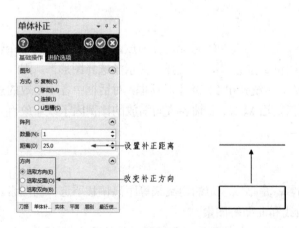

图 3-27 　【单体补正】对话框

3.2.7 串连补正

串连补正是指对一个或多个图素首尾相接而构成的外形轮廓进行偏置。其具体的操作流程如下：

1）单击【转换】→【串连补正】按钮 ⤵。

2）根据系统的提示，利用【串连选项】对话框选择串连图素，单击串连设置对话框中的【确定】按钮 ✓ 。

3）系统弹出提示【指定补正方向】，则利用光标在绘图区中选择补正方向。

4）系统弹出【串连补正】对话框，如图 3-28 所示，设定相应的参数后，系统显示预览图形，满意后单击【串连补正】对话框中的 ✓ 按钮。

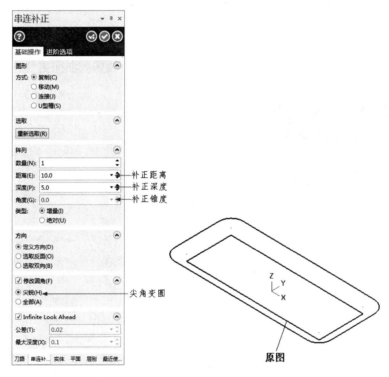

图 3-28 【串连补正】对话框

【串连补正】对话框中各选项的含义如下：

1）**距离**：新图形相对于源图形沿 XY 方向的变化。

2）**深度**：新图形相对于源图形沿 Z 方向的变化。

3）**角度**：由补正距离和补正深度决定。如果选择【绝对】复选框，则表示补正深度为新图形的 Z 坐标值，若选择【增量】复选框，则表示补正深度为新图形相对于源图形沿 Z 方向的变化大小。

4）**修改圆角**：决定图素在偏值过程中是否产生过渡圆弧，它有 2 个选项：

➢ 尖锐：表示在小于 135° 的拐弯处产生圆角，并以偏值距离作为圆角的半径

➤ 全部：表示在所有拐弯处产生圆角。

其他选项的含义和上面介绍的类似，读者可以参考相关内容。

3.2.8 投影转换

此命令是将选中的图素投影到一个指定的平面上，从而产生新图形，该指定的平面称为投影面，它既可以是构图面、曲面，也可以是用户自定义的平面。

单击【转换】→【投影】按钮↓，系统弹出提示【选择图形去投影】，则选取需要投影操作的图素，接着按 Enter 键，系统弹出【投影】对话框，对话框中各项参数的含义如图 3-29 所示。

投影命令具有三种投影方式可供选择，分别是深度、平面、曲面/实体，其含义如下：

1）深度：将所选的图素投影到构图面平行的平面上，且该平面距离构图面的距离由其右侧的文本框给出。如果构图面与所选图素所在的平面平行，则投影产生的新图素与原图素的形状相同，否则，新图素与源图素不相同。

2）平面：需要选择及设定图 3-30 所示的选择平面；选择投影到曲面需要选定目标面。

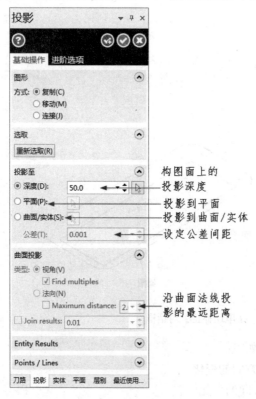

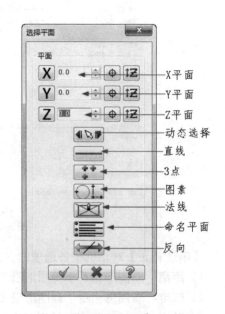

图 3-29 【投影】对话框 　　　　　图 3-30 【选择平面】对话框

3）曲面/实体：分为沿视角方向投影和沿法向投影。当相连图素投影到曲面时，不再相连，此时就需要通过设定连接公差使其相连。

📖 3.2.9 阵列

阵列功能是绘图中经常用到的工具，它是指将选中的图素沿两个方向进行平移并复制的操作。单击【转换】→【直角阵列】按钮 ⊞ 直角阵列，系统弹出提示【选择图形】，选取需要阵列操作的图素，接着按 Enter 键，系统弹出【直角数组】对话框，对话框中各项参数的意义如图 3-31 所示。

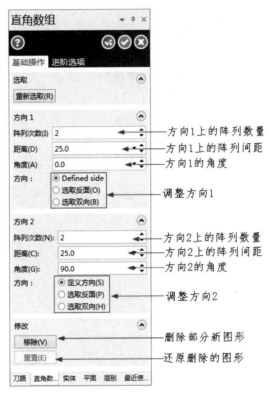

Mastercam 2019

图 3-31　【直角数组】对话框

📖 3.2.10 缠绕

缠绕功能是将选中的直线、圆弧、曲线盘绕于一圆柱面上，该命令还可以把已缠绕的图形展开成线，但与原图形有区别。

单击【转换】→【缠绕】按钮 ○↔，系统弹出提示【缠绕：选取串连 1】，则选取需要缠绕操作的图形，接着单击【串连选项】对话框中的【确定】按钮 ✓，系统弹出【缠绕】对话框，对话框中各项参数的意义如图 3-32 所示，选取相应参数后，系统显示虚拟缠绕圆柱面，并且显示缠绕结果。

缠绕时的虚拟圆柱由定义的缠绕半径、构图平面内的轴线（本例为 Y 轴）决定。旋转方向可以是顺时针，也可以是逆时针。

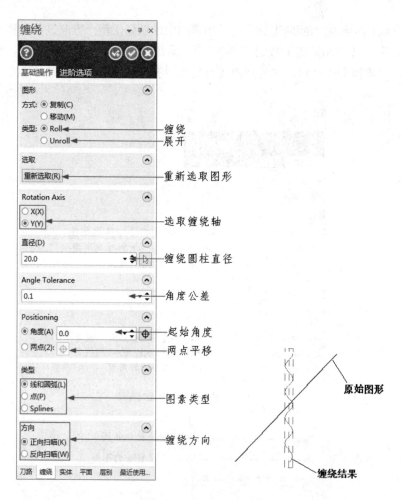

图 3-32　【缠绕】对话框

📖 3.2.11　拉伸转换

此命令是指对所选的图素进行平移、旋转操作，与平移、旋转命令相比，操作简单，但不能指定精确的位移和角度，只能在绘图区中任意选择。

单击【转换】→【拉伸】按钮 ➡️，系统弹出提示【拉伸：窗选相交的图形拉伸】，选取需要拖曳操作的图素，接着按 Enter 键，系统弹出【拉伸】对话框，如图 3-33 所示，在【阵列】组中的【数量】文本框中设置拉伸数量，在【直角坐标】组中的【X】文本框中设置 X 轴的拉伸距离，在【极坐标】组中的【长度】文本框中设置拉伸长度，在【角度】文本框中设置拉伸角度，单击【确定】按钮，完成拉伸。

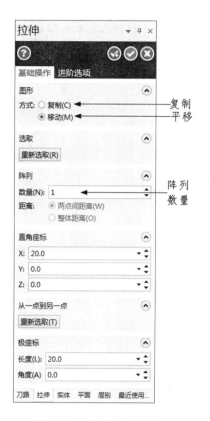

图 3-33 【拉伸】对话框

3.3 实例操作——心形图形

本例绘制一个心形图形，其尺寸如图 3-34 所示。此图形比较简单，但涉及二维图形的创建、编辑、标注。读者可以通过它来巩固前面的知识。

网盘\动画演示\第 3 章\3.3 实例操作——心形图形. MP4

1. 创建图层

单击管理器中的【层别】选项，系统弹出【层别】管理器。在该管理器的【编号】文本框中输入 1，在【名称】文本框中输入【中心线】。用同样的方法创建【实线】和【尺寸线】层，如图 3-35 所示。

2. 创建图形与编辑

1）单击【检视】→【图形检视】→【俯检视】按钮，状态栏显示【绘图平面】为【俯检视】，然后在【首页】选项卡【规划】面板中设置构图深度【Z】为 0，【层别】为【1：中心线】；在【属性】面板中设置【线框颜色】为 12（红色），【线型】为【点画线】，如图 3-36 所示。

2）单击【线框】→【线】→【任意线】按钮，然后单击【选择工具栏】中的【输入坐标

点】按钮xyz，在弹出的文本框中依次输入直线的起点、终点坐标为（-100,0,0）、（100,0,0）；最后单击【任意线】对话框中的【确定并创建新操作】按钮，创建水平辅助线 1。用同样的方法分别创建以（-100,10,0）、（100,10,0）以及（0,100,0）、（0,-100,0）为端点的两条辅助线 2、3，如图 3-37 所示。

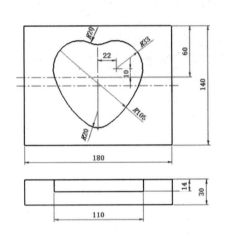

图 3-34　心形图形及其尺寸

图 3-35　图层的创建

3）单击【线框】→【点】→【绘点】按钮，然后单击【选择工具栏】中的【输入坐标点】按钮xyz，在弹出的文本框中输入坐标值，输入辅助点的坐标为（22,20,0）。

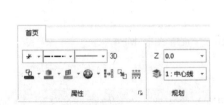

图 3-36　属性设置

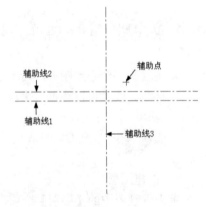

图 3-37　创建辅助点、线

4）在【首页】选项卡【规划】面板中设置【层别】为【2：实线】；在【属性】面板中设置【线框颜色】为 0（黑色），【线型】为【实线】，各选项设置如图 3-38 所示。

5）单击【线框】→【矩形】按钮，然后单击【选择工具栏】中的【输入坐标点】按钮xyz，在弹出的文本框中依次输入矩形的两个角点的坐标值为（-90,-70,0）（90,70,0），最后单击【矩形】对话框中的【确定并创建新操作】按钮，创建矩形 1，如图 3-39 所示。

图 3-38 属性设置

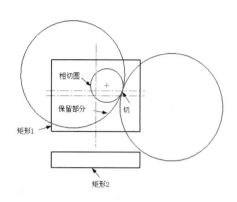

图 3-39 创建图形

6）单击【选择工具栏】中的【输入坐标点】按钮 xyz，在弹出的文本框中依次输入矩形的两个角点的坐标值为（-90，-140，0）（90，-110，0），最后单击【矩形】选项卡中的【确定】按钮✅，创建矩形 2，并结束矩形的创建工作。

7）单击【线框】→【圆弧】→【已知点画圆】按钮⊕，弹出【已知点画圆】对话框，设置圆的半径为 33，并指定圆心为刚创建的辅助点，最后单击【确定】按钮✅，结束圆的创建操作。

8）单击【线框】→【圆弧】→【切弧】按钮✎，弹出【切弧】对话框，设置圆弧半径为 105，选择圆为相切的图素且指定如图 3-40 所示的点为相切点，此时绘图区中会显示两个圆，选择如图 3-39 所示的圆弧段，最后单击【确定】按钮✅，结束圆弧的创建操作。结果如图 3-40 所示。

9）单击【线框】→【修剪】→【修剪打断延伸】按钮✎，在弹出的【修剪打断延伸】对话框中选择【方式】为【修剪三物体】复选框，依次选中如图 3-40 所示的修剪的第一图素、第二图素以及要修剪的图素，完成第一次修剪操作，结果如图 3-41 所示。用同样的方法可以完成如图 3-41 所示的第二次修剪工作，最后单击【确定】按钮✅，完成图素的修剪操作，结果如图 3-42 所示。

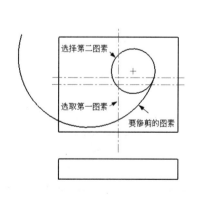

图 3-40 绘制切弧结果

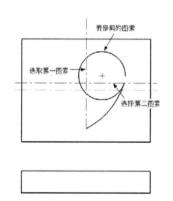

图 3-41 第一次修剪结果

10）单击【转换】→【镜射】按钮⊔，在绘图区中镜像如图 3-42 所示的两段圆弧，单击【结束选取】按钮（✔ 结束选取），弹出【镜射】对话框，并选择镜像转向到 Y 轴复选框，如图 3-43 所示。最后单击【确定】按钮✅，完成图素的镜像操作，结果如图 3-44 所示。

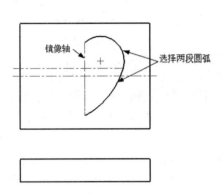

图 3-42　第二次修剪示意　　　　图 3-43　镜像参数设置

11）单击【线框】→【圆弧】→【切弧】按钮，弹出【切弧】对话框，选择【方式】为【两物体切弧】，设置圆弧半径为 20，然后选择如图 3-44 所示的两段圆弧，单击【切弧】对话框中的【确定并创建新操作】按钮，完成第 1 个圆弧的创建操作。同样还可以以 20 为半径，以相切图素 3、4 创建另一个圆弧，最后单击【确定】按钮，结束圆弧的创建操作。结果如图 3-45 所示。

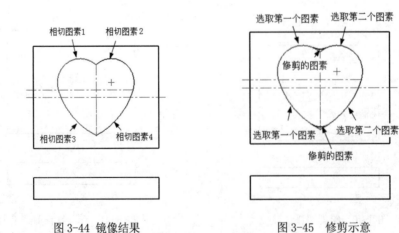

图 3-44　镜像结果　　　　　　　图 3-45　修剪示意

12）单击【线框】→【修剪】→【修剪打断延伸】按钮，在弹出的【修剪打断延伸】对话框中选择【方式】为【修剪三物体】复选框，依次选中如图 3-45 所示的选取第一个图素、选取第二个图素以及修剪到的图素，完成第一次修剪操作。同样的方法可以完成如图 3-45 所示的第二次修剪工作，最后单击【确定】按钮 ✅，完成图素的修剪操作。结果如图 3-46 所示。对于步骤 11)、12)，一种更简单的方法是直接倒圆，读者可以自行完成。

13) 单击【线框】→【线】→【任意线】按钮 ✎，单击【选择工具栏】中的【抓点设定】按钮 ✦，在弹出的【自动抓点设置】对话框中勾选【接近点】复选框和【相切】复选框，单击【确定】按钮 ✅，然后选择如图 3-46 所示的圆弧，从而以与该圆弧的切点作为辅助线 4 的第 1 点；再选中【任意线】对话框中的【垂直】复选框，并在矩形内任意处单击作为辅助线 4 的第二点；单击【任意线】对话框中的【确定并创建新操作】按钮 ✅，完成辅助线 4 的创建操作。同样的方法可以创建辅助线 5，读者可以自行完成。

14) 单击【线框】→【线】→【任意线】按钮 ✎，指定如图 3-46 所示的交点 1 为直线的第 1 点；在【任意线】对话框【尺寸】组中的【长度】文本框中输入 14，并选中【任意线】对话框中的【垂直】复选框，然后在矩形 2 内任意处点击指定第 2 点方向，单击【任意线】对话框中的【确定并创建新操作】按钮 ✅，完成第一条直线的创建操作。同样的方法可以创建第 2 条直线。

15) 单击【首页】→【删除】→【删除图形】按钮 ✖，然后分别选中辅助线 4、5，将其删除之，结果如图 3-48 所示。

16) 单击【线框】→【线】→【任意线】按钮 ✎，分别指定如图 3-47 所示的端点 1、2 为指定端点，最后单击【确定】按钮 ✅，完成直线的创建操作，如图 3-48 所示。

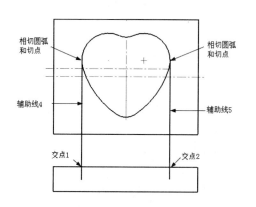

图 3-46　创建辅助线 4、5

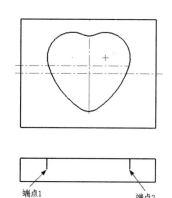

图 3-47　创建长度 14 的直线

3. 图形的标注

1) 单击【尺寸标注】→【尺寸标注】面板右下角中的【启动】按钮 ⌐，系统弹出【自定义选项】对话框，按图 3-49～图 3-51 所示设置其属性。

2) 在【首页】选项卡【规划】面板中设置【层别】为【3：尺寸线】；在【属性】面板中设置【线框颜色】为 12（红色），【线型】为【实线】，各选项设置如图 3-52 所示。

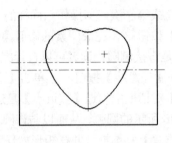
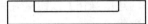

图 3-48　创建水平线

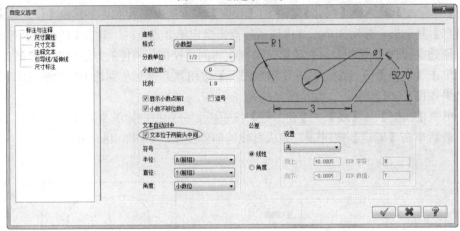

图 3-49　尺寸属性设置

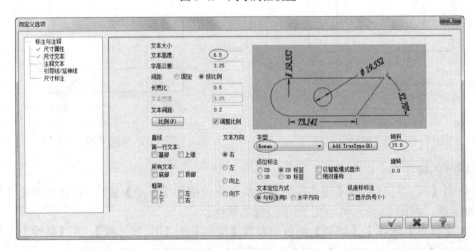

图 3-50　尺寸文本设置

3）单击【尺寸标注】→【尺寸标注】→【水平标注】下拉菜单中的【垂直标注】按钮Ⅰ 垂直标注，完成如图 3-53 所示的垂直尺寸标注。

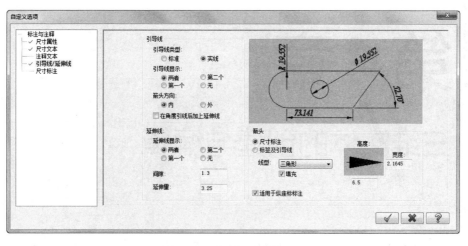

图 3-51　引导线/延伸线设置

4）单击【尺寸标注】→【尺寸标注】→【水平标注】按钮├──水平标注，完成如图 3-53 所示的水平尺寸标注。

5）单击【尺寸标注】→【尺寸标注】→【标注尺寸】→【直径标注】按钮⊘直径标注，，完成如图 3-53 所示的圆弧尺寸标注。

图 3-52　尺寸层属性设置

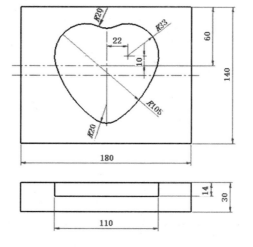

图 3-53　水平尺寸标注示意

第**4**章

三维实体的创建与编辑

实体造型是目前比较成熟的造型技术，因其思想简单、过程直观、效果逼真，而被广泛应用。

Mastercam 提供了强大的三维实体造型功能，不仅可以创建最基本的三维实体，而且还可以通过挤出、扫描、旋转等操作创建复杂的三维实体。同时它还提供了强大的实体编辑功能。

本章着重讲述了实体的创建与编辑基本概念及方法。

Mastercam

2019

重点与难点

- 三维实体的表示
- 实体关联器的使用
- 三维实体的创建方法
- 三维实体的编辑

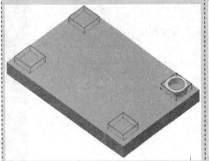

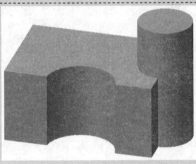

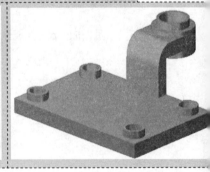

4.1 实体绘图概述

4.1.1 三维形体的表示

1. 线框模型

线框模型是计算机图形学和 CAD/CAM 领域中最早用来表达形体的模型，并且至今仍在广泛应用。20世纪60年代初期的线框模型仅仅是二维的，用户需要逐点、逐线地构建模型。目的是用计算机代替手工绘图。由于图形几何变换理论的发展，认识到加上第三维信息再投影变换成平面视图是很容易的事，因此三维绘图系统迅速发展起来，但它同样仅限于点、线和曲线的组成。图4-1所示为线框模型在计算机中存储的数据结构原理，图中共有两个表，一个为顶点表，它记录各顶点的坐标值；另一为棱线表，记录每条棱线所连接的两顶点。由此可见三维物体是用它的全部顶点及边的集合来描述，线框一词由此而得名。

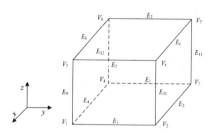

棱线号	顶点号	
1	1	2
2	2	3
3	3	4
4	4	1
5	5	6
6	6	7
7	7	8
8	8	5
9	1	5
10	2	6
11	3	7
12	4	8

顶点号	坐标值		
	x	y	z
1	1	0	0
2	1	1	0
3	0	1	0
4	0	0	0
5	1	0	1
6	1	1	1
7	0	1	1

图4-1　线框模型在计算机中存储的数据结构原理

线框模型的优点如下：

1）由于有了物体的三维数据，可以产生任意视图，视图间能保持正确的投影关系，为生成多视图的工程图带来了很大方便。它还能生成任意视点或视向的透视图以及轴测图，这在二维绘图系统中是做不到的。

2）构造模型时操作简便，在 CPU 反应时间以及存储方面开销低。

3）用户几乎无须培训，使用系统就好像是人工绘图的自然延伸。

缺点如下：

1）线框模型的解释不唯一。因为所有棱线全都显示出来，物体的真实形状需由人脑的解释才能理解，因此会出现二义性理解。此外当形状复杂时，棱线过多，也会引起模糊理解。

2）缺少曲面轮廓线。

3）由于在数据结构中缺少边与面、面与体之间关系的信息，即所谓的拓扑信息，因此不能构成实体，无法识别面与体，更谈不上区别体内与体外。因此从原理上讲，此种模型不能消除隐藏线，不能做任意剖切，不能计算物性，不能进行两个面的求交，无法生成 NC 加工刀具轨迹，不能自动划分有限元网格，不能检查物体间的碰撞、干涉等。但目前有些系统从内部建立了边与面的拓扑关系，因此具有消隐功能。

尽管这种模型有许多缺点，但由于它仍能满足许多设计与制造的要求，加上上面所说的优点，因此在实际工作中使用很广泛，而且在许多 CAD/CAM 系统中仍将此种模型作为表面模型与实体模型的基础。线框模型系统一般具有丰富的交互功能，用于构图的图素是大家所熟知的点、线、圆、圆弧、二次曲线、Bezier 曲线等。

2．边框着色模型

与线框模型相比，边框着色多了一个面表，它记录了边与面的拓扑关系，图 4-2 所示为以立方体为例的边框着色模型的数据结构原理图，但它仍旧缺乏面与体之间的拓扑关系，无法区别面的哪一侧是体内还是体外。

由于增加了有关面的信息，在提供三维实体信息的完整性、严密性方面，边框着色比线框模型进了一步，它克服了线框模型的许多缺点，能够比较完整地定义三维实体的表面，所能描述的零件范围广，特别是像汽车车身、飞机机翼等难于用简单的数学模型表达的物体，均可以采用边框着色的方法构造其模型，而且利用边框着色能在图形终端上生成逼真的彩色图像，以便用户直观地从事产品的外形设计，从而避免表面形状设计的缺陷。另外，边框着色可以为 CAD/CAM 中的其他场合提供数据，例如，有限元分析中的网格的划分，就可以直接利用边框着色构造的模型。

边框着色的缺点是只能表示物体的表面及其边界，它还不是实体模型。因此，不能实行剖切，不能计算物性，不能检查物体间的碰撞和干涉。

3．图形着色模型

边框着色存在的不足本质在于无法确定面的哪一侧是实体，哪一侧不存在实体（即空的），因此实体模型要解决的根本问题在于标识出一个面的哪一侧是实体，哪一侧是空的。为此，对实体建模中采用的法向矢量进行约定，即面的法向矢量指向物体之外。对于一个面，法向矢量指向的一侧为空，矢量指向的反方向为实体，这样对构成的物体的每个表面进行这样的判断，最终即可标识出各个表面包围的空间为实体。为了使得计算机能识别出表面的矢量方向，将组成表面的封闭边定义为有向边，每条边的方向顶点编号的大小确定，即有编号小的顶点（边的起点）指向编号大的顶点（边的终点）为正，然后用有向边的右手法则确定所在面的外法线的方向，如图 4-3 所示。

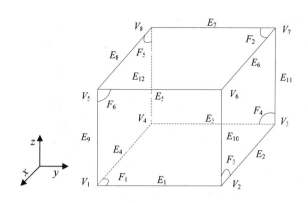

顶点号	坐标值		
	x	y	z
1	1	0	0
2	1	1	0
3	0	1	0
4	0	0	0
5	1	0	1
6	1	1	1
7	0	1	1
8	0	0	1

棱线号	顶点号	
1	1	2
2	2	3
3	3	4
4	4	1
5	5	6
6	6	7
7	7	8
8	8	5
9	1	5
10	2	6
11	3	7
12	4	8

表面	棱线号			
1	1	2	3	4
2	5	6	7	8
3	2	3	7	6
4	3	7	8	4
5	8	5	1	4
6	1	2	6	5

图 4-2　以立方体为例的表面模型的数据结构原理

　　图形着色的数据结构不仅记录了全部的几何信息，而且记录了全部点、线、面、体的拓扑信息，这是图形着色与边框着色的根本区别。正因为此，图形着色成了设计与制造自动化及集成的基础。依靠计算机内完整的几何和拓扑信息，所有前面提到的工作，从消隐、剖切、有限元网格划分直到数控刀具轨迹生成都能顺利实现，而且由于着色、光照以及纹理处理等技术的运用使得物体有着出色的可视性，使得它在 CAD/CAM 领域外也有广泛应用，如计算机艺术、广告、动画等。

　　图形着色目前的缺点是尚不能与线框模型以及表面模型间进行双向转化，因此还没能与系统中线框模型的功能以及表面模型的功能融合在一起，图形着色模块还时常作为系统的一个单独的

Mastercam 2019

模块。但近年来情况有了很大改善，真正以图形着色为基础的、融3种模型于一体的 CAD 系统已经得到了应用。

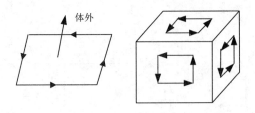

图 4-3　有向棱边决定外法线方向

4.1.2 Mastercam 的实体造型

三维实体造型是目前大多数 CAD/CAM 集成软件具有的一种基本功能，Mastercam 自增加实体设计功能以来，目前已经发展成为一套完整成熟的造型技术。它采用 Parasolid 为几何造型核心，可以在熟悉的环境下非常方便直观地快速创建实体模型。它具有以下几个主要特色：

1）通过参数快捷地创建各种基本实体。

2）利用拉伸、旋转、扫描、举升等命令创建形状比较复杂的实体。

3）强大的倒圆、倒角、修剪、抽壳、布尔运算等实体编辑功能。

4）可以计算表面积、体积以及重量等几何属性。

5）实体管理器使得实体创建、编辑等更加高效。

6）提供了与当前其他流行造型软件的无缝接口。

4.1.3 实体管理器

实体管理器供用户观察并编辑实体的操作记录。它以阶层结构方式依产生顺序列出每个实体的操作记录，在实体管理器中，一个实体由一个或一个以上的操作组成，且每个操作分别有自己的参数和图形记录。

1. 图素关联的概念

图素关联是指不同图素之间的关系。当第二个图素是利用第一图素来产生时，那么这两个图素之间就产生了关联的关系，也就所谓的父子关系。由于第一个元素是产生者，因此称为父，第二个元素是被产生者，因此称为子。子元素是依存父元素而存在的，因此当父元素被删除或被编辑时，子元素也会跟着被删除或被编辑。实体的图素关联会发生在以下的情形：

➢　实体（子）和用于产生这个实体的串连外形（父）之间有图素关联关系。

➢　以旋转操作产生的实体（子）和其旋转轴（父）之间有图素关联关系。

➢　扫描实体（子）和其扫描路径（父）之间有图素关联关系。

如果对父图素做编辑，则实体成为待计算实体（系统会在实体和操作上用一红色【X】做标记）。如果试图删除一父图素，屏幕上会出现警告提示，选择【是】删除父图素时，系统会让实体称为无效实体，选择【否】则取消删除指令。

对于待计算实体，要看到编辑后的实体结果，必须要让系统重新计算。在实体管理器中选择【全部重建】让系统重新计算以生成编辑后的实体。

无效实体是指因对实体作了某些改变，经过重新计算后仍然无法产生的实体。当让系统重新计算实体遭遇问题时，系统会回到重新计算之前的状态，并于实体管理器在有问题的实体和操作上以一红色的【？】号做标记，以便让用户对它进行修正。

2．右键菜单

在操作管理器中单击鼠标右键，会弹出右键菜单，但依鼠标所指位置不同右键菜单的内容也有所不同。图 4-4 所示分别为实体、实体的某一操作和空白区域的右键菜单。菜单的内容大同小异，下面对主要选项进行说明。

1）删除实体或操作：在列表中选取实体或实体操作，选择快捷菜单中的删除选项或直接按键盘的 Delete 键可将选取的实体或操作删除。

值得注意的是，不能删除基本实体操作和工具实体。当删除了布尔操作时，其工具实体将不再与目标实体关联而成为一个单独的实体。

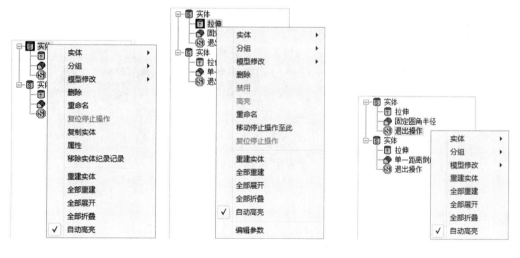

图 4-4　右键快捷菜单

2）禁用操作：在列表中选取一个或多个操作，选择快捷菜单中的【禁用】选项后，系统将该操作隐藏起来，并在绘图区显示出隐藏了操作的实体。再次选择【禁用】选项可以重新恢复该操作。

3）改变结束标志的位置：在实体管理器的所有实体操作列表中，都有一个结束标志。用户可以将结束标志拖动到该实体操作列表中允许的位置来隐藏后面的操作。

值得注意的是，实体的结束标志只能拖动到该实体的某个操作后，即至少前面有该实体的基本操作。同时也不能拖动到其他的实体操作列表中。

4）改变实体操作的次序：在实体管理器中可以用拖拉的方式移动一操作到某一新的位置以改变实体操作的顺序，从而产生不同的结果。当移动一被选择的操作（按住鼠标左键不放）越过其他操作时，如果这项移动系统允许的话，光标会变成向下箭头，移动到合适位置释放鼠标左键

就可以将这项操作插入到该位置。如果系统不允许，则光标会变成🚫。

5）编辑实体操作的参数：在实体的操作列表中，图标📋表示包含有可编辑的参数，双击该图标系统将自动返回到设置该操作参数的对话框或子菜单中。这时用户可以重新设置该操作的参数，设置完成后单击✓️按钮，即可返回实体管理器中。

6）编辑实体操作的图素：在实体的操作列表中，图标■表示包含有可编辑的图素，双击该图标后，对于不同的操作，系统返回的位置不同。这时用户可以重新设置该操作的参数，设置完成后单击✓️按钮，即可返回实体管理器中。

4.2 三维实体的创建

Mastercam 7.0 版开始加入了实体绘图功能，它以 Parasolid 为几何造型核心。Mastercam 既可以利用参数创建一些具有规则的、固定形状的三维基本实体，包括圆柱体、圆锥体、长方体、球体和圆环体等，如图 4-5a 所示，也可以利用拉伸、旋转、扫描、举升等先创建功能，再结合倒圆、倒角、抽壳、修剪、布尔运算等编辑功能创建复杂的实体，如图 4-5b 所示。由于基本实体的创建与三维基本曲面的创建大同小异，所以本节不再介绍，读者可以参考三维基本曲面创建的相关内容。

a) 基本实体面板

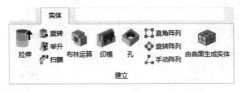

b) 实体菜单项

图 4-5 实体选项卡

📖 4.2.1 拉伸实体

拉伸实体功能可以将空间中共平面的 2D 串连外形截面沿着一直线方向拉伸为一个或多个实体，或对已经存在的实体做切割（除料）或增加（填料）操作，如图 4-6 所示，其操作流程如下：

1）单击【实体】→【建立】→【拉伸】按钮🔼，开始创建拉伸实体。

2）利用系统弹出的【串连选项】对话框，设置相应的串连方式，并在绘图区域内选择要拉伸实体的图素对象，并单击该对话框中的【确定】按钮✓️。

3）利用系统弹出的【实体拉伸】对话框，设置相应的基础操作和进阶选项参数，最后单击该对话框中的【确定】按钮✅。

【实体拉伸】对话框包含【基础操作】和【进阶选项】两个选项卡，分别用于设置拉伸基础操作以及拔模壁厚的相关参数，具体含义如下：

1. 基础操作设置

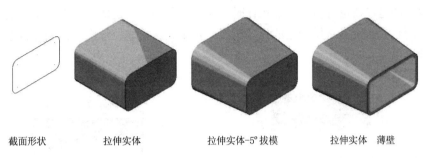

截面形状　　　　　拉伸实体　　　　　拉伸实体-5°拔模　　　　拉伸实体　薄壁

图 4-6　拉伸实体示意

【基础操作】选项卡主要用于拉伸出相关参数进行设置，如图 4-7 所示，其主要选项的含义如下：

1）名称：设置挤出实体的名称，该名称可以方便后续操作中识别。

2）类型：设置拉伸操作的类型，包括，创建主体，即创建一个新的实体；切割主体，即将创建的实体去切割原有的实体；增加凸台，即将创建的实体添加到原有的实体上。

3）【串连】：用于选择创建拉伸实体的图形。

4）【距离】：设置拉伸操作的距离拉伸方式：

➢ 　【距离】文本框：按照给定的距离与方向生成拉伸实体，其中拉伸的距离值为【距离】文本框中值。

➢ 　【全部贯通】：拉伸并修剪至目标体。

➢ 　【两端同时延伸】：以设置的拉伸方向及反方向同时来拉伸实体。

➢ 　【修剪到指定面】：将创建或切割所建立的实体修整到目标实体的面上。这样可以避免增加或切割的实体时贯穿到目标实体的内部。只有选择建立实体或切割实体时才可以选择该参数。

2．进阶选项设置

【进阶选项】选项卡用于设置薄壁的相关参数，如图 4-8 所示，且所有的参数只有在勾选【拔模】复选框和【壁厚】复选框时，系统才会允许设置。薄壁常用于创建加强筋或美工线。下面对该选项卡中的各选项含义进行介绍。

1）【拔模】：勾选该复选框用于对拉伸的实体进行拔模设置。其中，朝外表示拔模的方向向外（如图 4-9 所示），角度设置拔模斜度的角度值。

【角度】：在该文本框中输入数值用以设置拔模角度。

【反向】：勾选该复选框用以调整拔模反向。

2）【壁厚】：勾选该复选框用于设置拉伸实体的壁厚。

【方向1】：以封闭式串连外形来创建薄壁实体时，厚度从串连选择的外形向内生成，且厚度值由【方向1（D）】文本框中输入。

【方向2】：以封闭式串连外形来创建薄壁实体时，厚度从串连选择的外形向外生成，且厚度值由【方向2（R）】文本框中输入。

【两端】：以封闭式串连外形来创建薄壁实体时，厚度从串连选择的外形向内和向外两个方向生成，且厚度值由【方向1（D）】文本框和【方向2（R）】文本框中分别输入。

Mastercam 2019

值得注意的是：在进行拉伸实体操作时，可以选择多个串连图素，但这些图素必须在同一个平面内，而且还必须是首尾相连的封闭图素，否则无法完成拉伸操作。但在拉伸薄壁时，则允许选择开式串连。

图 4-7　实体拉伸选项卡

图 4-8　进阶选项选项卡

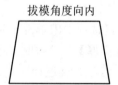

图 4-9　拔模角度的方向

📖 4.2.2　旋转实体

实体旋转功能可以将串连外形截面绕某一旋转轴并依照输入的起始角度和终止角度旋转成一个或多个新实体，或对已经存在的实体做切割（除料）或增加（填料）操作，如图 4-10 所示。其操作流程如下：

1）单击【实体】→【建立】→【旋转】按钮🔘，开始创建旋转实体。

2）利用系统弹出的【串连选项】对话框，设置相应的串连方式，并在绘图区域内选择要旋转实体的图素对象，并单击该对话框中的【确定】按钮。

3）在绘图区域选择旋转轴，并可利用系统弹出的【方向】对话框修改或确认刚选择的旋转轴。

4）利用系统弹出的【旋转实体】对话框（见图 4-11）设置相应的旋转参数，最后单击该对话框中的【确定】按钮。

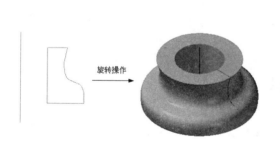

图 4-10　旋转实体操作示意

图 4-11　【旋转实体】对话框

　　【旋转实体】对话框【基础操作】选项卡中的【角度】组选项用于设置旋转操作的【开始角度】和【结束角度】，【进阶选项】选项卡中的【壁厚】复选框与【拉伸实体】的对话框中的类似，这里不再一一赘述，读者可以自行领会。

4.2.3 扫描实体

　　扫描实体功能可以将封闭且共平面的串连外形沿着某一路径扫描以创建一个或一个以上的新实体或对已经存在的实体做切割（除料）或增加（填料）操作，断面和路径之间的角度从头到尾会被保持着，如图 4-12 所示。其操作流程如下：

　　（1）单击【实体】→【建立】→【扫描】按钮，开始创建扫描实体。

　　（2）利用系统弹出的【串连选项】对话框，设置相应的串连方式，并在绘图区域内选择要扫描实体的图素对象，并单击该对话框中的【确定】按钮。

　　（3）在绘图区域选择扫描路径。

101

（4）利用系统弹出的【扫描】对话框（见图 4-13），设置相应的扫描参数，最后单击该对话框中的【确定】按钮 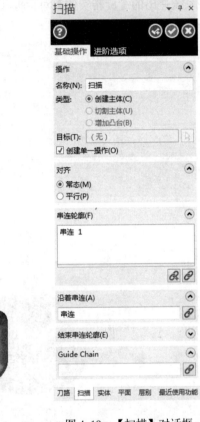。

由于【扫描】对话框选项的含义在上面都已经介绍过，这里不再叙述。

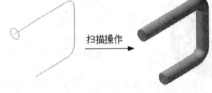

图 4-12　扫描实体示意　　　　　　　　　图 4-13　【扫描】对话框

4.2.4 举升实体

举升实体功能可以以几个作为截面的封闭外形来创建一个新的实体，或对已经存在的实体进行增加或切割操作。系统依次选择串连外形的顺序以平滑或是线性（直纹）方式将外形之间熔接而创建实体，如图 4-14 所示。要成功创建一个举升实体，选择串连外形必须符合以下原则：

1）每一串连外形中的图素必须是共平面，串连外形之间不必共平面。

2）每一串连外形必须形成一封闭式边界。

3）所有串连外形的串连方向必须相同。

4）在举升实体操作中，一串连外形不能被选择两次或两次以上。

5）串连外形不能自我相交。

6）串连外形如有不平顺的转角，必须设定（图素对应），以使每一串连外形的转角能相对应，后续处理倒角等编辑操作才能顺利执行。

升举实体操作的流程如下：

1）单击【实体】→【建立】→【举升】按钮![举升图标]，开始创建举升实体。

2）利用系统弹出的【串连选项】对话框，设置相应的串连方式，并在绘图区域内选择要举升实体的图素对象（此时应注意方向的一致性），并单击该对话框中的【确定】按钮![确定图标]。

3）利用系统弹出的【举升】对话框（见图 4-15）设置相应的举升参数，最后单击该对话框中的【确定】按钮![确定图标]。

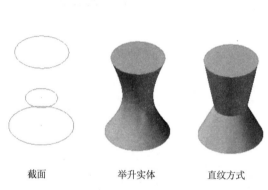

截面 举升实体 直纹方式

图 4-14 举升实体示意

图 4-15 【举升】对话框

4.3 实体的编辑

实体的编辑是指在创建实体的基础上，修改三维实体模型，它包括实体倒圆、实体倒角、实体修剪以及实体间的布尔运算等操作，如图 4-16 所示。

图 4-16 实体选项卡

📖 4.3.1 实体倒圆

实体倒圆角是在实体的两个相邻的边界之间生成圆滑的过渡。Mastercam 可以用【固定半径倒圆角】、【面与面倒圆角】和【变化倒圆角】三种形式对实体边界进行倒圆角。实体倒圆的操作步骤如下：

1．固定半径倒圆角

固定半径倒圆的操作流程如下：

1）单击【实体】→【修剪】→【固定半径倒圆角】按钮 ■。

2）系统弹出【实体选择】对话框，如图 4-17 所示，该对话框中有四中选择方式，分别为【边界】选择、【面】选择、【主体】选择和【背面】选择，根据系统的提示在绘图区域选择创建倒圆角特征的对象（边界、面、主体、背面），并单击对话框中的【确定】按钮 ■，结束倒圆对象的选择。

3）系统弹出【固定圆角半径】对话框，如图 4-18 所示，设置相应的倒圆角参数，并单击该对话框中的【确定】按钮 ■。

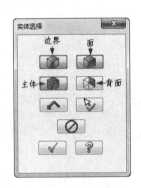

图 4-17 【实体选择】对话框

图 4-18 【固定圆角半径】对话框

下面对该对话框中的各选项进行介绍：

1）【名称】：实体倒圆角操作的名称。

2）【沿切线边界延伸】：选择该选项，倒圆角自动延长至棱边的相切处。

3）【角落斜接】：用于处理 3 个或 3 个以上棱边相交的顶点。选择该项，顶点平滑处理；不选择该选项，顶点不平滑处理。

4）【半径】组：在改组中的文本框中输入数值，确定倒圆角的半径。

2．面与面倒圆角

面与面倒圆角是在两组面集之间生成圆滑的过渡，面与面倒圆角的操作流程如下：

1）单击【实体】选项卡【修剪】面板【固定半径倒圆角】中的【面与面倒圆角】按钮 ■。

2）系统弹出【实体选择】对话框，根据系统的提示在绘图区域选择创建倒圆角特征的第一组面对象（面、背面），单击对话框中的【确定】按钮 ■，然后根据系统的提示在绘图区域选择创建倒圆角特征的第二组面对象（面、背面），单击对话框中的【确定】按钮 ■，结束倒圆对象的选择。

3）系统弹出的【面与面倒圆角】对话框，如图 4-19 所示，设置相应的倒圆角参数，并单击该对话框中的【确定】按钮 ■。

【面与面倒圆角】对话框的选项和【固定半径倒圆角】对话框大同小异，所不同的是面倒圆角方式选项不同。对于面倒圆角有三种方式：半径方式、宽度方式和控制线方式。

3. 变化倒圆角

变化倒圆角的操作流程如下：

1）单击【实体】选项卡【修剪】面板【固定半径倒圆角】中的【变化倒圆角】按钮🔵。

2）系统弹出【实体选择】对话框，根据系统的提示在绘图区域选择创建倒圆角特征的边界对象，然后单击对话框中的【确定】按钮，结束倒圆对象的选择。

3）系统弹出【变化圆角半径】对话框，如图 4-20 所示，设置相应的倒圆角参数，并单击该对话框中的【确定】按钮。

图 4-19 【面与面倒圆角】对话框

图 4-20 【变化圆角半径】对话框

下面对该对话框中的各选项进行介绍：

1）【名称】：实体倒圆角操作的名称。

2）【沿切线边界延伸】：选择该选项，倒圆角自动延长至棱边的相切处。

3）【线性】：圆角半径采用线性变化。

4）【平滑】：圆角半径采用平滑变化。

5）【中心】：在选取边的中点，插入半径点，并提示输入该点的半径值。

6）【动态】：在选取要倒角的边上，移动光标来改变插入的位置。

7）【位置】：改变选取边上半径的位置，但不能改变端点和交点的位置。

8）【移除顶点】：移除端点间的半径点，但不能移除端点。

9）【单一】：在图形视窗中变更实体边界上单一半径值。

10）【循环】：循环显示各半径点，并可输入新的半径值改变各半径点的半径。

4.3.2 实体倒角

实体倒角也是在实体的两个相邻的边界之间产生过渡，所不同的是，倒角过渡形式是直线过渡而不是圆滑过渡，如图 4-21 所示。Mastercam 提供了三种倒角的方法：

1）单一距离倒角，以单一距离的方式创建实体倒角，如图 4-22a 所示。

2）不同距离倒角，即以两种不同的距离的方式创建实体倒角，如图 4-22b 所示。单个距离倒角可以看作不同距离倒角方式两个距离值相同的特例。

3）距离与角度倒角，即一个距离和一个角度的方式创建一个倒角，如图 4-22c 所示。单个距离倒角可以看作距离/角度倒角方式角度为 45° 时特例。

创建倒角的操作流程如下：

1）根据需要，单击【实体】→【修剪】→【单一距离倒角】菜单下的一种倒角类型。

2）根据系统的提示在绘图区域选择倒角的边缘（可以为整个实体、实体面或实体某些边），并按【实体选择】对话框中的【确定】按钮。

3）利用系统弹出的【单一距离倒角】对话框，如图 4-23 所示，设置相应的倒角参数，并单击该对话框中的【确定】按钮。

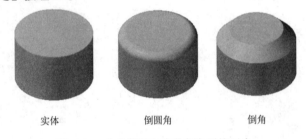

实体　　　　　　　倒圆角　　　　　　　倒角

图 4-21　实体倒圆与实体倒角对比示意

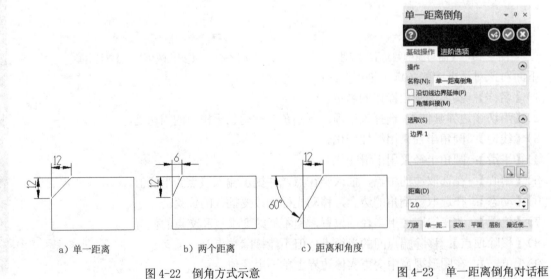

a）单一距离　　　　　b）两个距离　　　　　c）距离和角度

图 4-22　倒角方式示意

图 4-23　单一距离倒角对话框

4.3.3　实体抽壳

实体抽壳可以将实体内部挖空，如图 4-24 所示。如果选择实体上的一个或多个面则将选择的面作为实体造型的开口，而没有被选择为开口的其他面则以指定值产生厚度；如果选择整个实体，则系统将实体内部挖空，不会产生开口。其创建流程如下：

1）单击【实体】→【修剪】→【薄壳】按钮 ▣。

2）弹出【实体选择】对话框，根据系统提示在绘图区选择要保留开启的主体或面，单击【结束选取】按钮 （✓结束选取）。

3）利用系统弹出的【抽壳】对话框设置实体抽壳参数，如图 4-25 所示，并单击该对话框中的【确定】按钮 ✓。

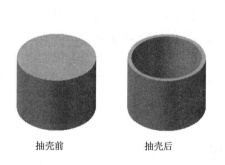

抽壳前　　　　　　抽壳后

图 4-24　实体抽壳示意

图 4-25　【抽壳】对话框

抽壳命令的选取对象可以是面或体。当选取面时，系统将面所在的实体作抽壳处理，并在选取面的地方有开口；当选取体时，系统将实体挖空，且没有开口。选取面进行实体抽壳操作时，可以选取多个开口面，但抽壳厚度是相同的，不能单独定义不同的面具有不同的抽壳厚度。

4.3.4　实体修剪

实体修剪就是使用平面、曲面或薄壁实体对实体进行切割，从而将实体一分为二。既可以保留切割实体的一部分，也可以两部分都保留，Mastercam 可以用【依照平面修剪】和【修剪到曲面/薄片】两种形式对实体进行修剪，具体操作步骤如下：

1.依照平面修剪

1）单击【实体】→【修剪】→【依照平面修剪】按钮。

2）系统弹出【实体选择】对话框，并提示：【选择要修剪的主体】。

3）根据系统提示在绘图区选择要修剪的实体，系统弹出【依照平面修剪】对话框，如图 4-26 所示，并提示：【在修建对话框中修改设置】。

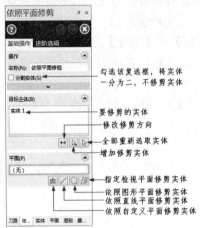

图 4-26　【依照平面修剪】对话框

4）选择修剪平面后，单击对话框中的【确定】按钮●，完成修剪。

2. 修建到曲面/薄片

1）单击【实体】→【修剪】→【依照平面修剪】→【修建到曲面/薄片】按钮。

2）系统弹出【实体选择】对话框，根据系统的提示在绘图区域选择待修剪的实体（如果绘图区只有一个实体则不用选择），并按 Enter 键或单击【结束选取】按钮（●结束选取）。

3）系统提示：【选择要修剪的曲面或薄片】，然后在绘图区域选择修剪曲面。

4）系统弹出【修剪到曲面/薄片】对话框，如图 4-27 所示，并单击该对话框中的【确定】按钮●，完成修剪。

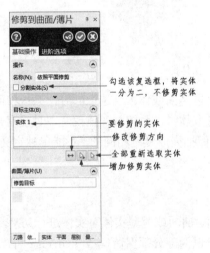

图 4-27　【修剪到曲面/薄片】对话框

4.3.5 薄片加厚

薄片是没有厚度的实体，该功能可以将薄片赋予一定的厚度，如图 4-28 所示。其操作流程如下：

1）单击【实体】→【修剪】→【薄片加厚】按钮，系统弹出【加厚】对话框，如图 4-29 所示，在对话框中输入加厚尺寸，选择加厚方向为【方向 1】。

2）单击【加厚】对话框中的【确定】按钮。

　　　薄片　　　　　薄片加厚

图 4-28　薄片加厚示意

图 4-29　【加厚】对话框

4.3.6 移除实体面

移除实体面功能可以将实体或薄片上的其中一个面删除，如图 4-30 所示。被删除实体面的实体会转换为薄片，该功能常用于将有问题或需要设计变更的面删除。

1）单击【建模】→【修剪】→【移除实体面】按钮。

2）系统弹出【实体选择】对话框，根据系统提示在绘图区选择实体上表面为需要移除的面，如图 4-30 所示，然后单击【实体选择】对话框中的【确定】按钮。

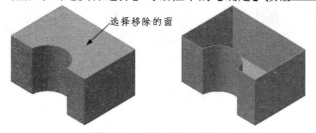

选择移除的面

图 4-30　去除实体表面示例

3）系统弹出【发现实体纪录记录】对话框，选择对话框中的【移除纪录记录】按钮
移除纪录记录 ，如图 4-31 所示，系统弹出【移除实体面】对话框，勾选【原始实体】组中的【删
除】复选框，如图 4-32 所示，单击对话框中的【确定】按钮 ，完成操作。

图 4-31　【发现实体纪录记录】对话框　　　　图 4-32　【移除实体面】对话框

4.3.7 移动实体面

此命令与拔模操作相类似，即将实体的某个面绕旋转轴旋转指定的角度，如图 4-32 所示。
旋转轴可能是牵引面与表面（或平面）的交线，也可能是指定的边界。实体表面倾斜后，有利于
实体脱模。其操作流程如下：

1）单击【建模】→【建模编辑】→【移动】按钮。
2）在视图区选择实体的前侧面为要移动的实体表面，如图 4-33 所示，并按 Enter 键。
3）在弹出的【操控坐标】上选择【ZX】面上的旋转圆环，拖动【-20°】。
4）系统弹出【移动】对话框，如图 4-34 所示，勾选对话框【类型】中的【移动】复选框，
单击【移动】对话框中的【确定】按钮，则系统完成移动操作。

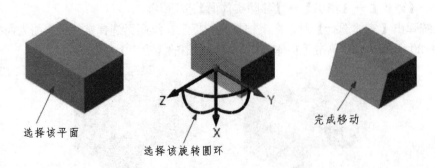

选择该平面

选择该旋转圆环

完成移动

图 4-33　牵引实体面示意

图 4-34　【移动】对话框

📖 4.3.8 布尔运算

布尔运算是利用两个或多个已有实体通过求和、求差和求交运算组合成新的实体并删除原有实体。

单击【实体】→【建立】→【布尔运算】按钮🗂，系统弹出【布尔运算】对话框，如图 4-35 所示。

图 4-35　【布尔运算】对话框

相关布尔操作主要包括 3 项：结合（求和运算）、切割（求差运算）、交集（求交运算）。布尔求和运算是将工具实体的材料加入到目标实体中构建一个新实体，如图 4-36a 所示，布尔求差运算是在目标实体中减去与各工具实体公共部分的材料后构建一个新实体，如图 4-36b 所示，布尔求交运算是将目标实体与各工具实体的公共部分组合成新实体，如图 4-36c 所示。

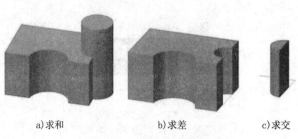

a)求和　　　　　　b)求差　　　　　　c)求交

图 4-36　布尔操作示意图

4.4　实例操作——支架

支架模型如图 4-37 所示，主要包括底板、圆台、支撑部分以及连接孔等构成。通过本例的操作，读者可以对构图深度的含义、平面的创建、图层的操作管理以及一些基本的二维、三维实体创建有进一步认识。

网盘\动画演示\第 4 章\支架. MP4

图 4-37　支架模型图

4.4.1　创建底板特征

1．创建矩形剖面

1）单击管理器中的【层别】选项，切换到【层别】管理器对话框，在该对话框的【编号】文本框中输入 1，在【名称】文本框中输入【实线】，创建实线层。

2）单击【检视】→【图形检视】→【俯检视】按钮，状态栏显示【绘图平面】为【俯检视】，然后在【首页】选项卡【规划】面板中设置构图深度【Z】为 0，在【属性】面板中设置【线框颜色】为 12（红色）。

3）单击【线框】→【形状】→【矩形】按钮，系统弹出【矩形】对话框，勾选对话框中的【矩形中心点】复选框，从而设置矩形的基准点为中心。然后单击【选择工具栏】中的【输入坐标点】按钮，在弹出的文本框中输入(0, 0, 0)，设置矩形的中心为原点。在【尺寸】组中的【宽度】文本框中输入【300】，【高度】文本框中输入【200】。最后单击【矩形】对话框中的【确定】按钮，完成矩形的绘制。

2．拉伸实体

1）单击管理器中的【层别】选项，切换到【层别】管理器对话框，在该对话框的【编号】文本框中输入 2，在【名称】文本框中输入【实体】，创建实体层，并将该层设置为当前层。

2）单击【检视】→【图形检视】→【等角检视】按钮，将视角调整为等视角；然后在【首页】选项卡【属性】面板中设置【实体颜色】为 10（绿色）。

3）单击【实体】→【建立】→【拉伸】按钮，系统弹出【串连选项】对话框，选择矩形串连，并将拉伸方向设置如图 4-38 所示（如果不是，则单击【实体拉伸】对话框中的【全部反向】按钮）。

4）在【实体拉伸】对话框【类型】组中勾选【创建主体】复选框；在【距离】组中的【距离】文本框中输入【距离】为 20，如图 4-39 所示，最后单击【确定】按钮。

图 4-38 串连图素的选择　　　　图 4-39 实体拉伸参数设置

4.4.2 创建圆台孔特征

1．创建圆台特征

1）单击【检视】→【图形检视】→【俯检视】按钮，状态栏显示【绘图平面】为【俯检视】，然后在【首页】选项卡【规划】面板中设置构图深度【Z】为 20，层别为【1】，在【属性】面板中设置【线框颜色】为 12（红色）。

2）单击【线框】→【圆弧】→【已知点画圆】按钮⊕，系统弹出【已知点画圆】对话框，然后单击【选择工具栏】中的【输入坐标点】按钮x,y,z，在弹出的文本框中输入(120, 70)。在【已知点画圆】对话框【大小】组中的【直径】文本框中输入【40】，最后单击【确定】按钮✅，创建圆台截面操作。

3）单击【检视】→【图形检视】→【等角视视】按钮🔲，将视角调整为等视角，然后在【首页】选项卡【属性】面板中设置【实体颜色】为10（绿色），在【规划】组中设置【层别】为【2】。

4）单击【实体】→【建立】→【拉伸】按钮🔲，系统弹出【串连选项】对话框，选择圆形串连，其串连方向如图4-40所示。

5）系统弹出【实体拉伸】对话框，在【类型】组中勾选【创建主体】复选框，在【距离】组中的【距离】文本框中输入【距离】为10，如图4-41所示，最后单击【确定】按钮✅。

2. 创建孔特征

1）单击【检视】→【图形检视】→【俯检视】按钮🔲，状态栏显示【绘图平面】为【俯检视】，然后在【首页】选项卡【规划】面板中设置构图深度【Z】为30，层别为【1】，在【属性】面板中设置【线框颜色】为12（红色）。

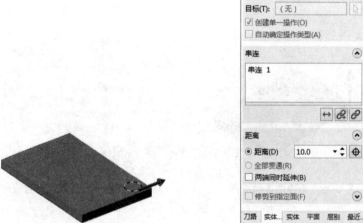

图4-40 圆台串连图形的选择   图4-41 实体拉伸参数设置

2）单击【线框】→【圆弧】→【已知点画圆】按钮⊕，系统弹出【已知点画圆】对话框，然后单击【选择工具栏】中的【输入坐标点】按钮x,y,z，在弹出的文本框中输入(120, 70)。在【已知点画圆】对话框【大小】组中的【直径】文本框中输入【30】，最后单击【确定】按钮✅，创建圆台截面操作。

　　3）单击【检视】→【图形检视】→【等角检视】按钮，将视角调整为等视角，然后在【首页】选项卡【属性】面板中设置【实体颜色】为 10（绿色），在【规划】组中设置【层别】为【2】。

　　4）单击【实体】→【建立】→【拉伸】按钮，系统弹出【串连选项】对话框，选择圆形串连，其串连方向如图 4-42 所示。

　　5）系统弹出【实体拉伸】对话框，勾选【类型】组中的【切割主体】复选框，勾选【距离】组中的【全部贯通】复选框，如图 4-43 所示，然后单击【确定】按钮，此时根据系统的提示在绘图区中选择刚创建的圆台特征为切割目标主体。

图 4-42　孔串连图形的选择　　　　图 4-43　孔实体拉伸参数设置

3. 阵列圆台孔特征

　　1）单击【转换】→【布局】→【直角阵列】按钮，根据系统的提示在绘图区中选择刚创建的圆台孔特征，然后单击【结束选取】按钮。

　　2）系统弹出【直角数组】对话框，设置方向 1 和方向 2 中的【阵列次数】均为【2】。设置【方向 1】中的距离为【240】，【方向 2】中的距离为【140】，若阵列方向不对，单击选择【选取反面】复选框，调节方向，如图 4-44、图 4-45 所示。最后单击【确定】按钮，完成圆台孔阵列操作。

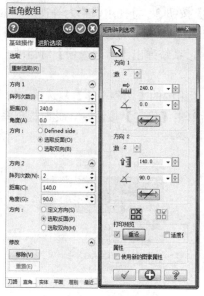

图 4-44 直角数组参数设置   图 4-45 圆台孔阵列方向示意

4.4.3 创建支撑部分特征

1）单击【检视】→【图形检视】→【右检视】按钮，状态栏显示【绘图平面】为【右检视】，然后在【首页】选项卡【规划】面板中设置构图深度【Z】为 0，层别为【1】。在【属性】面板中设置【线框颜色】为 12（红色）。

2）单击【线框】→【线】→【任意线】按钮，然后单击【选择工具栏】中的【输入坐标点】按钮，在弹出的文本框中输入(100,20)，再选中【类型】组中的【水平】复选框，接着在【尺寸】组中的【长度】文本框中输入【20】，从而沿 Y 轴负方向创建第一条直线。同样的方法可以依次创建其他直线，其尺寸如图 4-46 所示。

3）单击【检视】→【图形检视】→【等角检视】按钮，将视角装换为等视角，然后在【首页】选项卡【规划】面板中设置层别为【2】，在【属性】面板中设置【线框颜色】为 10（绿色）。

4）单击【实体】→【建立】→【拉伸】按钮，系统弹出【串连选项】对话框，选择刚创建的多边形。

5）系统弹出【实体拉伸】对话框，勾选【类型】组中的【创建主体】复选框，在【距离】组中的【距离】文本框中输入【40】，并勾选【两端同时延伸】复选框，如图 4-47 所示，然后单击【确定】按钮，此时根据系统的提示在绘图区中选择刚创建的底板特征为添加目标主体。

6）单击【实体】→【修剪】→【固定半径倒圆角】按钮，系统弹出【实体选择】对话框，在绘图区中选择如图 4-48 所示的边，然后单击【实体选择】对话框中的【确定】按钮，系统弹出【固定圆角半径】对话框，在【半径】文本框中输入【30】，如图 4-49 所示，最后单击【确定】按钮。

116

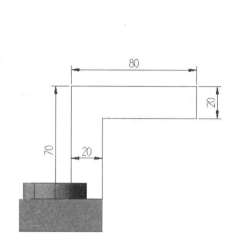

图 4-46　支撑截面　　　　　　　图 4-47　支撑部分拉伸参数设置

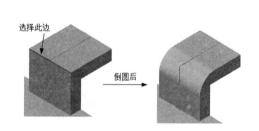

图 4-48　支撑特征倒圆　　　　　图 4-49　支撑部分倒圆参数设置

4.4.4　创建连接孔特征

1. 创建新的构图平面

1）单击管理器中的【平面】选项，切换到【平面】管理器，然后单击【创建新平面】下拉菜单中的【依照屏幕检视】按钮，如图 4-50 所示。

2）根据系统的提示在绘图区中选择支撑特征的顶面作为实体平面，并选中如图 4-51 所示的视角（如果不是，可以单击【选择平面】对话框中的【下一个平面】按钮或【上一个平面】按钮进行调整），最后单击【选择平面】对话框中【确定】按钮。

3）系统弹出【New Plane（新建视角）】对话框，设置【名称】为【平面 1】，然后单击【重

新选取】按钮 重新选取(R)，在绘图区中选择如图 4-51 所示的点为视角原点。

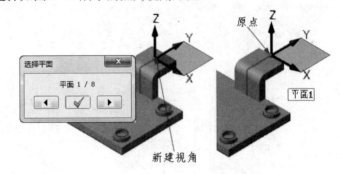

图 4-50　新建构图平面　　　　　　　　图 4-51　构图平面参数设置

2. 创建去除材料特征

1）设置状态栏的属性如下：【绘图平面】为【平面 1】，然后在【首页】选项卡【规划】面板中设置构图深度【Z】为 0，层别为【1】，在【属性】面板中设置【线框颜色】为 12（红色）。

2）单击【线框】→【圆弧】→【已知点画圆】按钮⊕，然后单击【选择工具栏】中的【输入坐标点】按钮 x,y,z，在弹出的文本框中输入 (0,0,0)，接着在【已知点画圆】对话框【大小】组中的【直径】文本框中输入【80】，最后单击【确定】按钮✅，完成去除材料截面的创建。

3）单击【检视】→【图形检视】→【等角检视】按钮🗖，将视角装换为等视角；然后在【首页】选项卡【规划】面板中设置层别为【2】，在【属性】面板中设置【线框颜色】为 10（绿色）。

4）单击【实体】→【建立】→【拉伸】按钮📌，系统弹出【串连选项】对话框，选择圆形串连，其串连方向如图 4-52 所示。

5）系统弹出【实体拉伸】对话框，勾选【类型】组中的【切割主体】复选框，勾选【距离】组中的【全部贯通】复选框，如图 4-53 所示，然后单击【确定】按钮✅。

图 4-52　去除材料串连方向选择　　　　　　图 4-53　去除材料参数设置

3. 创建下圆柱特征

1）单击【实体】→【建立】→【拉伸】按钮 🔘，系统弹出【串连选项】对话框，选择圆形串连，其串连方向如图 4-54 所示。

2）系统弹出【实体拉伸】对话框，勾选【类型】组中的【增加凸台】复选框，在【距离】组中的【距离】文本框中输入【30】，如果拉伸方向不对，可单击【全部反向】按钮 ↔，调整方向，如图 4-55 所示，然后单击【确定】按钮 ✓。

4. 创建上圆柱特征

1）单击【实体】→【建立】→【拉伸】按钮 🔘，系统弹出【串连选项】对话框，选择圆形串连，其串连方向如图 4-56 所示。

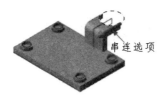

图 4-54　下圆柱串连方向选择　　　　　图 4-55　下圆柱挤出参数设置

2）系统弹出【实体拉伸】对话框，勾选【类型】组中的【增加凸台】复选框，在【距离】组中的【距离】文本框中输入【10】，如果拉伸方向不对，可单击【全部反向】按钮 ↔，调整方向，如图 4-57 所示，然后单击【确定】按钮 ✅。

5. 创建连接孔特征

1）设置状态栏的属性如下：【绘图平面】为【平面 1】，然后在【首页】选项卡【规划】面板中设置构图深度【Z】为【10】，层别为【1】，在【属性】面板中设置【线框颜色】为 12（红色）。

2）单击【线框】→【圆弧】→【已知点画圆】按钮 ⊕，然后单击【选择工具栏】中的【输入坐标点】按钮 ✛，在弹出的文本框中输入(0,0)，接着在【已知点画圆】对话框【大小】组中的【直径】文本框中输入【60】，最后单击【确定】按钮 ✅，完成去除材料截面创建操作。

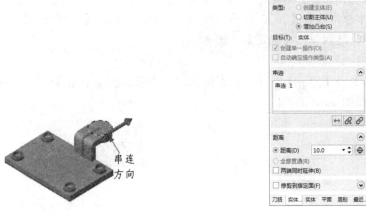

图 4-56　上圆柱串连方向选择　　　　　图 4-57　上圆柱挤出参数设置

3）单击【检视】→【图形检视】→【等角检视】按钮，将视角装换为等视角，然后在【首页】选项卡【规划】面板中设置层别为【2】，在【属性】面板中设置【线框颜色】为10（绿色）。

4）单击【实体】→【建立】→【拉伸】按钮，系统弹出【串连选项】对话框，选择圆形串连，其串连方向如图 4-58 所示。

5）系统弹出【实体拉伸】对话框，勾选【类型】组中的【切割主体】复选框，勾选【距离】组中的【全部贯通】复选框，如图 4-59 所示，然后单击【确定】按钮，结果如图 4-37 所示。

图 4-58　连接孔串连方向选择　　　　　图 4-59　连接孔挤出参数设置

第5章

曲面、曲线的创建与编辑

　　曲面、曲线是构成模型的重要手段和工具。Mastercam 软件的曲面、曲线功能灵活多样，不仅可以生成基本的曲面，而且能创建复杂的曲线、曲面。

　　本章重点讲解了基本三维曲面的创建，通过对二维图素进行拉伸、旋转、扫描等操作来创建曲面、空间曲线以及编辑曲面。

Mastercam

2019

重点与难点

- 基本曲面的创建
- 高级曲面的创建
- 曲面的编辑
- 空间曲线的创建

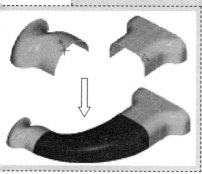

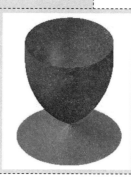

5.1 基本曲面的创建

　　基本曲面是指形状规则的曲面，如圆柱曲面、圆锥曲面、长方形曲面、球面等。在 Mastercam 中，基本曲面的创建是非常简单灵活的。用户只要从【曲面】→【基本实体】菜单中选择待创建的曲面类型，如图 5-1 所示，然后设置不同的参数就可以得到相应的曲面。本节将对这些曲面的创建进行详细介绍。

图 5-1　基本实体面板

📖5.1.1　圆柱曲面的创建

　　单击【绘图】→【基本实体】→【圆柱体】按钮，系统弹出【Primitive Cylinder（圆柱状）】对话框，如图 5-2 所示，设置相应的参数后，单击该对话框中【确定】按钮，即可在绘图区创建圆柱曲面。【Primitive Cylinder（圆柱状）】对话框各选项的含义如下：

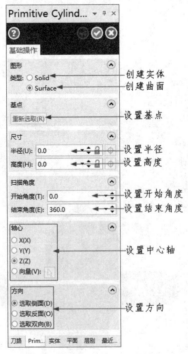

图 5-2　【Primitive Cylinder】对话框

1）【类型】组：选择【Solid】选项则创建的是三维圆柱实体，选择【Surface】选项则创建的是三维圆柱曲面。

2）【基点】组：用于设置圆柱的基准点，基准点是指圆柱底部的圆心。

3）【尺寸】组：用于设置圆柱的半径和高度，在【半径（U）】文本框中输入数值，设置半径；在【高度（H）】文本框中输入数值，设置高度。

4）【扫描角度】组：设置圆柱的开始和结束角度，在【开始角度】文本框中输入数值，设置开始角度；在【结束角度】文本框中输入数值，设置【结束角度】，该选项可以创建不完整的圆柱，如图 5-3 所示。

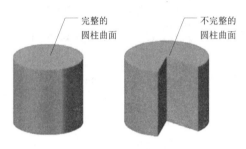

图 5-3　圆柱曲面示意

5）【轴心】组：用于设置圆柱的中心轴。既可以设置 X、Y 或 Z 轴为中心轴，也可以使用指定两点来创建中心轴。系统默认的是以 Z 轴方向为中心轴。

默认情况下，屏幕视角为【俯检视】，因此用户在屏幕上看到的只是一个圆，而不是圆柱，为了显示圆柱，可以将屏幕视角设置为【等角检视】。

📖 5.1.2 圆锥曲面的创建

单击【曲面】→【基本实体】→【锥体】按钮▲，系统弹出【Primitive Cone（圆锥体）】对话框，如图 5-4 所示，设置相应的参数后，单击该对话框中的【确定】按钮 ✅，即可在绘图区创建圆锥曲面。【Primitive Cone（圆锥体）】对话框各选项的含义如下：

1）【基点】组：分别用于设置圆锥的基准点、半径、高度，其中圆锥的基准点是指圆锥底部的圆心。

2）【Base Radius】组：用于设置圆锥体底部半径。

3）【高度】组：用于设置圆锥曲面的高度。

4）【Top】组：用于设置圆锥顶面的大小。既可以用指定锥角，也可以指定顶面半径。锥角可以取正值、负值或零，对应的效果如图 5-5 所示，图中的底面半径、高度均相同。要得到顶尖的圆锥，可以将顶面半径设置为 0。

5）【扫描角度】组：可以设置圆锥的起始和终止角度，在【开始角度】文本框中输入数值，设置开始角度；在【结束角度】文本框中输入数值，设置【结束角度】，该选项可以创建不完整的圆锥。

6）【轴心】组：用于设置圆锥的中心轴。既可以设置 X、Y 或 Z 轴为中心轴，也可以指定两点来创建中心轴。系统默认的是以 Z 轴方向为中心轴。

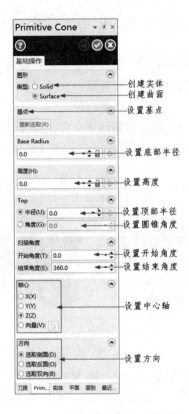

图 5-4 【Primitive Cone】对话框

锥度角-15°   锥度角 15°   锥度角 0°

图 5-5 圆锥曲面示意

5.1.3 立方体曲面的创建

单击【曲面】→【基本实体】→【立方体】按钮，系统会弹出【Primitive Block（立方体）】对话框，如图 5-6 所示。设置相应的参数后，单击该对话框中【确定】按钮，即可在绘图区创建长方体曲面。【Primitive Block（立方体）】对话框各选项的含义如下：

1)【基点】组：用于设置立方体基准点，亦即立方体的特征点，具体位置由【原点】选项设置。用户可以单击后面的【重新选取】按钮 重新选取(R) 修改该基准点。

2)【尺寸】组：该组用于设置长方体的长度、宽度和高度，在【长度】文本框中输入数值，用于设置立方体的长度；在【宽度】文本框中输入数值，用于设置立方体的宽度；在【高度】文本框中输入数值，用于设置立方体的高度。

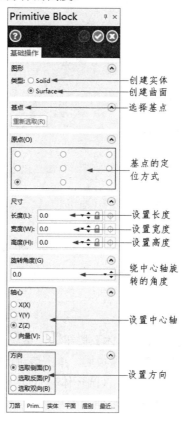

图 5-6 【Primitive Block】对话框

3）【旋转角度】组：利用该文本框可以设置长方体绕中心轴旋转的角度。

4）【轴心】组：用于设置立方体的中心轴。既可以设置 X、Y 或 Z 轴为中心轴，也可以使用选择直线和指定两点来创建中心轴。系统默认的是以 Z 轴方向为中心轴。

5.1.4 球面的创建

单击【曲面】→【基本实体】→【圆球】按钮，系统会弹出【Primitive Sphere（圆球）】对话框，如图 5-7 所示，设置相应的参数后，单击该对话框中的【确定】按钮，即可在绘图区创建球面。【Primitive Sphere（圆球）】对话框各选项的含义如下：

【基点】组和【半径】组：用于设置球面的基准点、半径，其中球面的基准点是指球面的球心，如图 5-8 左图所示。用户既可以单击各项后面的【重新选取】按钮 重新选取(R) ，或 ⊕ 按钮在绘图区手工设置球面的基准点、半径，也可以通过文本框直接输入半径的数值。

同圆柱面、圆锥面类似，可以通过【扫描角度】选项创建不完整的球面，如图 5-8 右图所示。

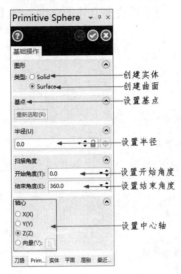

图 5-7 【Primitive Sphere】对话框

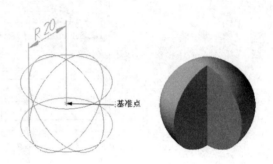

图 5-8 球面示意

5.1.5 圆环面的创建

单击【曲面】→【基本实体】→【圆环体】按钮◎，系统弹出【Primitive Torus（圆环体）】对话框，如图 5-9 所示，设置相应的参数后，单击该对话框中的【确定】按钮◎，即可在绘图区创建圆环曲面。【Primitive Sphere（圆环体）】对话框各选项的含义如下：

【基准】组和【半径】组：用于设置圆环曲面的基准点、圆环半径、圆管半径，其中圆柱的基准点是指圆柱底部的圆心。

同样，通过【扫描】选项可以设置圆环的起始和终止角度，从而创建不完整的圆环曲面，如图 5-10 所示。

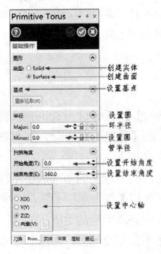

图 5-9 【Primitive Torus】对话框

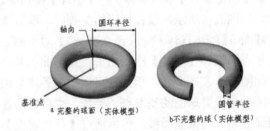

图 5-10 圆环曲面示意

5.2 高级曲面的创建

Mastercam 不仅提供了创建基本曲面的功能，而且还允许由基本图素构成的一个封闭或开放的二维实体通过拉伸、旋转、举升等命令而创建复杂曲面。图 5-11 所示为复杂曲面的建立面板。

图 5-11　复杂曲面建立面板

5.2.1 创建直纹/举升曲面

用户可以将多个截面按照一定的顺序连接起来形成曲面。若每个截形之间用曲线相连，则称为举升曲面，如图 5-12b 所示，若每个截形之间用直线相连，则称为直纹曲面，如图 5-12c 所示。

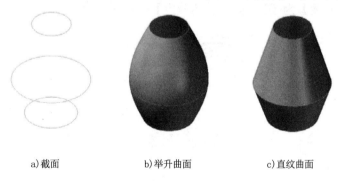

a)截面　　　　　b)举升曲面　　　　　c)直纹曲面

图 5-12　直纹/举升曲面示意

在 Mastercam 2019 中，创建直纹曲面和举升曲面由同一命令来执行，其操作步骤如下：

1）单击【曲面】→【建立】→【举升】按钮 。

2）弹出【串连选项】对话框，在绘图区选择作为截形的数个串连。

3）系统弹出【直纹/举升曲面】对话框，如图 5-13 所示，设置相应的参数后，单击【确定】按钮 。

值得注意的是，无论是直纹曲面还是举升曲面在创建时必须注意图素的外形起始点是否相对，否则会产生扭曲的曲面，同时全部外形的串连方向必须朝向一致，否则容易产生错误的曲面。

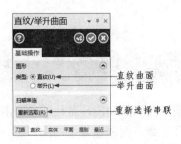

图 5-13　直纹/举升曲面对话框

5.2.2 创建旋转曲面

创建旋转曲面是将外形曲线沿着一条旋转轴旋转而产生的曲面，外形曲线的构成图素可以是直线、圆弧等图素串连而成的。在创建该类曲面时，必须保证在生成曲面之前首先分别绘制出母线和轴线。其创建流程如下：

1）单击【曲面】→【建立】→【旋转】按钮。

2）在绘图区依次选择母线和旋转轴。

3）系统弹出【旋转曲面】对话框，如图 5-14 所示，设置相应的旋转参数后，设置【开始角度】为【0】，【结束角度】为【360】，单击【确定】按钮。

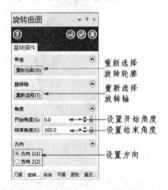

图 5-14　【旋转曲面】对话框

图 5-15 所示为一条曲线绕直线旋转 360°所产生的旋转曲面。如果不需要旋转一周，可以在起始角度和终止角度输入指定的值，并在旋转时指定旋转方向即可。

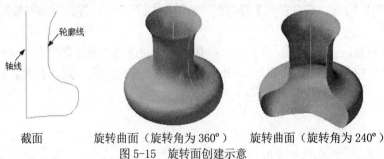

截面　　　旋转曲面（旋转角为 360°）　　　旋转曲面（旋转角为 240°）

图 5-15　旋转面创建示意

📖5.2.3 创建补正曲面

补正曲面是指将选定的曲面沿着其法线方向移动一定距离。与平面图形的偏置一样，补正曲面命令在移动曲面的同时，也可以复制曲面。其创建流程如下：

1）单击【曲面】→【建立】→【补正】按钮 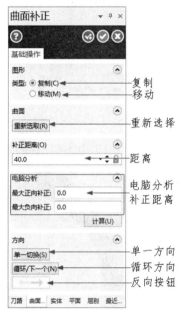。

2）在绘图区选择要补正的曲面。

3）系统弹出【曲面补正】对话框，如图 5-16 所示，设置相应的旋转参数后，单击【确定】按钮 。

图 5-16　【曲面补正】对话框

图 5-17 所示为一补正曲面的示意。

a）原曲面　　　　　　　　b）补正曲面

图 5-17　曲面补正示意

📖5.2.4 创建扫描曲面

扫描曲面是指用一条截面线沿着轨迹移动所产生的曲面。截面和线框既可以是封闭的，也可以是开式的。

按照截形和轨迹的数量，扫描操作可以分为两种情形，第一种是轨迹线为一条，而截形为一条或多条，系统会自动进行平滑的过渡处理；另一种是截形为一条，而轨迹线为一条或两条。

1）单击【曲面】→【建立】→【扫描】按钮。

2）在绘图区依次选择待扫掠的截形和扫掠轨迹线。

3）系统弹出【扫描曲面】对话框，如图 5-18 所示，在对话框中勾选【两条引导线】复选框，单击【确定】按钮。

图 5-18　扫描曲面对话框

图 5-19 所示为同一截形和轨迹线平移扫描和旋转扫描的效果示意图。

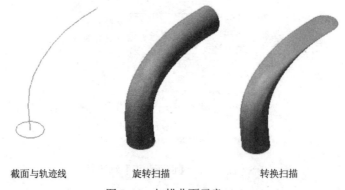

截面与轨迹线　　　　旋转扫描　　　　转换扫描

图 5-19　扫描曲面示意

5.2.5　创建网格曲面

网格曲面是指直接利用封闭的图素生成的曲面。如图 5-20 左图所示，可以将 AD 曲线看作是起始图素，BC 曲线看作是终止图素，AB、DC 曲线看作是轨迹图素，即可得到如图 5-20 右图所示的网格曲面。

构成网格曲面的图素可以是点、线、曲线或者是截面外形。由多个单位昆式曲面按行列式排列可以组成多单位的高级网格曲面。构建网格曲面有两种方式，它们是根据选取串连的方式划分的：自动串连方式和手动串连方式。对于大多数情况下，需要使用手动方式来构建网格曲面。

在自动创建网格曲面的状态下，系统允许选择 3 个串连图素来定义网格曲面。首先在网格曲面的起点附近选择两条曲线，然后在该两条曲线的对角位置选择第 3 条曲线，即可自动得到网格曲面，结果如图 5-21 所示。

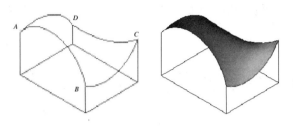

图 5-20　网格曲面

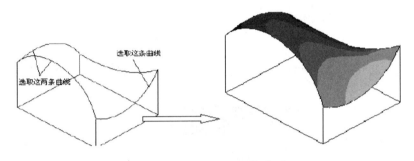

图 5-21　自动创建网格曲面

值得注意的是，自动选取串连可能因为分支点太多以致不能顺利地创建昆氏曲面，技巧是单击【串连选项】对话框中的【单体】按钮，接着依次选择 4 个边界串连图素。

Mastercam 2019 手动创建网格曲面的步骤如下：

1）单击【曲面】→【建立】→【网格】按钮，系统弹出【串连选项】对话框，此时【平面整修】中的选择项为【引导方向】也称为走刀方向，这表示曲面的深度由引导线来确定，也就是说曲面通过所有的引导线，也可以由截断方向或平均值来定曲线的深度。

2）单击【串连选项】对话框中的【单点】按钮，接着选择昆氏曲面的基准点，如图 5-22 所标注的点，此点在曲面加工时会用到。

3）单击【串连选项】对话框中的【单体】按钮，再依次选取引导方向的曲线，如图 5-22 所示引导线。注意:拾取引导线方向一致。

4）依次选取如图 5-22 所示截断曲线。注意：拾取截断线方向一致。

5）单击【串连线框】对话框中的【确定】按钮，系统显示网格曲面。

6）单击【平面整修】面板中的【确定】按钮，完成操作，图 5-23 所示为手动创建的网格曲面。

5.2.6 创建围篱曲面

围篱曲面是通过曲面上的某一条曲线，生成与原曲面垂直或呈给定角度的直纹面。创建流程如下：

1）单击【曲面】→【建立】→【围篱】按钮。

2）在绘图区依次选择基面中的曲线。

3）系统弹出【围篱曲面】对话框，如图 5-24 所示，设置相应的旋转参数后，单击【确定】按钮，完成操作。

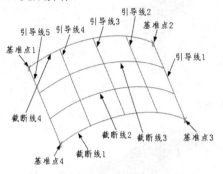

图 5-22　手动创建网格曲面要素

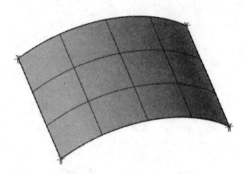

图 5-23　手动创建的网格曲面

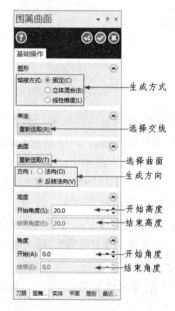

图 5-24　【围篱曲面】对话框

【围篱曲面】对话框中各选项的含义如下：

（1）【熔接方式】组：设置围篱曲面的熔接方式，包括以下三种方式：

1）固定：所有扫描线的高度和角度均一致，以起点数据为准。

2）立体混合：根据一种立方体的混合方式生成。

3）线性锥度：扫描线的高度和角度方向呈线性变化。

（2）【串连】组：选择交线。

（3）【曲面】组：选择曲面。

（4）【高度】组：分别设置曲面的开始和结束的高度。

（5）【角度】组：分别设置曲面在开始和结束的角度。

5.2.7　创建拔模曲面

　　拔模曲面是指将一串连的图素沿着指定方向拉出拔模曲面。该命令常用于构建截面形状一致或带拔模斜角的模型，其操作流程如下：

　　1）单击【曲面】→【建立】→【拔模】按钮。

　　2）利用【串连选项】对话框在绘图区选取要牵引的曲线。

　　3）系统弹出【牵引曲面】对话框，如图 5-25 所示，设置相应的旋转参数后，单击【确定】按钮，结束牵引曲面的创建操作。

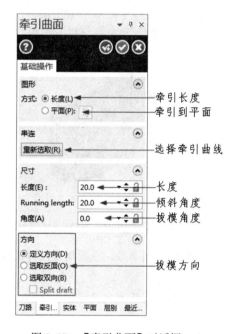

图 5-25　【牵引曲面】对话框

　　【牵引曲面】对话框中各选项的含义如下：

　　(1)【图形】选项组：选择【长度】选项则牵引的距离由牵引长度给出，此时【长度】、【真实长度】和【角度】选项被激活；选择【平面】则表示生成延伸至指定平面的牵引平面，此时【角度】和【平面】选项被激活。

　　(2)【尺寸】组：设置牵引曲面的参数，包括以下三种方式：

　　1)【长度】：设置牵引曲面的牵引长度。

　　2)【Running length（倾斜角度）】：对于带有一定拔模斜角的牵引曲面，其拔模斜角可以直接在该文本框中指定拔模斜角值，如图 5-26a 所示。

　　3)【角度】：对于带有一定拔模斜角的牵引曲面，其拔模斜角也可以通过【角度】文本框中给出倾斜长度间接给出拔模斜角，如图 5-26b 所示。

截形　　　　　　　　a)牵引曲面（拔模斜角为0°）　　　　b)牵引曲面（拔模斜角为15°）

图 5-26　牵引曲面示意

5.2.8　创建拉伸曲面

拉伸曲面与拔模曲面类似，它也是将一个截形沿着指定方向移动而形成曲面，不同的是拉伸曲面增加了前后两个封闭平面，图 5-27 所示为同一截形在相同参数下生成的拔模曲面和拉伸曲面。

截形　　　　　　　　拔模曲面　　　　　　　　拉伸曲面

图 5-27　拔模曲面和拉伸曲面比较示意

拉伸曲面的创建流程和拔模曲面大同小异，下面对【拉伸曲面】对话框中各选项的含义进行介绍，如图 5-28 所示。

（1）【串连】组：设置串连图素，重新定义拉伸曲面的曲线。

（2）【基点】组：确定基准点。

（3）【尺寸】组：设置拉伸曲面的参数，包括以下五中参数：

1）【高度】：设置曲面高度。

2）【比例】：按照给定的条件对拉伸曲面整体进行缩放。

3）【旋转角度】：对生成的拉伸面进行旋转。

4）【偏移距离】：将拉伸曲面沿挤压垂直的方向进行偏置。

5）【拔模角度】：曲面锥度，改变锥度方向。

5.3　曲面的编辑

Mastercam 提供强大的曲面创建功能同时，同时提供了灵活多样的曲面编辑功能，用户可以利用这些功能非常方便地完成曲面的编辑工作。图 5-29 所示为曲面的修剪面板。

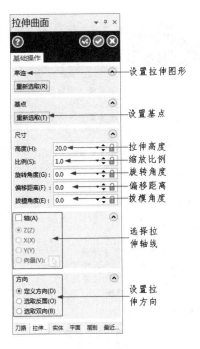

设置拉伸图形

设置基点

拉伸高度
缩放比例
旋转角度
偏移距离
拔模角度

选择拉
伸轴线

设置拉
伸方向

图 5-28 【拉伸曲面】对话框

图 5-29 曲面修剪面板

5.3.1 曲面倒圆角

曲面倒圆角就是在两组曲面之间产生平滑的圆弧过渡结构，从而将比较尖锐的交线变得圆滑平顺。曲面圆角包括 3 种操作，分别为在曲面与曲面、曲面与平面以及曲线与曲面之间倒圆角。

1. 曲面与曲面倒圆角

曲面与曲面倒圆角是指两个曲面之间创建一个光滑过渡的曲面，如图 5-30 所示，具体操作流程如下：

1）单击【曲面】→【修剪】→【曲面与曲面倒圆角】按钮 。

2）根据系统的提示，依次选取第一个曲面、第二个曲面。

3）系统弹出【Surface Fillet to Surfaces（两曲面倒圆角）】对话框，如图 5-31 所示，在对话框中设置相关参数，系统显示曲面之间的倒圆曲面，最后单击【确定】按钮 ，结束倒圆角操作。

2. 曲线与曲面倒圆角

曲线与曲面倒圆角是指一条曲线与曲面之间创建一个光滑过渡的曲面，如图 5-32 所示，具体操作流程如下：

1）单击【曲面】→【修剪】→【曲面与曲面倒圆角】→【曲线与曲面倒圆角】按钮 。

2）根据系统的提示，依次选取曲面、曲线。

3）系统弹出【Surface Fillet to Curves（曲线与曲面倒圆角）】对话框，设置相应的倒圆角参数，系统显示过渡曲面，最后单击【确定】按钮 ，结束倒圆角操作。

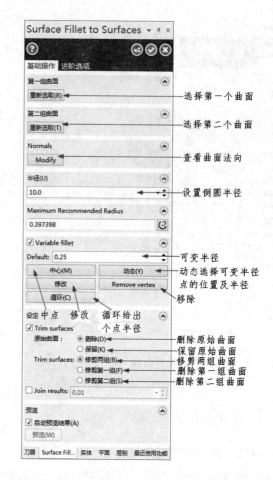

图 5-30　两曲面倒圆角示意　　图 5-31　【Surface Fillet to Surfaces】对话框

3．曲面与平面倒圆角

曲面与平面倒圆角是指一个曲面与平面之间创建一个光滑过渡的曲面，如图 5-33 所示，具体操作流程如下：

1）单击【曲面】→【修剪】→【曲面与曲面倒圆角】→【曲面与平面倒圆角】按钮 。

2）根据系统的提示，依次选取曲面、平面，并利用【选择平面】对话框设定相应的平面参数。

图 5-32　Surface Fillet to Curves(曲线与曲面倒圆角)示意

3）系统弹出【Surface Fillet to Plane(曲面与平面倒圆角)】对话框，设置相应的倒圆角参数，系统显示过渡曲面，最后单击【确定】按钮 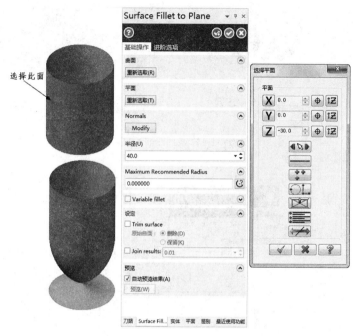，结束倒圆角操作。

图 5-33 所示是曲面与平面倒圆角示意，由于此操作中的参数设定很重要，因此给出了此操作的完整过程。

图 5-33　【Surface Fillet to Plane】示意

对曲面进行倒圆时，需要注意各曲面法线方向的指向，只有法线方向正确才可能得到正确的圆角。一般而言，曲面的法线方向是指向各曲面完成倒圆后的圆心方向。

5.3.2　修剪曲面

修剪曲面可以将所指定的曲面沿着选定边界进行修剪操作，从而生成新的曲面，这个边界可以是曲面、曲线或平面。

通常原始曲面被修整成两个部分，用户可以选择其中一个，作为修剪后的新曲面。用户还可以保留、隐藏或删除原始曲面。

修剪曲面包括 3 种操作，分别为修剪到曲面、修剪到曲线以及修剪到平面。

1. 修剪至曲面

图 5-34 所示是一个修整至曲面的一个示意，其具体操作流程如下：

1）单击【曲面】→【修剪】→【修剪到曲线】→【修剪到曲面】按钮 。

2）根据系统提示依次选取第一个曲面（可以选取多个面，本例为球面），第二个曲面（本例为直纹曲面）。

3）根据系统提示指定保留的曲面（本例则单击球的上表面），此时系统显示一带箭头的光

标，滑动箭头到剪后需要保留的位置上，再单击鼠标左键确定。

4）系统显示球面被修整后的图形，用户还可以利用【修剪到曲面】对话框来设置参数，如图 5-35 所示，从而改变修整效果，最后【确定】按钮。

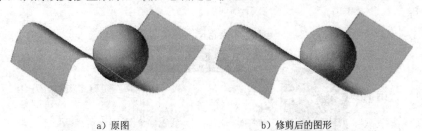

a）原图　　　　　　　　　b）修剪后的图形

图 5-34　修整至曲面示意

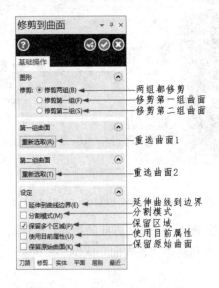

图 5-35　【修剪到曲面】对话框

2. 修剪至曲线

修剪至曲线，实际上就是从曲面上剪去封闭曲线在曲面上的投影部分，如图 5-36 所示，因此需要通过对话框选择投影方向。

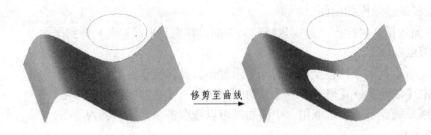

修剪至曲线

图 5-36　修整至曲线示意

利用曲线修剪曲面时，曲线可以在曲面上，也可以在曲面外。当曲线在曲面外时，系统自动将曲线投影到曲面上，并利用投影曲线修剪曲面。曲线投影在曲面上有两种方式：一种是对绘图平面正交投影，另一种是对曲面法向正交投影。

修剪到曲线对话框中的各项说明如图 5-37 所示。

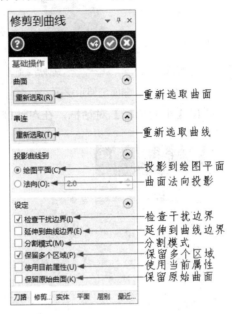

图 5-37　【修剪到曲线】对话框

3．修剪至平面

修剪曲面到平面，实际上就是曲面以平面为界，去除或分割部分曲面的操作。其操作过程和曲面与平面倒圆角类似，本文就不再赘述了，由读者独立完成。

5.3.3　曲面延伸

曲面延伸就是将选定的曲面延伸指定的长度，或延伸到指定的曲面，如图 5-38 所示。曲面延伸的操作流程如下：

1）单击【曲面】→【修剪】→【延伸曲面】按钮 。

2）根据系统的提示选取要延伸的曲面。

3）系统显示带箭头的移动光标，根据系统的提示选择要延伸的边界。

4）系统显示默认延伸曲面，利用【曲面延伸】对话框设定相应的延伸参数，如图 5-39 所示，最后单击【确定】按钮 ，。

【曲面延伸】对话框中选项的说明如下：

1）【线性】：延当前平面的法线按指定距离进行线性延伸，或以线性方式延伸到指定平面。

2）【到非线】：按原曲面的曲率变化进行指定距离非线性延伸，或以非线性方式延伸到指定平面。

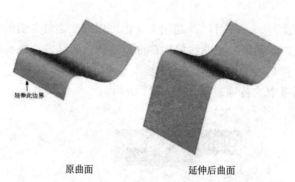

原曲面   延伸后曲面

图 5-38   曲面延伸示意图

3）【到平面】：单击此项，弹出【平面选择】对话框，在对话框中设定或选取所需的平面。

图 5-39   【曲面延伸】对话框

📖5.3.4 由实体生成曲面

在 Mastercam 中，实体造型和曲面造型可以相互转换，将创建好的实体模型转换为曲面就是用【由实体生成曲面】命令来完成，图 5-40 所示为用该命令将圆柱体转换为圆柱曲面。其创建流程如下：

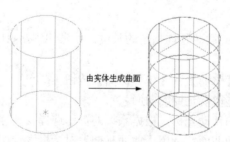

由实体生成曲面

图 5-40   实体转换为曲面示意

1）单击【曲面】→【建立】→【由实体生成曲面】按钮🗇。

2）在绘图区选择待转换实体的表面，并按 Enter 键或单击【结束选取】按钮（✅结束选取），结束选择。

3）系统弹出【由实体生成曲面】对话框，在对话框中取消【保留原始实体】复选框，单击【确定】按钮✅，生成曲面。

5.3.5 填补内孔

此命令可以在曲面的孔洞处创建一个新的曲面，如图 5-41 所示，其创建流程如下：

1）单击【曲面】→【修剪】→【填补内孔】按钮▦。

2）选择需要填补洞孔的修剪曲面，曲面表面有一临时的箭头。

3）移动箭头的尾部到需要填补的洞孔的边缘单击，此时洞孔被填补。

4）在系统弹出的【填补内孔】设置相应的转换参数后，单击【确定】按钮✅，完成填补内孔操作。

值得注意的是如果选择的曲面上有多个孔，则选中孔洞的同时，系统还会弹出【警告】对话框，利用该对话框可以选择是填补曲面内所有内孔，还是只填补选择的内孔。

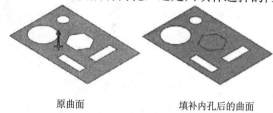

原曲面　　　　　　　　填补内孔后的曲面

图 5-41　填补内孔示意

5.3.6 恢复到修剪边界

恢复到修剪边界是指将曲面的边界曲线移除，它和填补内孔有点类似，只是填补的洞孔是以选取的边缘为边界的新建曲面，修剪曲面仍存在洞孔的边界；而恢复到修剪边界则没有产生新的曲面，如图 5-42 所示。其创建流程如下：

1）单击【曲面】→【修剪】→【恢复到修剪边界】按钮▧。

2）选择需要移除边界的修剪曲面，曲面表面有一临时的箭头。

3）移动箭头的尾部到需要移除的边界的边缘单击，系统弹出【警告】对话框，单击【是】按钮，择移除所有的边界；单击【否】按钮，择移除所选的边界，此时边界被移除。

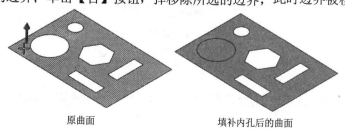

原曲面　　　　　　　　填补内孔后的曲面

图 5-42　恢复到修剪边界边界示意

5.3.7 分割曲面

分割曲面是指将曲面在指定的位置分割开，从而将曲面一分为二，如图 5-43 所示，其创建流程如下：

1）单击【曲面】→【修剪】→【分割曲面】按钮▦。

2）根据系统提示在绘图区选择待分割处理的曲面，并按 Enter 键或单击【结束选取】按钮 结束选取。

3）系统提示：【请将箭头移至要拆分的位置】，根据系统的提示在待分割的曲面上选择分割点，利用【拆分曲面】对话框中的【方向】组中的【U】、【V】复选框，设置拆分方向，最后单击【确定】✅，完成曲面分割操作。

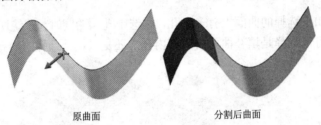

原曲面　　　　　　　分割后曲面

图 5-43　分割曲面示意

5.3.8 曲面熔接

曲面熔接是指将两个或三个曲面通过一定的方式连接起来。Mastercam 提供了 3 种熔接方式：

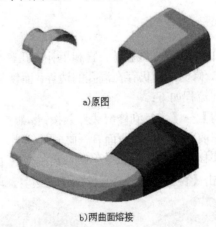

a)原图

b)两曲面熔接

图 5-44　两曲面熔接示意

1. 两曲面熔接

两曲面熔接是指在两个曲面之间产生与两曲面相切的平滑曲面，如图 5-44 所示。其创建流程如下：

1）单击【曲面】→【修剪】→【两曲面熔接】按钮▦。

2）根据系统的提示在绘图区依次选择第一个曲面及其熔接位置，第二个曲面及其熔接位置。

3）弹出【Two Surface Blend（两曲面熔接）】对话框，如图 5-45 所示，设置相应的熔接参数，单击【确定】按钮，结束两曲面的熔接操作。

图 5-45 【Two Surface Blend】对话框

对话框中各选项的含义如下：

1） 1 ：用于重新选取第 1 个曲面。

2） 2 ：用于重新选取第 2 个曲面。

3）【开始幅度】和【结束幅度】：用于设置第一个曲面和第二个曲面的起始和终止熔接值。默认为 1。

4）【选取反向】：调整曲面熔接的方向。

5）【修改】：修改曲线熔接位置。

6）【Twist】：扭转熔接曲面。

7）【设定】组：用于设置第一个曲面和第二个曲面是否要修剪，它提供了 3 个选项：修剪两组，即修剪或保留两组；修剪第一组，即只修剪或保留第一个曲面；修剪第二组，即只修剪或保留第二个曲面。

2. 三曲面熔接

三曲面熔接是指在三个曲面之间产生与三曲面相切的平滑曲面。三曲面熔接与两曲面熔接的区别在于曲面个数的不同。三曲面熔接的结果是得到一个与三曲面都相切的新曲面。其操作与两曲面熔接类似。

3. 三角圆角曲面熔接

圆角三曲面熔接是生成一个或者多个与被选的三个相交倒角曲面相切的新曲面。该项命令类似于三曲面熔接操作，但圆角三曲面熔接能够自动计算出熔接曲面与倒角曲面的相切位置，这一点与三曲面熔接不同，图 5-46 所示是三曲面熔接和圆角三曲面熔接的比较图。

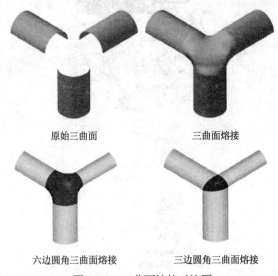

原始三曲面　　　　　　三曲面熔接

六边圆角三曲面熔接　　　　　三边圆角三曲面熔接

图 5-46　三曲面熔接对比图

5.4　空间曲线的创建

创建曲线功能是在曲面或实体上创建曲线，绝大部分曲线是曲面上的曲线。比如：创建曲面上的单一边界或所有边界，创建剖切等。执行【绘图】→【曲面曲线】命令，系统弹出创建曲线的子菜单，子菜单中包括了 9 项创建空间曲线的方法：单一边界线、所有曲线边界、剖切线、曲面交线、流线曲线、绘制指定位置曲面曲线、分模线、曲面曲线、动态曲线，如图 5-47 所示。

📖5.4.1　单一边界线

该命令是指沿被选曲面的边缘生成边界曲线，如图 5-48 所示。其具体操作流程如下：

1）单击【线框】→【曲线】→【单一边界线】命令，系统提示【选择曲面】。

2）选择要创建边界曲线的曲面，按 Enter 键，接着系统显示带箭头的光标，并且提示【移动箭头到所需的曲面边界处】。

3）移动光标到所需的曲面边界处单击，系统弹出提示【设置选项，选择一个新的去面，按 Enter 键或"确定"键】，如果需要指定其他曲面的边界则再选择其他曲面。

4）系统弹出"单一边界线"对话框，采用默认设置，单击对话框中的"确定"按钮✅，完成操作。

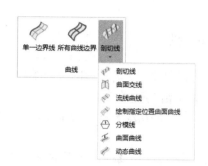

图 5-47　创建空间曲线面板

拾取此边界

图 5-48　创建曲面指定边界

5.4.2　所有曲线边界

该命令是指沿被选实体表面、曲面的所有边缘生成边界曲线，如图 5-49 所示。其具体操作流程如下：

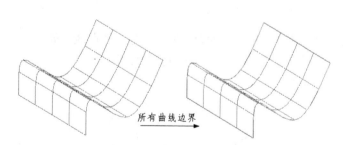

所有曲线边界

图 5-49　创建曲线所有边界

1）单击【线框】→【曲线】→【所有曲线边界】按钮，系统提示【选取曲面、实体和实体表面】。

2）选取曲面，按 Enter 键，系统提示：【设置选项，按 Enter 键或"确定"键】。

3）系统弹出【创建所有曲面边界】对话框，在【公差】文本框中输入公差，将生成的曲面边界按设定的公差打断。

4）单击对话框中的【确定】按钮，边界生成。

5.4.3 绘制指定位置曲面曲线

绘制指定位置曲面曲线，是指在曲面上沿着曲面的一个或两个常数参数方向的指定位置构建一曲线。如图 5-50 所示。其具体的操作流程如下：

1）单击【线框】→【曲线】→【剖切线】→【绘制指定位置曲面曲线】按钮，系统提示【选取曲面】。

2）选取绘制指定位置曲面曲线的曲面，系统显示带箭头的光标。

3）移动光标到创建曲线所需的位置单击，确定生成空间曲线。

4）通过勾选【方向】组中的【U】或【V】复选框改变方向，并设置弦高误差。弦高误差决定曲线从曲面的任意点可分离的最大距离。一个较小的弦高误差可生成与曲面实体曲面配合精密的曲线，缺点是生成数据多，生成时间长。

5）单击对话框中的【确定】按钮，退出操作。

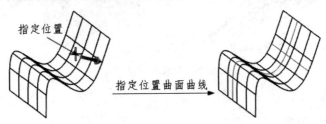

图 5-50　创建两个方向的曲面边线

5.4.4 流线曲线

该命令用于沿一个完整曲面在常数参数方向上构建多条曲线，如图 5-51 所示。如果把曲面看作一块布料，则曲面流线就是纵横交织构成布料的纤维。

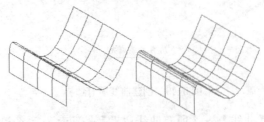

图 5-51　曲面流线绘制示意

1）单击【线框】→【曲线】→【剖切线】→【流线曲线】按钮，系统提示【选取曲面】。

2）在选取曲面前，先设置【流线曲线】对话框中设置参数，对话框中各项参数的意义如图 5-52 所示。

3）选取曲面，系统显示曲面流线，如果不是所绘制方向，则通过勾选"方向"组中的"U"或"V"复选框改变方向。

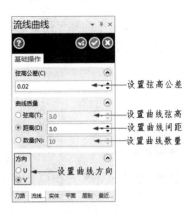

图 5-52 【曲面流线】对话框

4）单击【确定】按钮，退出操作。

5.4.5 动态曲线

该命令用于在曲面上绘制曲线，用户可以在曲面的任意位置单击，系统根据这些单击的位置依次顺序连接构成一条曲线，如图 5-53 所示。其具体的操作流程如下：

1）单击【线框】→【曲线】→【剖切线】→【动态曲线】按钮，系统提示【选取曲面】。
2）选取要绘制动态曲线的曲面，接着系统显示带箭头的光标。
3）在曲面上依次单击曲线要经过的位置，每次单击，系统显示一个十字星。
4）单击完最后曲线需经过的最后一个位置，接着按 Enter 键，系统绘制出动态曲线。
5）单击【确定】按钮，退出操作。

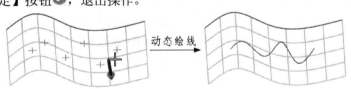

图 5-53 动态绘制曲线示意

5.4.6 剖切线

剖切线是指曲面和平面的交线使用一个平面剖切一个曲面后，二者的交线即为剖切线。具体操作流程如下：

1）单击【线框】→【曲线】→【剖切线】按钮，弹出"剖切线"对话框，同时系统提示【选择曲面或曲线，按"应用"键完成】。
2）由于直接选择被剖切的曲面，系统会默认当前平面为剖切平面，而常常遇到的问题是指定平面剖切曲面，因此必须在【剖切线】对话框中设置剖切平面，单击【剖切线】对话框【平

面】组中的【重新选取】按钮 重新选取(R)，弹出【选择平面】对话框，在该对话框中选择【选择法向】按钮，在绘图区选择平面，完成剖切平面的设置。如图 5-54 所示。

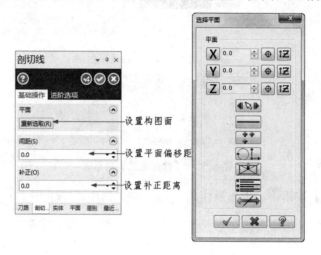

图 5-54　【剖切线】对话框

3）在绘图区域选择平面和曲面，按 Enter 键。

4）设置平面偏移距离和曲面补正距离。

5）单击【确定】按钮，退出操作。

5.4.7 曲面曲线

使用曲线构建曲面时，可以使用该命令将曲线转换成为曲面上的曲线。使用分析功能可以查看这条曲线是 Spline 曲线，还是曲面曲线。曲线转换成曲面上的曲线的操作流程如下：

1）单击【线框】→【曲线】→【剖切线】→【曲面曲线】按钮。

2）选择一条曲线，则该曲线转换成曲面曲线。

5.4.8 创建分模线

该命令用于制作分型模具的分模线，在曲面的分模线上构建一条曲线。分模线将曲面（零件）分成两部分，上模和下模的型腔分别按零件分模线两侧的形状进行设计。简单地说，分模线就是指定平面上最大的投影线。

创建分模线的具体操作流程如下：

1）单击【线框】→【曲线】→【剖切线】→【分模线】按钮。

2）根据系统的提示，选择创建分模线的曲面并按 Enter 键，如图 5-56 所示。

3）在【分模线】对话框中设置弦高为【0.02】，分模线的倾斜角为【0】，图 5-57 是对话框各项参数的说明图，其中分模线倾斜角是指创建分模线的倾斜角度，它是曲面的法向矢量与构图平面间的夹角。

4）单击【确定】按钮 ，结束分模线的创建工作，结果如图 5-55 所示。

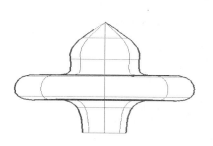

图 5-55　分模线绘制示意

图 5-56　选择分模线的曲面

图 5-57　【分模线】对话框

5.4.9 曲面交线

该命令是创建曲面之间相交处的曲线，如图 5-58 所示。其具体的操作流程如下：

1）单击【线框】→【曲线】→【剖切线】→【曲面交线】按钮 。
2）根据提示选取第一个曲面，接着按 Enter 键。
3）选取第二个曲面，再按 Enter 键。
4）在【曲面交线】对话框中设置所需参数。工具条中各参数的意义如图 5-59 所示。
5）单击工具条中的【确定】按钮，退出操作。

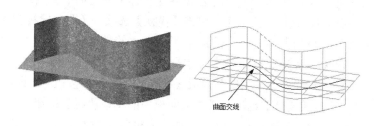

图 5-58　相交线绘制示意

图 5-59　【曲面交线】对话框

5.5　实例操作——鼠标

本例以如图 5-60 所示的鼠标外形为例介绍曲面的创建过程，在模型制作过程中，扫描曲面、曲面修剪等功能被使用。通过本例的介绍，希望用户能更好地掌握曲面的创建功能。

图 5-60　鼠标外形示意

 参见网盘 ┃ 网盘\视频教学\第5章\鼠标.MP4

操作步骤如下：

1）创建图层。单击【层别】操作管理器。在该操作管理器的【号码】文本框中输入【1】，在【名称】文本框中输入【线】；用同样的方法创建【实体】和【曲面】层，如图 5-61 所示。

2）设置绘图面及属性。具体操作如下：单击【检视】选项卡【图形检视】面板中的【俯检视】按钮，设置【屏幕视角】为【俯检视】；在状态栏中设置【绘图平面】为【俯检视】；单击【首页】选项卡，在【规划】组中的【Z】文本框中输入【0】，设置构图深度为0，选择【层别】为【1】；单击【首页】选项卡【属性】面板【线框颜色】下拉按钮，设置颜色为【13】。

3）绘制辅助线。单击【线框】选项卡【线】面板中的【任意线】按钮，然后单击【选择工具栏】中的【输入坐标点】按钮，在弹出的文本框依次输入直线的起点、终点坐标为$(-200,0,0)$、$(200,0,0)$；最后单击【确定并创建新操作】按钮，创建水平辅助线1。同样的方法分别创建以 $(-155,0,0)$、$(-155,120,0)$；$(160,0,0)$、$(160,80,0)$ 和 $(-155,0,0)$、

（160,0,0）为端点的三条辅助线 2、3、4。

　　然后继续利用输入坐标点文本框依次输入直线的起点、终点坐标为（0,0,0）、（0,300,0）；最后单击【任意线】对话框中的【确定】按钮，创建垂直辅助线 5。

图 5-61　绘图图层的创建

　　4）绘制平行线。单击【线框】选项卡【线】面板中的【平行线】按钮，选中辅助线 1，并在【平行线】对话框【补正距离】组的文本框中输入偏移的距离为【80】，单击水平直线上方的任意位置指定偏置的方向，最后单击【确定】按钮，确定辅助线 6 的创建操作。

　　5）绘制圆弧。单击【线框】选项卡【圆弧】面板【已知边界点画圆】下拉菜单中的【两点画弧】按钮，然后单击【选择工具栏】中的【输入坐标点】按钮，在弹出的文本框中依次输入两点的坐标值，分别为（-155,120,0）、（160,80,0），在弹出的【两点画弧】对话框中的【直径】文本框中输入圆弧的直径为【480】，接着选中如图 5-62 所示的圆弧。最后单击【确定】按钮，结束圆弧的创建操作。

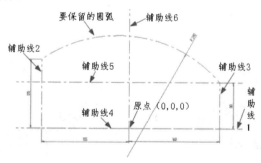

图 5-62　创建的辅助线、点以及圆弧

　　6）设置绘图面及属性。具体操作如下：单击【检视】选项卡【图形检视】面板中的【等角检视】按钮；单击【首页】选项卡，在【规划】面板中的【层别】选项框中选择【层别】为【2】；设置【属性】面板中的【实体颜色】为【10】。

　　7）旋转实体。单击【实体】选项卡【建立】面板中的【旋转】按钮，系统弹出【串连选项】对话框，单击该对话框中的【串连】按钮，并选择如图 5-63 所示的串连图素以及

旋转轴。

在系统弹出的【旋转曲面】对话框中，设置【开始角度】和【结束角度】分别为【0】，【180】，如图 5-64 所示，最后单击【确定】按钮，结束旋转实体的创建操作，图 5-65 所示为旋转曲面效果图。

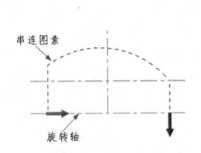

图 5-63　串连图素选择

图 5-64　【旋转曲面】对话框

8）设置绘图面及属性。具体操作如下：单击【检视】选项卡【图形检视】面板中的【俯检视】按钮；单击【首页】选项卡，在【规划】组中的【Z】文本框中输入【60】，设置构图深度为 60，选择【层别】为【3】；单击【首页】选项卡【属性】面板【线框颜色】下拉按钮，设置颜色为【13】。

9）绘制矩形。单击【线框】选项卡【形状】面板中的【矩形】按钮，然后单击【选择工具栏】中的【输入坐标点】按钮，在弹出的文本框中依次输入矩形的两个角点的坐标值为（-230, 190, 60）（230, -190, 60），选中【创建曲面】复选框，最后单击【确定】按钮，结束矩形曲面的创建操作，如图 5-66 所示。

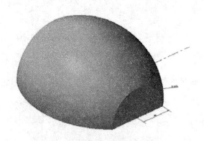

图 5-65　旋转曲面效果图

图 5-66　修剪矩形效果图

10）修剪实体。单击【实体】选项卡【修剪】面板【依照平面修剪】下拉菜单中的【修剪到曲面/薄片】按钮，系统弹出【实体选择】对话框，选择半圆实体为要修建的主体，系统提示：【选择要修剪的曲面或薄片】，在绘图区中选择刚创建的矩形，如图 5-67 所示，系统弹出【修剪到曲面/薄片】对话框，如图 5-68 所示，采用默认设置，对话框中的【确定】按钮，结束实体修剪操作。

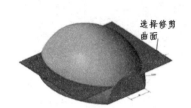

选择修剪
曲面

图 5-67　选择修剪面　　　　　图 5-68　【修剪到曲面/薄片】对话框

11）设置绘图面及属性。具体操作如下：单击【检视】选项卡【图形检视】面板中的【俯检视】按钮；单击【首页】选项卡，在【规划】组中的【Z】文本框中输入【60】，设置构图深度为60，选择层别为【1】；单击【首页】选项卡【属性】面板【线框颜色】下拉按钮，设置颜色为【13】。

12）绘制圆弧。单击【线框】选项卡【圆弧】面板【已知边界点画圆】下拉菜单中的【两点画弧】按钮，然后单击【选择工具栏】中的【输入坐标点】按钮，在弹出的文本框中依次输入两点的坐标值，分别为（-110, 140, 60）（-82, -330, 60），然后在弹出的【两点圆弧】对话框【大小】组的【直径】文本框中输入直径值【2600】，接着选中如图 5-69 所示的第 1 个扫描路径，然后单击【对话框】中的【确定并创建新操作】按钮。

单击【选择工具栏】中的【输入坐标点】按钮，在弹出的文本框中依次输入两点的坐标值，分别为（75, 210, 60）（75, -320, 60），然后在弹出的【两点圆弧】对话框【大小】组的【直径】文本框中输入直径值 2400，接着选中如图 5-69 所示的第 2 个扫描路径，最后单击对话框中的【确定】按钮，结束圆弧扫描路径创建。

13）设置绘图面及属性。单击【检视】选项卡【图形检视】面板中的【等角检视】按钮，设置视角为等视角；然后在状态栏中设置【绘图平面】为【前检视】。

14）绘制直线。单击【线框】选项卡【线】面板中的【任意线】按钮，选中如图 5-69 所示的点为第 1 个端点，然后在【任意线】对话框【尺寸】组中的【长度】文本框中输入【200】，并勾选【垂直】复选框，然后单击【确定并创建新操作】按钮，绘制第 1 个扫描截线；然后选中如图 5-69 所示的点为第 2 个端点，在【尺寸】组中的【长度】文本框中输入【200】，并勾选【垂直】复选框；最后单击【确定】按钮，结束两个截面截线创建操作。

15）设置绘图面及属性。具体操作如下：单击【首页】选项卡，在【规划】组中选择层别为【3】；单击【首页】选项卡【属性】面板【线框颜色】下拉按钮，设置颜色为【13】。

16）扫描曲面。单击【曲面】选项卡【建立】面板中的【扫描】按钮，在【串连选项】对话框中选择【单体】按钮，然后选择刚创建的直线为截面外形；再在【串连选项】对话

框中选择  按钮，选择刚创建的圆弧为扫描路径，最后单击【确定并创建新操作】按钮 。以同样的方法以第 2 个扫描截线和扫描路径创建曲面，最后单击【确定】按钮 ，结束两个扫描曲面的创建操作，图 5-70 所示为扫描曲面效果图。

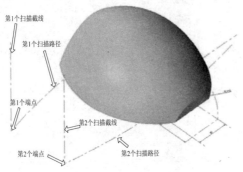

图 5-69　扫描截线/路径的创建　　　　　　图 5-70　扫描曲面效果图

17）修剪实体。单击【实体】选项卡【修剪】面板【依照平面修剪】下拉菜单中的【修剪到曲面/薄片】按钮 ，系统弹出【实体选择】对话框，同时系统提示：【选择要修剪的主体】，在绘图区选择旋转生成的实体，然后系统提示：【选择要修剪的曲面或薄片】，在绘图区选择刚刚创建的扫描曲面，如图 5-71 所示。采用同样的方法修剪另一侧的实体。

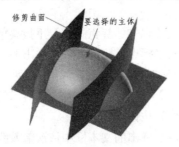

图 5-71　修剪参数设置　　　　　　　　　图 5-72　修剪后实体效果图

18）层别设置。单击【层别】操作管理器，利用该操作管理器的设置图层 2 为当图层，并隐藏图层 1、3，此时绘图区实体如图 5-72 所示。

19）单击【检视】选项卡【外观】面板中的【线框】按钮 ，用线框表示模型。

20）创建倒圆角。单击【实体】选项卡【修剪】面板中的【变化倒圆角】按钮 ，系统弹出【实体选择】对话框，在对话框中选择【边界】按钮 ，在绘图区中选择如图 5-73 所示的第 1 条边，单击【实体选项】对话框中的【确定】按钮 ，系统弹出【变化圆角半径】对话框，选中【平滑】复选框，单击【对话框】中的【单一】按钮 单一(G)，然后选择图 5-73 所示的 R25 处的点，在弹出的【输入半径】文本框中输入【25】，如图 5-74 所示，然后按 Enter 键，采用同样的方法，设置图 5-73 所示的 R80 处的半径；同样的方法可以创建第 2 条边的圆角。

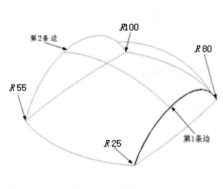

图 5-73　倒角尺寸

图 5-74　【变化圆角半径】对话框

第6章

CAM 通用设置

CAM 主要是根据工件的几何外形，通过相关的切削参数设置来生成刀具路径，进而生成数控程序。

虽然对于不同的加工方法，要设置的切削参数是不同的。但一些通用的设置，如刀具设置、材料设置等却是相同的，也是必不可少的。因此在介绍刀具路径生成之前，要对这些内容进行介绍。

重点与难点

- 机床和控制系统的选择
- 刀具的设置方法
- 材料的设置方法
- 操作管理的基本内容和使用方法
- 工件的设定与管理
- 三维特定通用参数设置

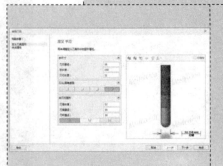

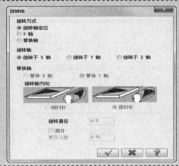

6.1 刀具设定与管理

6.1.1 机床和控制系统的选择

在 Mastercam 中，不同的加工设备对应不同的加工方式和后处理文件，因此在编制刀路前需要选择正确的加工设备（加工模块），这样生成的程序才能满足机床加工的需要，且修改量相对较小。

Mastercam 机床定义允许用户使用多个 Mastercam 产品类型，如铣床、车床、线切割，且不同的机床类型用不同的扩展名表示，即.MMD——铣床、.LMD——车床、.RMD——木雕、.WMD——线切割。用户可以方便地从【机床】选项卡【机床类型】面板中选择不同类型的机床以供使用，如图 6-1 所示。由于铣削模块是应用最广也是最有特色的模块。

对于具体的机床，如果需要使用的机床定义在子菜单列表中，可以直接选择它，其中立式铣床的主轴垂直于机床工作台，卧式铣床的主轴平行于机床工作台。4 轴、5 轴联动数控铣床比 3 轴联动数控铣床分别多了一个和两个旋转轴，从而加工范围更加广泛，一次装夹就可以完成多个面的加工任务，不仅提高了加工效率，也提高了加工精度。单击"机床列表管理"子菜单项，然后从弹出的对话框中选择需要定义的机床定义文件。对于初学者来说，选择默认铣床就可以了。

在 Mastercam 中机床定义是刀路管理器中机床组参数的一部分。当选择一种机床类型时，一个新的机床组和刀路组就被创建，相应的刀路菜单也随之改变，如图 6-2 所示。

图 6-1　铣床设备下拉菜单

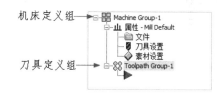

图 6-2　刀具管理器

6.1.2 刀具选择

刀具的选择是机械加工中关键的环节之一，在设置每一种加工方法时，首要的工作就是为此次加工选择一把合适的刀具。合理地选择刀具不仅需要有专业的知识，还要有丰富的经验，而选择得是否合理直接影响着加工的成败和效率。

Mastercam 提供的刀具管理器可以选择和管理加工中所有使用的刀具和刀具库中的刀具，用户既可以根据需要选择相应的刀具类型，也可以将加工中使用的刀具保存到刀具库中。

单击【刀路】→【常用工具】→【刀具管理】按钮，弹出【刀具管理】对话框，如图 6-3 所示。

1. 零件刀具列表

机床组下拉列表列出当前刀路所使用的机床。选择任何一种机床，则零件刀具列表列出该机床在当前加工中所有刀具。如果选中【激活刀具过滤】复选项，则系统只显示以 为标识的使用中的零件刀具。单击 按钮可以将刀具库中的刀具复制到零件刀具列表中。

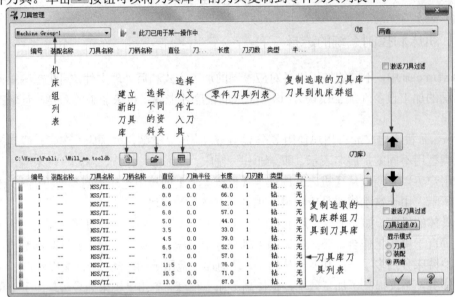

图 6-3　【刀具管理】对话框

2．刀具库刀具列表

刀具库下拉列表中列出所有刀具库。选择任何一个刀具库，则会在刀具库刀具列表中显示该刀具库中所有的刀具。单击 按钮也可以将零件刀具列表中选中的刀具复制到当前使用的刀具库中。

3．刀具过滤器

为了快速选择刀具，可以按照刀具的类型、材料或尺寸等条件过滤刀具。在【刀具管理】对话框中，选中【激活刀具过滤】选项则只过滤。对于后者，还可以通过【刀具过滤】按钮 刀具过滤(F) 对过滤规则进行设置，如图 6-4 所示。

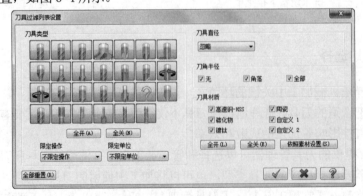

图 6-4　【刀具过滤列表设置】对话框

【刀具过滤列表设置】对话框中各选项的含义如下：

➤ 刀具类型：刀具类型可以提供 22 种形状的刀具，用户可以将光标移到刀具按钮上面，可以观察刀具的名称，用户可以设置【限定操作】（包括不限定的操作、依照使用操作和依照未使用的操作三种选项）和【限制单位】（包括不限定单位、英制和米制三种选项）快速选择需要的刀具。

➤ 刀具直径：用户可以用刀具直径限制刀具管理显示某种类型的刀具，Mastercam 中，刀具直径过滤有 5 种情形，分别为忽略、等于、小于、大于、两者之间。对于后 4 种情形，其限定值由文本框给定。

➤ 刀角半径：在 Mastercam 中，刀具的半径型式分为 3 种情形，分别为无、角落、全部。

➤ 刀具材质：刀具材质根据刀具材料限制刀具管理刀具的显示，用户可以选择下列的一种或多种材料，包括：高速钢-HSS、硬质合金、镀钛、陶瓷、自定义 1、自定义 2。

6.1.3 刀具参数设定

双击【刀具管理】对话框中的任何一个刀具，系统将弹出如图 6-5 所示的【编辑刀具】对话框。利用该对话框用户可以设置选定刀具的具体参数，设置完毕后单击【完成】按钮 完成 ，即可完成编辑刀具操作。

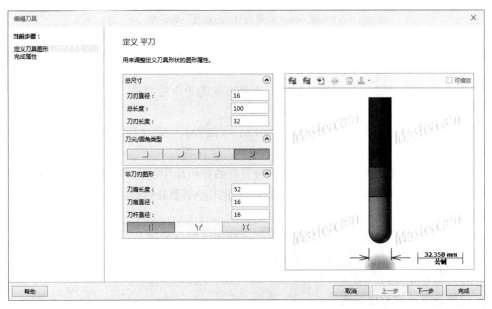

图 6-5　编辑刀具-定义刀具图形对话框

设置好刀具参数后，单击【下一步】按钮 下一步 ，弹出如图 6-6 所示的对话框，利用该对话框中的内容可以设置刀具在加工时的有关参数，其主要选项的含义如下：

1）XY 粗切步进量（%）：设定粗加工时在 XY 轴方向的步距进给量，按照刀具直径的百分比设置该步进量。

2）XY 精修步进量：设定精加工时在 XY 轴方向的步距进给量，按照刀具直径的百分比设置

该步进量。

图 6-6   编辑刀具-完成属性对话框

3）Z 粗切步进量（%）：设定粗加工时在 Z 轴方向的步距进给量，按照刀具直径的百分比设置该步进量。

4）Z 精修步进量（%）：设定精加工时在 Z 轴方向的步距进给量，按照刀具直径的百分比设置该步进量。

5）素材：提供 Carbide（硬质合金）、Ceramic（陶瓷）、HSS（高速钢）、Ti Coated（镀钛）、User Def1（自定义 1）和 User Def1（自定义 2）六种材质。

6）刀长补正：用于在机床控制器补偿时设置在数控机床中的刀具长度补偿器号码。

7）半径补正：此号码为使用 G41、G42 语句在机床控制器补偿时，设置在数控机床中的刀具半径补偿号码。

8）线速度：依据系统参数所预设的建议平面切削速度百分比。

9）每刃进刀量：依据系统参数所预设进刀量的百分比。

10）刀刃数：设置刀具切削刃数。

11）进给速率：设置进给速度。

12）下刀速率：设置进刀速度。

13）提刀速率：设置退刀速度。

14）主轴转速、主轴方向：设定主轴转速和旋转方向，其中旋转方向包括顺时针和逆时针两种。

用户不需要指定所有的参数，而只需给定部分信息，然后单击【点击重新计算进给速率和主轴转速】按钮，系统会自动计算出合适的其他参数。当然，如果用户对系统计算出的参数不满意，可以自行指定。

另外，单击【冷却液】按钮  系统会弹出【冷却液】对话框，如图 6-7 所示。利用该对话框可以设置加工时的冷却方式，包括柱状喷射切削液（Flood）、雾状喷射切削液（Mist）、从刀具喷出切削液（Thru-tool）三种冷却方式。

图 6-7　【冷却液】对话框

6.1.4　刀具参数

刀具参数是生成操作时最基本的通用设置，选择加工对象后，系统会自动弹出刀路参数选项卡，如图 6-8 所示。

1．一般参数

一般参数卡可以完成刀具选择和基本参数设定的大部分内容，如刀具名称、刀具号码、半径补正、刀长补正、进给速率设置等。这些参数的含义在上面已经叙述，这里不再介绍。

2．机床原点

机床原点是机器出厂时就已经设好的。一般 CNC 开机后，都须使其回归机床原点，使控制器知道目前所在的坐标点与加工程序坐标点间的运动方向及移动数值。加工时，刀具先从刀具原点位置移动到进刀点中指定的位置，再开始第一条刀路的加工。

单击【机床原点】按钮 **机床原点** ，系统会弹出【换刀点-用户定义】对话框，如图 6-9 所示。该对话框用来设置工件坐标系的原点位置，其值为工件坐标原点在机床坐标系中的坐标值，该值既可以直接在 X、Y、Z 文本框中指定，也可以单击【选择】按钮 **选择(S)**，在绘图区任意选择一点，还可以单击【从机床】按钮 **从机床(M)**，参考机床。

图 6-8　【刀具参数】选项卡

3．参考点

在加工过程中，刀具先从刀具原点移动到进刀点选项组中设置的参考点位置后，再开始第一条刀路的加工。在加工完成后，刀具将先移动到退刀点选项组中设置的参考点位置后再返回到刀具原点。

勾选【参考点】选项，然后单击【参考点】按钮 [　参考点　]，系统会弹出【参考点】对话框，如图 6-10 所示。利用该对话框可以对进入点、退出点的位置进行设定。即可以直接在文本框中输入，也可以单击【选择】按钮 [　选择　]，并在绘图区任意选择一点，还可以单击【依照机床】按钮 [依照机床(F)]，参考机床。

图 6-9　【换刀点-用户定义】对话框　　　　图 6-10　【参考点】对话框

4．刀具/绘图面

它可以控制刀具在何种平面上加工，可以设定的平面为 XY 平面、ZX 平面、YZ 平面 3 种。而刀具的切换方式也可以由刀具面来设定，系统默认为俯视图，同时也提供了其他的选择。

单击【刀具/绘图面】按钮 刀具/绘图面 ，系统弹出【刀具面/绘图面设置】对话框，如图 6-11 所示。利用该对话框可以设置刀具面、绘图面或工件坐标系的原点及视图方向。原点既可以直接在文本框中输入，也可以单击 按钮后在绘图区指定。视图方向则可以单击 按钮，然后在弹出的对话框中指定。

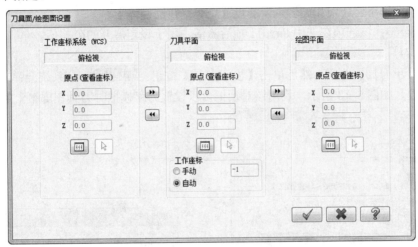

图 6-11　【刀具面/绘图面设置】对话框

5. 旋转轴

旋转轴的功能是用来设定第四轴用的，一般而言，在铣床加工系统中不需要进行此项设置，而在车床系统中则有必要设置，它允许在机床上模拟 4 轴运动去设置参数。

选中【旋转轴】选项，然后单击【旋转轴】按钮 旋转轴 ，系统会弹出【旋转轴】对话框，如图 6-12 所示。该对话框中的选项含义如下：

1）旋转方式。用于设置旋转的类型，它可以分为三种：

➢ 旋转轴定位：工件在指定旋转轴定义的刀具平面内不动，而刀具在 X、Y、Z 方向上移动。

➢ 3 轴：工件绕指定旋转轴运动，刀具与旋转轴平行。

➢ 替换轴：工件绕指定旋转轴运动，刀具与旋转轴垂直。

2）旋转轴。用于设置绕 X、Y、Z 轴旋转。只有当旋转类型设置为旋转轴定位或者 3 轴时才激活。

➢ 旋转于 X 轴：绕 X 轴旋转工件，只有在旋转形式为旋转轴定位或 3 轴时才可以使用。

➢ 旋转于 Y 轴：绕 Y 轴旋转工件，只有在旋转形式为旋转轴定位或 3 轴时才可以使用。

➢ 旋转于 Z 轴：绕 Z 轴旋转工件，只有在旋转形式为旋转轴定位或 3 轴时才可以使用。

3）替换轴。该选项在【旋转形式】设置为【替换轴】时激活。

➢ 替换 X 轴：该选项用旋转轴替换 X 轴，一般也叫 A 轴，选择该选项依赖于机床工作台旋转轴的刀具位置，选择替换 X 轴按钮，替换 X 轴。

➢ 替换 Y 轴：该选项用旋转轴替换 Y 轴，一般也叫 B 轴，选择该选项依赖于机床工作台旋转轴的刀具位置，选择替换 Y 轴按钮，替换 Y 轴。

4）旋转轴方向。该选项在【旋转形式】设置为【替换轴】时激活，用于设置旋转轴的方向，有顺时针和逆时针两种选项。

5）旋转直径。该选项在【旋转形式】设置为【替换轴】时激活，用于设置旋转轴直径的值。

6）展开。用于图形缠绕在一个旋转轴的圆柱体的刀路上。选中 Unroll 项，则系统展开图形以便它平铺在一个平面上。图形展平后，铣刀偏置和退刀移动的计算相对于平的几何图形，当刀路后处理时，图形用旋转轴和旋转直径的设置反缠绕在圆柱体上。

7）展开公差：该选项在选中 Unroll 项后激活，用于设定展开的公差值。

6. 显示刀具

选中【显示刀具】选项，然后单击【显示刀具】按钮 显示刀具(D)，系统会弹出【刀具显示设置】对话框，如图 6-13 所示。利用该对话框可以设置刀路模拟时刀具在屏幕上的显示方式。

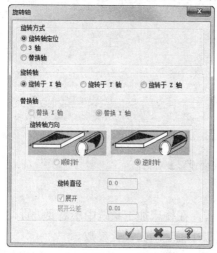

图 6-12 【旋转轴】对话框

图 6-13 【刀具显示设置】对话框

7. 插入指令

单击【插入指令】按钮 插入指令(T)，系统弹出【插入指令-MPFAN】对话框，如图 6-14 所示。该对话框用于设置在生成的数控加工程序中插入所选定的句柄。

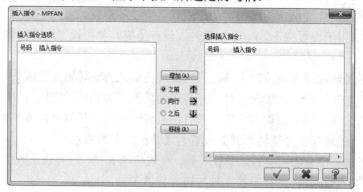

图 6-14 【插入指令-MPFAN】对话框

6.2 材料设定与管理

在模拟加工时，材料的选择会直接影响主轴转速、进给速度等加工参数，在 Mastercam 中，用户既可以直接选择需要使用的材料，也可以根据需要自行设置。

6.2.1 材料选择

单击【机床】→【工作设置】→【素材】按钮，系统弹出【素材列表】对话框，如图 6-15 所示。通过设置该对话框中的【原始】下拉列表和【显示选项】可以显示材料列表。也可以通过在对话框的任意位置单击鼠标右键，弹出如图 6-16 所示的快捷菜单来实现材料的列表显示。

图 6-15　素材列表对话框

图 6-16　素材列表对话框的快捷菜单

1）从素材中获取：通过该选项可以显示材料列表，从中选择需要使用的材料并添加到当前材料列表中。

2）保存至素材库：可以将当前新建、编辑的材料保存到资料库中。

3）新建、删除、编辑：新建材料或对当前选中的材料进行删除、编辑。

6.2.2 素材参数设定

在素材库列表中，双击任何一种材料，都会弹出如图 6-17 所示的【素材定义】对话框，用于修改材料参数。但是，当用户需要自行设置材料时，可以在材料列表中单击鼠标右键，在弹出的快捷菜单中选择【新建…】命令，用户便可以根据需要自行设置材料参数。

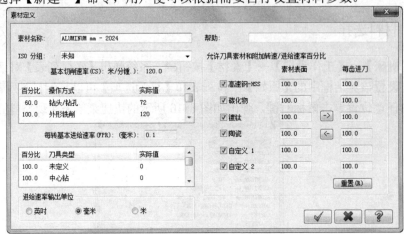

图 6-17 【素材定义】对话框

6.3 操作管理

当生成刀路以后，需要进行刀路的模拟和加工模拟，以便验证刀路的正确性。Mastercam 提供了非常简便操作管理方式——操作管理器，用户既可以用它来完成刀路的模拟和加工模拟工作，也可以通过它来编辑和修改刀路以及生成 CNC 可识别的 NC 代码。

6.3.1 按钮功能

利用操作管理器的按钮可以非常方便地实现对生成的刀路进行编辑与验证以及加工模拟和后处理等操作，图 6-18 所示为操作管理选项卡按钮。

1. 刀路的选择、验证与移动

单击【选择全部操作】按钮，系统会选中模型中所有正确的刀路，被选中的操作以标识。如果要取消已经被选中的刀路，可以单击【选择全部失效操作】按钮，未被选中的操作以标识。

当用户对一个操作相应参数进行修改以后，必须单击【重建全部已选择的操作】按钮，验证其有效性（验证前必须保证该路径被选中）。单击【重建全部已失效的操作】按钮，则可以验证未被选中的操作。

同时 Mastercam 还提供了刀路移动编辑功能，主要包括以下 4 种方法：

1）▼（下移）：它将待生成的刀路（用▶标识）移动到目前位置的下一个刀路之后。

2）▲（上移）：和下移操作相反，它是将待生成刀路移动到目前位置的上一个刀路前面。

3）⤷（在指定位置插入）：它是将待生成的刀路移动到指定的刀路之后。

4）⬍（滚动插入）：它将待生成的刀路以滚动的方式插入指定位置。

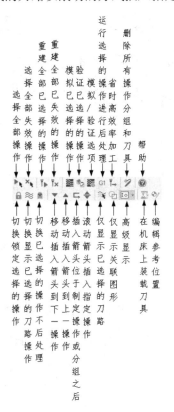

图 6-18　操作管理选项卡按钮

2．刀路模拟

刀路模拟对于数控加工来说是一个非常有用的工具，它可以在机床真实加工之前进行刀路的检验，提前发现问题。

单击【模拟已选择的操作】按钮▧，系统弹出【路径模拟】对话框以及【刀路模拟播放】工具条，如图 6-19 所示。

【路径模拟】对话框中各选项的含义如下：

1）▧：将刀路用各种颜色显示出来，从而便于用户更加直观地观察刀路。

2）▧：在刀路模拟过程中显示刀具，以便检验在加工过程中检验刀具是否与工件发生碰撞干涉。

3）▧：在刀路模拟过程中显示夹头，以便检验在加工过程中刀具以及刀具的夹头是否与工件发生碰撞干涉。该选项只有在▧被选中才能进行设置。

4）▧：显示在加工过程中的快速进给路径。

5）▧：显示刀路的节点。

6）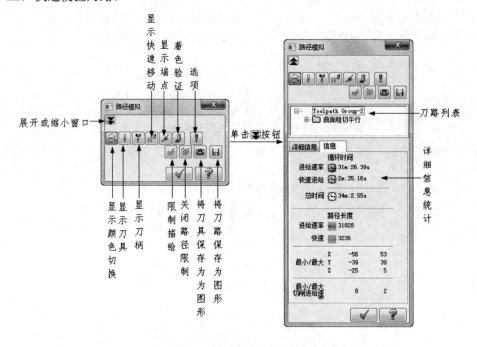：快速校验刀路。

图 6-19　【路径模拟】对话框

7）：单击此按钮，系统弹出【刀路模拟选项】对话框，如图 6-20、图 6-21 所示。利用该对话框可以对刀路模拟过程中一些参数进行设置，如夹头的材质、步进模式。

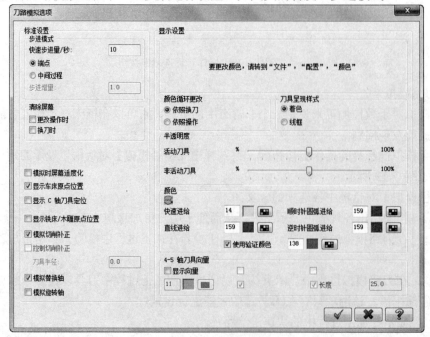

图 6-20　【刀路模拟选项】对话框

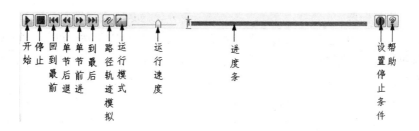

图 6-21　路径模拟播放工具条

利用【路径模拟播放】工具条可以对模拟过程进行控制。单击【设置停止条件】按钮 ，系统弹出【暂停配置】对话框，如图 6-22 所示。利用该对话框可以对刀路模拟在某步加工、某步操作、换刀处以及具体坐标位置暂停模拟。

3．加工模拟

单击【验证已选择的操作】按钮 ，系统弹出【Mastercam 模拟】对话框，如图 6-23 所示。利用该对话框可以在绘图区观察加工过程和加工结果。

图 6-22　【暂停配置】对话框

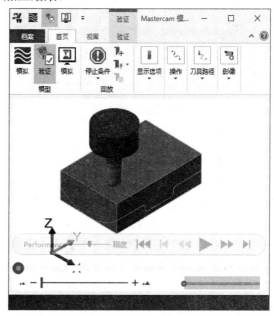

图 6-23　【Mastercam 模拟】对话框

4．后处理

刀路生成以后，经刀路检验无误后，就可以进行后处理操作了。后处理就是将刀路文件翻译成数控加工程序。单击【运行选择的操作进行后处理】按钮 G1，弹出【后处理程序】对话框，如图 6-24 所示。

不同的数控系统所使用的加工程序的格式是不同的，用户应根据机床数控系统的类型选择相应的后处理器，系统默认的后处理器为日本 FANUC 数控系统控制器（MPFAN.PST）。若要使用其他的后处理器，可以单击【更改后处理程式】按钮，然后在弹出的对话框中选择与用户数控

系统相对应的后处理器。

NCI 文件是一种过渡性质的文件，即刀路文件，而 NC 文件则是传递给机床的数控 G 代码程序文件，因此输出 NC 文件是非常有用的。选择【复盖】单选项，系统自动对原来的 NCI 或 NC 文件进行更新；选择【询问】单选项，则系统在更新 NCI 文件或 NC 文件前提示用户。选择【编辑】复选项，则系统在生成 NCI 或 NC 文件后自动打开文件编辑器，用户可以查看或编辑 NCI 或 NC 文件。选中【传输到机床】复选框，则在生成并存储 NC 文件的同时将 NC 文件通过串口或网络传输至机床设备的数控系统中。单击【传输】按钮 传输 (M)，进入【传输】对话框，用户可以利用该对话框对 NC 文件的通信参数进行设置。传输参数设置如图 6-25 所示。

图 6-24 【后处理程序】对话框   图 6-25 【传输】对话框

5．快速进给

在输入加工参数时，同一步刀路一般采用同一种加工速度，而在具体加工过程中，同一步刀路中有时走直线有时走圆弧或曲线，有时还是空行程，因此采用同一种加工速度会浪费很多的加工时间。用户可以通过【快速进给】命令来调节加工速度，例如在进行直线加工和空行程时加速而在圆弧加工时减速等，以提高加工速度，优化加工程序。

在刀具管理器中单击【省时高效率加工】按钮 ，系统弹出【省时高效率加工】对话框，如图 6-26 所示。该对话框包括两个选项卡，利用这两个选项卡可以优化参数、素材设置进行设置。

设置完成以后，单击【临时高效率加工】对话框中的【确定】按钮 ，弹出【省时高效加工】对话框，如图 6-27 所示，对话框上的【步进】按钮 或【运行】按钮 ，系统会重新计算轨迹参数，并将优化后的效果进行汇报，注意快速进给只对 G0～G03 的功能代码段有效。

6．其他功能按钮

除了上述的功能按钮外，Mastercam 还提供了很多非常实用的功能按钮。

1） （删除所有操作群组和刀具）：删除所有选中操作。

2） （帮助）：提供相关的帮助信息。

3） （切换已选择锁定的操作）：锁定所有选中的操作，被锁定的操作不能被编辑修改。

4）≋（切换显示所有操作）：隐藏或显示所有选中的刀路。

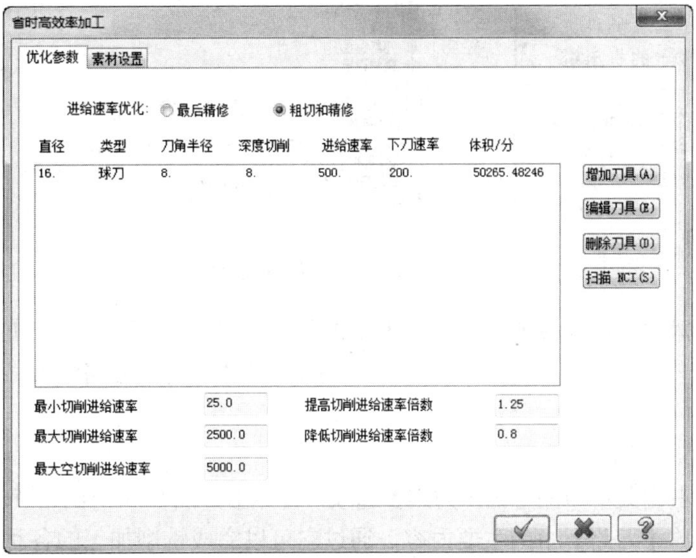

图 6-26 【省时高效率加工】对话框

5）👻（切换已选取的后处理操作）：关闭所有选中的操作不生成后处理程序，当选中的操作被关闭后，如果再次单击该按钮则恢复所有关闭操作。

6）≋（单一显示已选择的刀路）：单击该按钮，则只显示被选中的刀路。

7）🔲（单一显示关联图形）：单击该按钮，则只显示被选中操作的关联图形。

图 6-27 【省时高效加工】对话框

6.3.2 树状图功能

为了方便用户进行各种操作，操作管理器中的树状图（见图 6-28）显示了机床组以及刀路的树状关系，单击其中的任何一个选项都会打开相应的对话框。同时，在每一项上或空白区域单击鼠标右键，也会弹出相应的快捷菜单供用户使用。

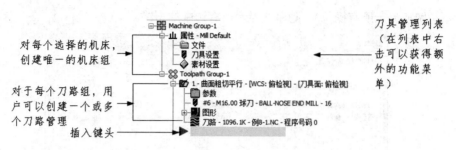

图 6-28　树状图示意

在操作管理器的空白区域或每个选项上单击鼠标右键，都会弹出一个快捷菜单，如图 6-29 所示。该菜单包含了许多 CAM 功能，利用它可以方便快捷地完成刀路编辑、后处理等一系列操作。

1. 铣床刀路子菜单

选择树状图右键菜单中的【铣床刀路】选项，将弹出如图 6-30 所示的铣床刀路子菜单，该菜单包含了主菜单【刀路】中的主要内容，通过它可以完成铣削加工的各种刀路的创建。

如果选择其他功能模块，则该类型的刀路选项将被激活，如选择线切割模块，则【线切割刀路】选项被激活。

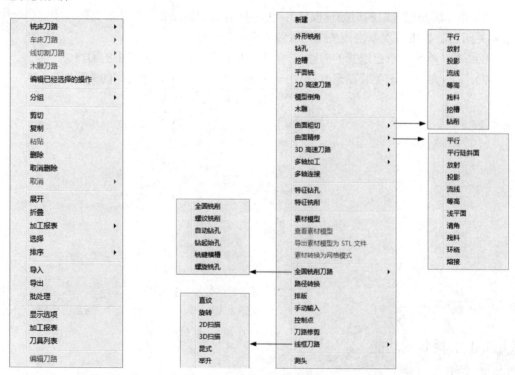

图 6-29　树状图右键快捷菜单　　　　　　　　图 6-30　铣削刀路子菜单

图 6-31　编辑已选择的操作子菜单

2. 编辑选项操作

选择【编辑已选择的操作】选项，则弹出如图 6-31 所示的子菜单，用户可以利用它完成各选项的编辑工作。

选择【编辑共同参数】选项，则弹出如图 6-32 所示的【编辑共同参数】对话框，该对话框默认的情况下，各选项都不能进行编辑，用户可以单击【激活全部设置】按钮 ，激活所有项。由于该对话框各参数的含义大部分已经介绍过，这里不再一一赘述，读者可以结合相关内容自行体会。

选择【更改 NC 文件名】选项，则弹出【输入新 NC 名称】对话框，如图 6-33 所示，用户可以在文本框中输入新的 NC 名称。

选择【更改程序号码】选项，则弹出【输入新程序号码】对话框，如图 6-34 所示，用户可以利用它更改程序的编号。

图 6-32　【编辑共同参数】对话框

图 6-33　【输入新 NC 名称】对话框　　　　图 6-34　【输入新程序号码】对话框

选择【刀具重编号】选项，系统弹出【刀具重新编号】对话框，可以对刀具重新编号，如图 6-35 所示。

选择【加工坐标系重新编号】选项，则系统弹出【加工坐标系重新编号】对话框，用户可以对工作偏置进行重排，如图 6-36 所示。

选择【更改路径方向】选项，则系统将刀路头尾反过来。

选择【重新计算转速及进给率】选项，则系统重新计算进给量和进给速度。

3．机床分组

选择树状图右键菜单中的【分组】选项，将弹出如图 6-37 所示的新建机床群组子菜单，通过它可以完成机床分组、刀具分组的创建、删除等操作。

4．常规编辑功能

树状图的右键菜单还提供了一些常规的编辑功能，如剪切、复制、粘贴、删除、恢复删除等，这些功能和 Windows 的操作方法相同，不再叙述。

展开和折叠功能可以快速地展开或折叠树状结构图，利用它可以更加方便观察操作的结构层次。

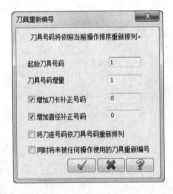

图 6-35　【刀具重新编号】对话框　　　　图 6-36　【加工坐标系重新编号】对话框

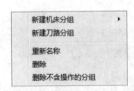

图 6-37　新建机床群组子菜单

5. 选择操作

选择树状图右键菜单中的【选择】选项，系统弹出如图 6-38 所示的【选择操作设置】对话框。通过该对话框可以设置一些有关刀路的参数，系统会自动选中符合要求的所有刀路。用户既可以通过下拉列表进行选择，也可以单击【选择】按钮 ，手动进行选择。

6. 批处理

选择树状图右键菜单中的【批处理】选项，系统弹出如图 6-39 所示的【批处理刀路操作】对话框，用户可以进行批量加工参数的设置。

7. 显示选项

选择树状图右键菜单中的【显示选项】选项，系统弹出【显示选项】对话框，如图 6-40 所示，利用该对话框可以对树状图的显示方式进行设置。

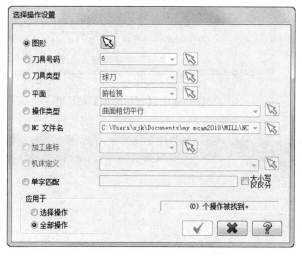

图 6-38 【选择操作设置】对话框

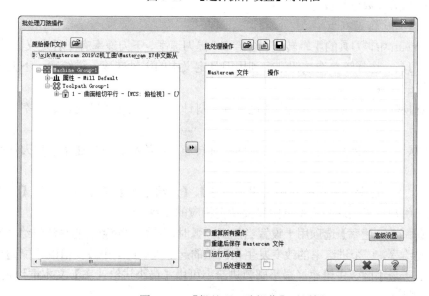

图 6-39 【批处理刀路操作】对话框

图 6-40 【显示选项】对话框

6.4 工件设定与管理

6.4.1 加工参数设定

单击【刀具设置】选项卡，可以进入刀具设置选项卡，如图 6-41 所示。利用该选项卡可以对加工的各种相关参数进行设定。

1. 进给速率设置

在 Mastercam 中，刀具的主轴转速、进给率、提刀速率、下刀速率有 4 种定义方法，分别为：

1）依照刀具：选择该单选按钮则将利用刀具定义中的主轴转速、进给率、下刀速率、提刀速率定义相应的参数。

2）依照材料：选择该单选按钮则通过工件材料计算刀具的主轴转速、进给率、下刀速率、提刀速率。

3）依照默认：选择该单选按钮则刀具的主轴转速、进给率、下刀速率、提刀速率均使用默认值。

4）用户定义：选择该单选按钮则【主轴转速】、【进给速率】、【提刀速率】、【下刀速率】文本框被激活，用户可以在这些文本框中直接指定相应的参数。

【调整圆弧进给速率】选项用于设置当加工圆弧时，是否改变当前的直线进给率，调整到加工圆弧时的进给率，这个进给率的改变发生在圆弧的起点处。且这个改变值既不能超过线性进给率，也不能低于最小圆弧进给率（最小圆弧进给率可由【最小进给速率】文本框设定）。

2. 刀路设置

1）按顺序指定刀具号码：用于设置是否分配刀具序号。选中该复选框将为被创建或从刀具库中选中的新刀具分配一个可用的刀具号，系统将用这个新值覆盖掉保存在刀具库中的旧值；否则系统将直接利用保存在刀具库中的数值。

图 6-41　【刀具设置】选项卡

2）刀具号码重复时显示警告信息：用于设置是否警告重复刀具号，选中时，则当刀具号被重复输入时，系统将提示警告信息。

3）使用刀具步进量冷却液等数据：用于设置是否使用刀具定义的步进量、切削液等资料，当选择该选项时，系统将忽略保存在刀路中的默认值。

4）输入刀号码后自动从刀库取刀：用于设置是否当输入刀具号时，搜索刀具库并提刀。

3．刀路的其他设置

1）以常用值取代默认值：选中该选项，则系统将使用上一次的设置作为默认值，否则系统的默认值不变，为 Mastercam 的初时设置。

2）材质：用于设置刀具的材质，设置方法可以参考本章第 2 节的相关内容。

6.4.2　毛坯设定

在模拟加工时，为了使模拟效果更加真实，一般都要对工件进行设置。另外，如果需要软件自动计算进给速度、进给速率，则设置毛坯也是必须的。毛坯设置包括素材视角、工件材料形状、工件尺寸、显示方式、素材原点等。

单击【素材设置】选项卡，可以进入素材参数设定区域，如图 6-42 所示，各选项的含义如下：

1）素材平面：单击 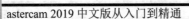 按钮，系统弹出【选择平面】对话框，如图 6-43 所示。用户既可以在该对话框的视角列表中直接选择相应的视角名，也可以单击 按钮，然后在绘图区中选择视图图标。一般情况下，设置为默认设置即俯视图即可。

图 6-42 【素材设置】选项卡

图 6-43 【选择平面】对话框

2）型状：用于设置毛坯形状，既可以是立方体、圆柱体等规则的毛坯形状，也可以从绘图区中选择某一实体作为毛坯，或用文件定义工件材料的形状。

3）工件尺寸：如果选择了立方体或圆柱体，用户可以通过对应的文本框中直接输入数值以确定毛坯尺寸，立方体的毛坯也可以通过单击【选择对角】按钮 选择对角(E)，在绘图区选择平面的对角点来定义立方体的区域。

4）显示：对毛坯的显示方式进行设定，既可以以线框方式显示毛坯材料，也可以以实体方式显示毛坯，同时还可以通过复选【适度化】，将按照窗口的大小显示毛坯。

5）素材原点：默认的毛坯原点位于毛坯的中心。用户也可以通过以下两种方式自行定义毛坯的原点：

a 通过在毛坯原点设置的 X、Y、Z 文本框内输入坐标值以确定毛坯原点。

b 单击 按钮然后在绘图区中选择一点作为毛坯原点，此时 X、Y、Z 文本框中的坐标值也将自动改变。

6.5 三维特定通用参数设置

区别二维刀路规划的通用参数设置，对于三维加工，针对不同的曲面或实体，还需要对一些三维特定的参数进行设置，本节将对这些参数进行介绍。

6.5.1 曲面的类型

Mastercam 提供了 3 种曲面类型描述：凸、凹和未定义，如图 6-44 所示。这里所说的工件形状其实并不一定是工件实际的凸凹形状，其作用是用于自动调整一些加工参数。

凸表面不允许刀具在 Z 轴做负方向移动时进行切削。选择该选项时，则默认【切削方向】为【单向】，【下刀控制】为【双侧切削】，【允许沿面上升切削（＋Z）】复选项被选中。如图 6-45 所示。

凹表面则没有不允许刀具在 Z 轴做负方向移动时进行切削的限制。选择该选项时，则默认【切削方向】为【双向】，【下刀控制】为【切削路径允许连续下刀/提刀】，【允许沿面下降切削（－Z）】和【允许沿面上升切削（＋Z）】复选项同时被选中的限制，如图 6-46 所示。

而未定义则采用默认参数，一般为上一次加工设置的参数。

图 6-44　曲面类型　　　　图 6-45　凸表面的默认参数　　　图 6-46　凹表面的默认参数

6.5.2 加工面的选择

在指定曲面加工面时，除了要选择加工表面外，往往还需要指定一些相关的图形要素作为加工的参考。在计算刀路时，要系统保护不被过切而用来挡刀的面，称为干涉面，要加工产生刀路的曲面称为加工面。

图 6-47 所示为【刀路曲面选择】对话框，它可以设置加工曲面和干涉曲面等。其中加工曲面既可以单击【选择】按钮，在绘图区直接选取，也可以单击【CAD文件】按钮，从 STL 文件中读取，而干涉曲面只提供了直接从绘图区选取的一种方式。

选择完加工曲面或干涉曲面后，该对话框会显示已经选取的加工曲面或干涉曲面的个数，单击【显示】按钮，可以在绘图区高亮显示选取的加工曲面或干涉曲面，选取【移除】按钮，取消已经选择的加工曲面或干涉曲面。

该对话框还可以对切削加工的范围和下刀点进行设

图 6-47　【刀路曲面选择】对话框

置。

6.5.3 加工参数设置

在各种三维加工方法参数设置对话框中的第二个选项卡为【曲面参数】选项卡，如图 6-48 所示。该选项卡中的内容有一部分是通用设置的加工参数，这些参数可以参考相关内容。还有一部分是三维加工特有的内容，下面将对这些参数进行介绍。

1. 加工面/干涉面预留量

在加工曲面或实体时，为了提高曲面的表面质量往往还需要精加工，为此粗加工曲面时必须预留一定的加工量。同样，为了保证加工区域与干涉区域有一定的距离，从而避免干涉面被破坏，对于粗加工干涉面时也必须预留一定的距离。

在定义加工面或干涉面的预留量之前，必须预先定义加工面或干涉面。如果还没有定义，也可以单击【曲面参数】选项卡中的【选择】按钮 ![选择]，此时系统会弹出如图 6-47 所示的【刀路曲面选择】对话框，用户可以利用该对话框对加工曲面或干涉曲面进行选取或修改。

图 6-48 【曲面参数】选项卡

2. 刀具切削范围

在加工曲面时，用户可以用切削范围来限制加工的范围，这样安排出来的刀路就不会超过指定的加工区域了。这个范围可以画在与曲面对应的不同构图深度的视图上，但必须保证该图形是封闭的。

在 Mastercam 中，刀具位置有 3 种情况：

1）内：刀具在切削范围内，利用该方法刀具决不会切到切削范围外，如图 6-49a 所示。

2）中心：刀具中心在切削范围上，利用这种方法意味着单边会超出切削范围半个刀具半径距离，如图 6-49b 所示。

3）外：刀具在切削范围外，利用这种方法意味着单边会超出切削范围一个刀具直径距离，如图 6-49c 所示。

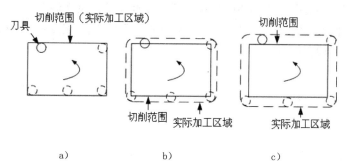

图 6-49　刀具切削范围补偿示意

当刀具与切削范围的位置关系设为内或外时，【附加补正】文本框被激活，用户可以输入一个补偿量，从而将刀具运动的范围比设定的切削边界小（内关系时）或大（外关系时）一个补偿量。

3. 进/退刀向量

在曲面加工刀路中可以设置刀具的进刀和退刀动作。选中【曲面参数】选项卡中的【进/退刀】复选项并单击其按钮，系统弹出【方向】对话框，如图 6-50 所示。对话框中各选项的含义如下：

1）进刀角度：定义进刀或退刀时的刀路在 Z 方向（立式铣床的主轴方向）的角度。

2）XY 角度：定义进刀或退刀时的刀路与 XY 平面的夹角。

3）进刀引线长度：定义进刀或退刀时的刀路的长度。

4）相对于刀具：定义以上定义的角度是相对于什么基准方向而言的，可以是：

➢　切削方向：即定义 XY 角度是相对于切削方向而言的。

➢　刀具平面 X 轴：即定义 XY 角度是相对于刀具平面 X 正轴方向而言的。

5）　向量 (E)：单击该按钮，系统弹出【向量】对话框，如图 6-51 所示，其中的【X 方向】、【Y 方向】、【Z 方向】分别用于设置刀路向量的 3 个分量。

6）　参考线 (I)：单击该按钮，通过在绘图区选择一条已经存在的直线作为定义进刀和退刀的刀路方向。

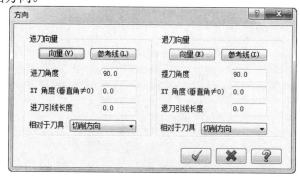

图 6-50　【方向】对话框

图 6-51　【向量】对话框

4. 记录文件

由于曲面刀路的规划和设计有时会耗时较长，为了可以快速刷新刀路，需将生成曲面加工刀

Mastercam
2019

路时，设置一个记录该曲面加工刀路的文件，这个文件就是记录文件。

单击【记录文件】按钮 记录文件(R)，此时系统弹出【打开】对话框，在该对话框中可以设置该记录文件的名称和保存位置。

第7章

二维刀具路径规划

　　二维加工是指所产生的刀具路径在切削深度方向是不变的，它是生产实践中使用得最多的一种加工方法。

　　在 Mastercam 中，二维刀具路径加工方法主要有 5 种，分别为外形铣削、挖槽、钻孔、平面铣削和全圆路径。本章将对这些方法及参数设置进行介绍。

重点与难点

- 外形铣削的基本方法及参数设置
- 挖槽加工的基本方法及参数设置
- 平面铣削的基本方法及参数设置
- 钻孔加工的基本方法及参数设置
- 全圆路径的基本方法及参数设置

7.1 外形铣削

外形铣削主要是沿着所定义的形状轮廓加工,用于铣削轮廓边界、倒直角、清除边界残料等。其操作简单实用,在数控铣削加工中应用非常广泛,所使用的刀具通常有平刀、圆角刀、斜度刀等。使用时应注意下面几点:

1)外形构成的图素一般都是点、线、圆弧与曲线等,而其中圆弧与曲线在一定的容许误差范围内将会以直线来近似,一般用平端铣刀进行加工,须注意刀具中心路径是否与切削外形路径相重合,否则均应刀具半径补偿。

2)注意铣削的顺、逆铣方向。当刀具在切削时,由于刀具旋转方向与工件移动方向的相对运动关系,会产生所谓的顺铣与逆铣的加工情况。一般在考虑粗加工切削方向时,应该先了解铣削的机器有无消除背隙装置、表面精度要求、加工材料、素材的表面有无硬化层等情形。

当切削铸件等工件,因为表面含有一层硬化黑皮,所以加工时如果使用顺铣将会导致刀具破裂、工件损坏的情形,因此一般都使用逆铣方法来加工。S顺铣所切削的材料厚度随着加工的进行将会逐渐减少,所以刀具与加工面的摩擦就降低了,因此所加工的表面精度较逆铣为佳。

对于凹面,切削方向与铣削形式相反,即切削方向为逆时针时,采用顺铣;切削方向为顺时针时,采用逆铣。对于凸面,切削方向与铣削形式相同,即切削方向为顺时针时,采用顺铣;切削方向为逆时针时,采用逆铣。

7.1.1 外形铣削参数

绘制好轮廓图形或打开已经存在的图形后,在【机床】选项卡【机床类型】面板中选择一种加工方法后(此处选择铣床),在【刀路】管理器中生成机群组属性文件,同时弹出【刀路】选项卡,单击【刀路】→【2D】→【2D 铣削】→【外形】按钮■或在刀具管理器的树状结构图空白区域单击右键,在弹出的快捷菜单中选择【铣床刀路】→【外形铣削】选项,弹出【串连选项】对话框,单击【串连】按钮◎◎◎,然后在绘图区采用串连方式对几何模型串连后单击【串连选项】对话框中的【确定】按钮✔,系统弹出【2D 刀路 – 外形铣削】对话框。

1. 切削参数选项卡

单击【2D 刀路 – 外形铣削】对话框中的【切削参数】选项卡,下面对选项卡中部分参数的说明如下:

(1)外形铣削方式:

1)2D 倒角:零件上的锐利边界经常需要倒角,利用倒角加工可以完成零件边界倒角工作。倒角加工必须使用倒角刀,倒角的角度由倒角刀的角度决定,倒角的宽度则通过倒角对话框确定。设置【外形铣削方式】为【2D 倒角】,对话框如图 7-1 所示,在对话框中【宽度】和【刀尖补正】文本框可以设置倒角的宽度和刀尖伸出的长度。

2)斜插:所谓斜插加工是指刀具在 XY 方向走刀时,Z 轴方向也按照一定的方式进行进给,从而加工出一段斜坡面。设置【外形铣削方式】为【斜插】,对话框如图 7-2 所示。

【斜插方式】有角度方式、深度方式和垂直进入。角度方式是指刀具沿设定的倾斜角度加工到最终深度，选择该选项则【斜插角度】文本框被激活，用户可以在该文本框中输入倾斜的角度值；深度方式是指刀具在 XY 平面移动的同时，进刀深度逐渐增加，但刀具铣削深度始终保持设定的深度值，达到最终深度后刀具不再下刀而沿着轮廓铣削一周加工出轮廓外形；钻削式是指刀具先下到设定的铣削深度，再在 XY 平面内移动进行切削。选择后两者斜插方式，则【斜插深度】文本框被激活，用户可以在该文本框中指定每一层铣削的总进刀深度。

3）残料：为了提高加工速度，当铣削加工的铣削量较大时，开始时可以采用大尺寸刀具和大进给刀量，再采用残料加工来得到最终的加工形状。残料可以是以前加工中预留的部分，也可以是以前加工中由于采用大直径的刀具在转角处不能被铣削的部分。

设置【外形铣削方式】为【残料加工】，【2D 刀路 - 外形铣削】对话框如图 7-3 所示。

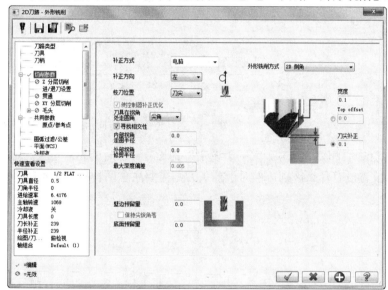

图 7-1　2D 铣削-外形铣削（切削参数选项卡）　　图 7-2　2D 铣削-外形铣削（斜插下刀）

剩余素材计算根据可以分为 3 种：

所有先前操作：通过计算在操作管理器中先前所有加工操作所去除的材料来确定残料加工中的残余材料。

前一个操作：通过计算在操作管理器中前面一种加工操作所去除的材料来确定残料加工中的残余材料。

粗切刀具直径：根据粗加工刀具计算残料加工中的残余材料。输入的值为粗加工的刀具直径（框内显示的初始值为粗加工的刀具直径），该直径要大于残料加工中使用的刀具直径，否则残料加工无效。

（2）补正方式：刀具补正（或刀具补偿）是数控加工中的一个重要的概念，它的功能可以让用户在加工时补偿刀具的半径值以免发生过切。

1）补正方式：下拉列表中有【电脑】、【控制器】、【磨损】、【反向磨损】和【关】5 种。其中电脑补偿是指直接按照刀具中心轨迹进行编程，此时无需进行左、右补偿，程序中无刀具补偿指令 G41、G42。控制器补偿是指按照零件轨迹进行编程，在须要的位置加入刀具补偿指令以

及补偿号码，机床执行该程序时，根据补偿指令自行计算刀具中心轨迹线。

2）补正方向：下拉列表中有左、右两种选项，它用于设置刀具半径补偿的方向，如图 7-4 所示。

图 7-3　外形铣削-残料加工

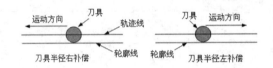

图 7-4　刀具半径补偿方向示意

3）校刀位置：下拉列表中有中心和刀尖选项，它用于设定刀具长度补偿时的相对位置。对于端铣刀或圆鼻刀，两种补偿位置没有什么区别，但对于球头刀则需要注意两种补偿位置的不同，如图 7-5 所示。

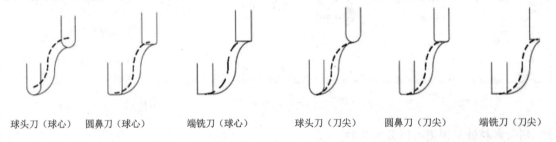

球头刀（球心）　　圆鼻刀（球心）　　端铣刀（球心）　　球头刀（刀尖）　　圆鼻刀（刀尖）　　端铣刀（刀尖）

图 7-5　长度补偿相对位置示意

（3）预留量：为了兼顾加工精度和加工效率，一般把加工分为粗加工和精加工，如果工件精度过高时还有半精加工。在粗加工或半精加工时，必须为半精加工或精加工留出加工预留量。预留量包括 XY 平面内的预留量和 Z 方向的预留量两种，其值可以分别在【壁边预留量】和【底面预留量】文本框中指定，其值的大小一般根据加工精度和机床精度而定。

（4）转角过渡处理：刀路在转角处，机床的运动方向会发生突变，切削力也会发生很大的变化。对刀具不利，因此要求在转角处进行圆弧过渡。

在 Mastercam 中，转角处圆弧过渡方式可以通过【刀具在拐角处走圆角】下拉列表设置，共有 3 种方式：

1）无：则系统在转角过渡处不进行处理，即不采用弧形刀路。

2）尖角：在系统只在尖角处（两条线的夹角小于 135°）时采用弧形刀路。

3）全部：系统在所有转角处都进行处理。

2．共同参数选项卡

Mastercam 铣削的各加工方式中，都会存在高度参数的设置问题。单击【2D 刀路 - 外形铣削】对话框中的【共同参数】选项卡，如图 7-6 所示，高度参数设置包括【安全高度】、【参考高度】、【下刀位置】、【工作表面】、【深度】。

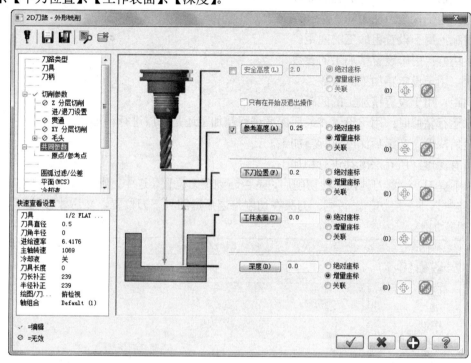

图 7-6　2D 刀路-外形铣削（共同参数选项卡）

（1）安全高度：是指刀具在此高度以上可以随意运动而不会发生碰撞，这个高度一般设置得较高，加工时如果每次提刀至安全高度，将会很浪费加工时间，为此可以仅在开始和结束时使用安全高度选项。

（2）参考高度：即退刀高度，它是指开始下一个刀路之前刀具回退的位置。退刀高度设置一般照顾两点，一保证提刀安全，不会发生碰撞；二为了缩短加工时间，在保证安全的前提下退刀高度不要设置得太高，因此退刀高度的设置应低于安全高度并高于进给下刀位置。

（3）下刀位置：是指刀具从安全高度或退刀高度下刀铣削工件时，下刀速度由 G00 速度变为进给速度的平面高度。加工时为了使得刀具安全切入工件，需设置一个进给高度来保证刀具安全切入工件，但为了提高加工效率，进给高度也不要设置太高。

（4）工作表面：工是指毛坯顶面在坐标系 Z 轴的坐标值。

（5）深度：是指最终的加工深度值。

值得注意的是，每个高度值均可以用绝对坐标或相对坐标进行输入，绝对坐标是相对于工件坐标系而定的，而相对坐标则是相对于工件表面的高度来设置的。

3．XY 分层铣削选项卡

如果要切除的材料较厚，刀具在直径方向切入量将较多，可能超过刀具的许可切削深度，这时宜将材料分几层依次切除。

单击【2D 刀路-外形】对话框中的【XY 分层切削】选项卡，如图 7-7 所示。对话框中各选项的含义如下：

（1）粗切：用于设置粗加工的参数。

1）次：用于设定粗加工的次数。

2）间距：用于设置粗加工的间距。

（2）精修：用于设置精加工的参数。

1）次：用于设定精加工的次数。

2）间距：用于设置精加工的间距。

（3）运行精修时：用于设置在最后深度进行精加工还是每层进行精加工。

1）最后深度：在最后深度进行精加工。

2）所有深度：所有深度都进行精加工。

（4）不提刀：设置刀具在一次切削后，是否回到下刀位置。选中，则在每层切削完毕后不退刀，直接进入下一层切削，否则，刀具在切削每层后退回到下刀位置，然后才移动到下一个切削深度进行加工。

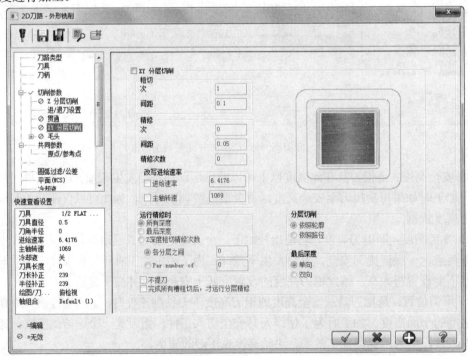

图 7-7　2D 刀路-外形铣削（XY 分层切削选项卡）

4．Z 分层切削选项卡

如果要切除的材料较深，刀具在轴向参加切削的长度会过大，为了避免刀具损坏，应将材料分几次切除。

Mastercam

2019

　　单击【2D 刀路 - 外形铣削】对话框中的【Z 分层切削】选项卡，如图 7-8 所示。利用该对话框可以完成轮廓加工中分层轴向铣削深度的设定。对话框各选项的含义如下：

　　（1）最大粗切步进量：用于设定去除材料在 Z 轴方向的最大铣削深度。

　　（2）精修次数：用于设定精加工的次数。

　　（3）精修量：设定每次精加工时，去除材料在 Z 轴方向的深度。

　　（4）不提刀：设置刀具在一次切削后，是否回到下刀位置。选中，则在每层切削完毕后不退刀，直接进入下一层切削，否则，刀具在切削每层后退回到下刀位置，然后才移动到下一个切削深度进行加工。

　　（5）使用子程序：选择该选项，则在 NCI 文件中生成子程序。

　　（6）深度分层铣削排序：用于设置深度铣削的次序。选择【依照轮廓】则先在一个外形边界铣削设定的深度，再进行下一个外形边界铣削；选择【依照深度】则先在一个深度上铣削所有的外形边界，再进行下一个深度的铣削。

　　（7）锥度斜壁：选择该选项则【锥底角】文本框被激活，铣削加工从工件表面按照【锥底角】文本框中的设定值切削到最后的深度。

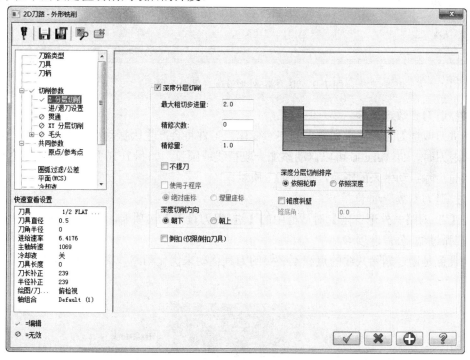

图 7-8　2D 刀路-外形铣削（Z 分层切削选项卡）

5．贯通

　　贯通设置用来指定刀具完全穿透工件后的伸出长度，这有利于清除加工的余量。系统会自动在进给深度上加入这个贯穿距离。

　　单击【2D 刀路 - 外形铣削】对话框中的【贯通】选项卡，如图 7-9 所示。利用该对话框可以设置贯穿距离。

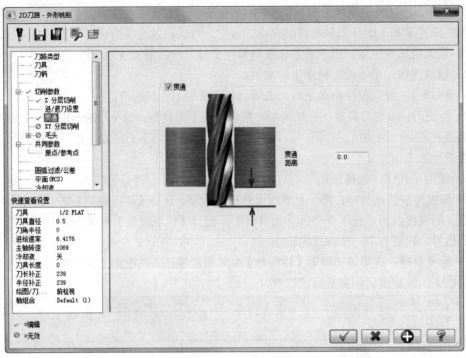

图 7-9 2D 刀路-外形铣削（贯通选项卡）

6．进/退刀参数选项卡

刀具进刀或退刀时，由于切削力的突然变化，工件将会产生因振动而留下的刀迹。因此，在进刀和退刀时，Mastercam 可以自动添加一段直线或圆弧，如图 7-10 所示，使之与轮廓光滑过渡，从而消除振动带来的影响，提高加工质量。

7．进/退刀参数选项卡

单击【2D 刀路 - 外形铣削】对话框中的【进/退刀设置】选项卡，如图 7-11 所示。

8．圆弧过滤/公差选项卡

过滤设置是通过删除共线的点和不必要的刀具移动来优化刀路，简化 NCI 文件。

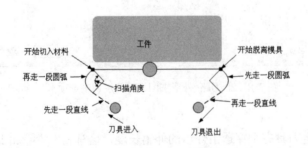

图 7-10 进/退刀方式参数含义示意

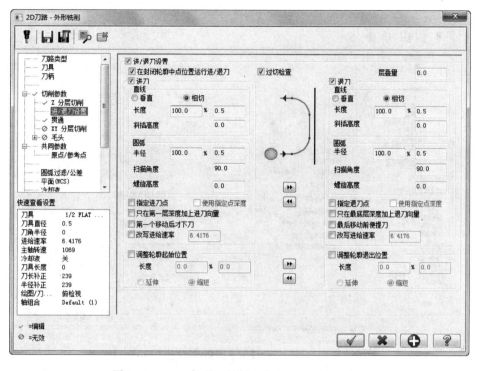

图 7-11　2D 刀路-外形铣削（进/退刀设置选项卡）

单击【2D 刀路 - 外形铣削】对话框中的【圆弧过滤/公差】选项卡，如图 7-12 所示，主要选项的含义如下：

（1）切削公差：设定在进行过滤时的公差值。当刀路中的某点与直线或圆弧的距离不大于该值时，则系统将自动删除到该点的移动。

（2）过滤的误差：设定每次过滤时可删除点的最大数量。数值越大，过滤速度越快，但优化效果越差，建议该值应小于 100。

（3）创建 XY 平面的圆弧：选择该选项使后置处理器配置适于处理 XY 平面上的圆弧，通常在 NC 代码中指定为 G17。

（4）创建 XZ 平面的圆弧：选择该选项使后置处理器配置适于处理 XZ 平面上的圆弧，通常在 NC 代码中指定为 G18。

（5）创建 YZ 平面的圆弧：选择该选项使后置处理器配置适于处理 YZ 平面上的圆弧，通常在 NC 代码中指定为 G19。

（6）最小圆弧半径：用于设置在过滤操作过程中圆弧路径的最小圆弧半径，但圆弧半径小于该输入值时，用直线代替。注：只有在产生 XY、XZ、YZ 平面的圆弧中至少一项被选中时才激活。

（7）最大圆弧半径：用于设置在过滤操作过程中圆弧路径的最大圆弧半径，但圆弧半径大于该输入值时，用直线代替。注：只有在产生 XY、XZ、YZ 平面的圆弧中至少一项被选中时才激活。

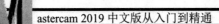
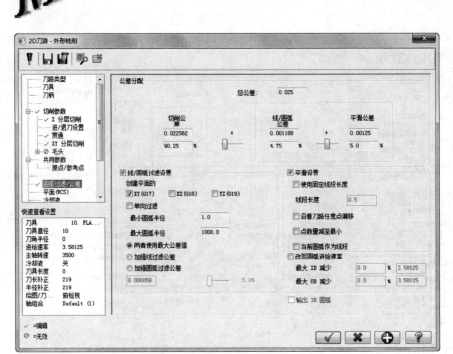

图 7-12　2D 刀路-外形铣削（圆弧过滤/公差选项卡）

9. 毛头选项卡

在加工时，可以指定刀具在一定阶段脱离加工面一段距离，以形成一个台阶，有时这是一项非常重要的功能，如在加工路径中有一段突台需要跨过。

单击【2D 刀路 - 外形铣削】对话框中的【毛头】选项卡，如图 7-13 所示。

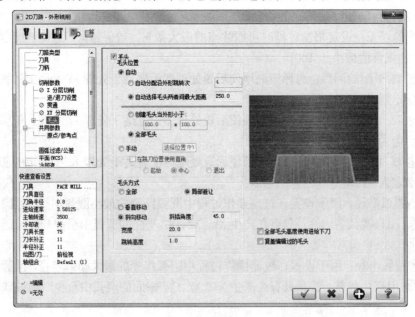

图 7-13　2D 刀路-外形铣削（毛头选项卡）

7.1.2 操作实例——花盘零件

参见
网盘

网盘\动画演示\第 7 章\花盘零件.MP4

1. 创建基本图形

绘制一个如图 7-14 所示的外形铣削加工零件，图中标注的尺寸即为加工后需要的尺寸。也可以调用【网盘→初始文件→第 7 章→花盘零件】文件，然后整理图形，如图 7-14 所示。为了方便以后的操作，这里只显示实线层上的图素，即零件外形轮廓，而将尺寸层和中心线层关闭。单击管理器中的【层别】按钮**层别**，系统弹出【层别】管理器，单击尺寸线和中心线层的【高亮】栏，关闭尺寸尺寸线和中心线层，如图 7-15 所示。

2. 选择机床

为了生成刀路，首先必须选择一台实现加工的机床，本次加工用系统默认的铣床，即直接执行【机床】→【机床类型】→【铣床】→【默认】命令即可。

3. 工件设置

在操作管理区中，单击【素材设置】选项，系统弹出【机床分组属性】对话框；在该对话框中，单击【边界盒】按钮 **边界盒 (B)**，系统弹出【边界盒】对话框；根据系统提示框选所有图素，然后单击【结束选取】按钮 **结束选取**，如图 7-16 所示，然后单击【确定】按钮 ✔，返回【机床分组属性】对话框。为了在每边留出 1mm 余量，考虑将用边界盒命令得到的毛坯 X、Y 方向尺寸在原有的基础上增加 2mm，并将毛坯厚度设计为 20mm，如图 7-17 所示。如果选中【显示】复选框，就可以在绘图区中显示刚设置的毛坯。

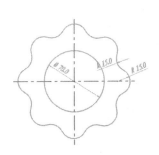

图 7-14　外形铣削加工零件

图 7-15　关闭尺寸线和中心线层

图 7-16　框选所有图素

4. 创建铣削外形刀路

（1）选择铣削外形。单击【刀路】→【2D】→【2D 铣削】→【外形】按钮▨或在刀具管理器的树状结构图空白区域单击右键，在弹出的快捷菜单中选择【铣床刀路】→【外形铣削】选项，系统弹出的【串连选项】对话框，在绘图区采用串连方式对几何模型串连。单击【串联】按钮 ⊙⊙⊙，并选择绘图区中的串连二维实线，串联方向为逆时针，如图 7-18 所示。然后单击【确

定】按钮 ✔ 。

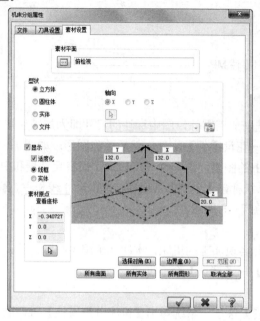

图 7-17 【机床分组属性】对话框

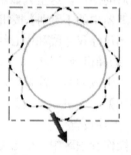

图 7-18 串连方向的选择

（2）选择刀具。单击【2D 刀路 - 外形铣削】对话框中的【刀具】选项卡，进入刀具参数设置区。单击【从刀库选择】按钮 从刀库选择 ，选择直径为 20mm 的平刀，并设置相应的刀具参数，具体如下：【进给速率】为 500，【下刀速率】为 200，【主轴转速】为 3000，并勾选【快速提刀】复选框，如图 7-19 所示。

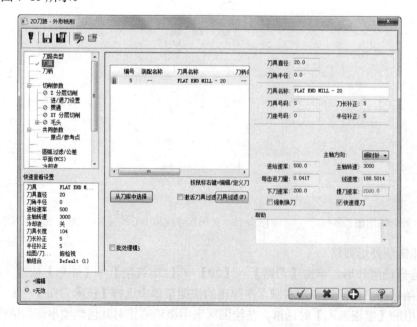

图 7-19 2D 刀路-外形铣削（刀具选项卡）

（3）设置外形铣削参数。单击【2D 刀路 - 外形铣削】对话框中的【切削参数】选项卡，进
入外形铣削设置区。设置【外形铣削方式】为【2D】，【补正方式】为【电脑】，【补正方向】为【右】，
如图 7-20 所示。

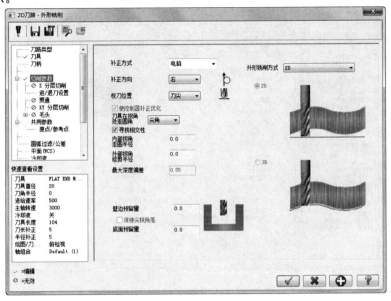

图 7-20　2D 刀路-外形铣削（切削参数选项卡）

单击【2D 刀路-外形铣削】对话框中的【共同参数】选项卡，【参考高度】为 25，【下刀位置】
为 5，【工作表面】为 0，【深度】为-5，如图 7-21 所示。

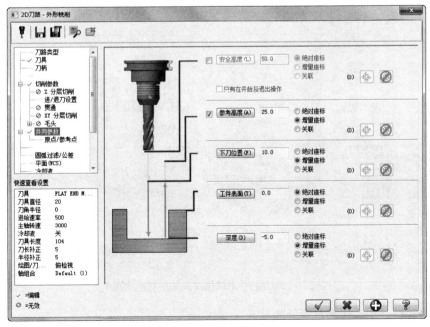

图 7-21　2D 刀路-外形铣削（共同参数选项卡）

单击【2D 刀路-外形铣削】对话框中的【XY 分层切削】选项卡，设置粗切 2 次，间距设置为 15，勾选【不提刀】复选框，如图 7-22 所示。

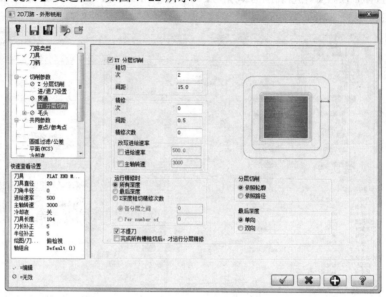

图 7-22　2D 刀路-外形铣削（XY 分层切削选项卡）

单击【2D 刀路-外形】对话框中的【Z 分层切削】选项卡，设置【最大粗切步进量】为 1mm，勾选【不提刀】复选框，如图 7-23 所示。设置完后，单击【确定】按钮 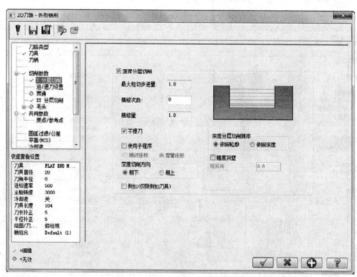，系统立即在绘图区生成刀路。

图 7-23　2D 刀路-外形铣削（Z 分层切削选项卡）

5．刀路验证、加工仿真与后处理

完成刀路设置以后，接下来就可以通过刀路模拟来观察刀路是否设置合适。在操作管理区单击【刀路】按钮 ，即可进入刀路，图 7-24 所示为刀路的校验效果。在确定了刀路正确后，还可以通过真实加工模拟来观察加工结果。单击【验证已选择的操作】按钮 ，即可对使用相关命令完成工件的加工仿真，图 7-25 所示为加工模拟的效果图。

6. 创建内槽铣削刀路

（1）选择铣削内槽。单击【刀路】→【2D】→【2D 铣削】→【外形】按钮 或在刀具管理器的树状结构图空白区域单击右键，在弹出的快捷菜单中选择【铣床刀路】→【外形铣削】选项，系统弹出的【串连选项】对话框，在绘图区采用串连方式对几何模型串连。单击【串连】按钮 ，并选择绘图区中的串连二维实线 Q，串连方向为逆时针，如图 7-26 所示。然后单击【确定】按钮 。

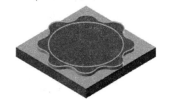

图 7-24 刀路校验效果　　　图 7-25 真实加工模拟效果　　　图 7-26 串连方向的选择

（2）选择刀具。单击【2D 刀路 - 外形铣削】对话框中的【刀具】选项卡，进入刀具参数设置区。单击【从刀库中选择】按钮 从刀库选择 ，选择直径为 20mm 的平刀，并设置相应的刀具参数，具体如下：【进给速率】为 500，【下刀速率】为 200，【主轴转速】为 3000，并勾选【快速提刀】复选框。

（3）设置外形铣削参数。单击【2D 刀路 - 外形铣削】对话框中的【切削参数】选项卡，进入外形铣削设置区。设置【外形铣削方式】为【2D】，【补正方式】为【电脑】，【补正方向】为【左补偿】，如图 7-27 所示。

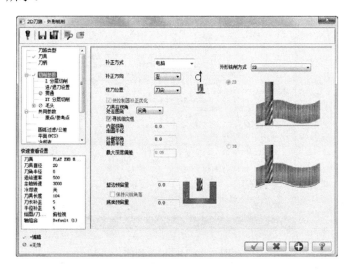

图 7-27 2D 刀路-外形铣削（切削参数选项卡）

单击【2D 刀路-外形铣削】对话框中的【共同参数】选项卡，【参考高度】为25，【下刀位置】为5，【工作表面】为0，【深度】为-5。

单击【2D 刀路-外形】对话框中的【XY 分层切削】选项卡，设置粗加工 3 次，间距设置为15，勾选【不提刀】复选框。

单击【2D 刀路-外形铣削】对话框中的【Z 分层切削】选项卡，设置【最大粗切步进量】为1，勾选【不提刀】复选框。设置完后，单击【确定】按钮 ✓，系统立即在绘图区生成刀路。

7．刀路验证、加工仿真与后处理

完成刀路设置以后，接下来就可以通过刀路模拟来观察刀路是否设置合适。在操作管理区单击【刀路】按钮 ≋，即可进入刀路，图 7-28 所示为刀路的校验效果。

在确定了刀路正确后，还可以通过真实加工模拟来观察加工结果。单击【验证已选择的操作】按钮 ☑，即可对使用相关命令完成工件的加工仿真，图 7-29 所示为加工模拟结果。

 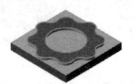

图 7-28　刀路校验效果　　　　　　　图 7-29　加工模拟结果

在确认加工设置无误后，即可以生成 NC 加工程序了。单击【运行选择的操作进行后处理】按钮 G1，设置相应的参数、文件名和保存路径后，就可以生成本刀路的加工程序，如图 7-30 所示。

图 7-30　NC 加工程序

7.2 挖槽加工

挖槽加工一般又称为口袋型加工，它是由点、直线、圆弧或曲线组合而成的封闭区域，其特征为上下形状均为平面，而剖面形状则有垂直边、推拔边以及垂直边含 R 角与推拔边含 R 角等 4 种。一般在加工时多半选择与所要切削的断面边缘具有相同外形的铣刀，如果选择不同形状的刀具，可能会产生过切或切削不足的现象。进退刀的方法与外形铣削相同，不过附带提起一点，一般端铣刀刀刃中心可以分为中心有切刃与中心无切刃两种，中心无切刃的端铣刀是不适用于直接进刀，宜先行在工件上钻小孔或以螺旋方式进刀，至于中心有切刃者，对于较硬的材料仍不宜直接垂直铣入工件。

7.2.1 挖槽加工参数

绘制好轮廓图形或打开已经存在的图形后，在【机床】选项卡【机床类型】面板中选择一种加工方法后（此处选择铣床），在【刀路】管理器中生成机群组属性文件，同时弹出【刀路】选项卡，单击【刀路】→【2D】→【2D 铣削】→【挖槽】按钮圆或在刀具管理器的树状结构图空白区域单击右键，在弹出的快捷菜单中选择【铣床刀路】→【挖槽】选项，然后在绘图区采用串连方式对几何模型串连后单击【串连选项】对话框中的【确定】按钮 ✓，系统弹出【2D 刀路 - 2D 挖槽】对话框后，如图 7-31 所示。

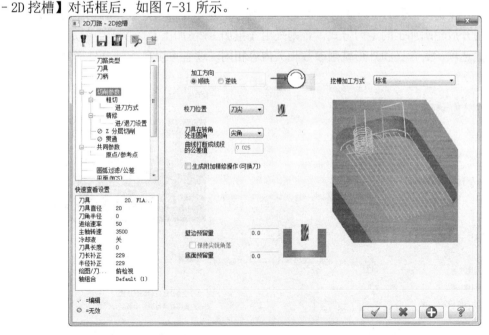

图 7-31 2D 刀路-2D 挖槽（切削参数选项卡）

1. 切削参数选项卡

单击【2D 刀路 - 2D 挖槽】对话框中的【切削参数】选项卡，同外形铣削相同，这里只对特

定参数的选项卡进行讨论。

【挖槽加工方式】共有 5 种，分别为标准、平面铣、使用岛屿深度、残料、开放式挖槽。当选取的所有串连均为封闭串连时，可以选择前 4 种加工方式。选择【标准】选项时，系统采用标准的挖槽方式，即仅铣削定义凹槽内的材料，而不会对边界外或岛屿的材料进行铣削；选择【平面铣】选项时，相当于面铣削模块（Face）的功能，在加工过程种只保证加工出选择的表面，而不考虑是否会对边界外或岛屿的材料进行铣削；选择【使用岛屿深度】选项时，不会对边界外进行铣削，但可以将岛屿铣削至设置的深度；选择【残料】选项时，进行残料挖槽加工，其设置方法与残料外形铣削加工中参数设置相同。当选取的串连中包含有未封闭串连时，只能选择【开放式挖槽】加工方式，在采用【开放式挖槽】加工方式时，实际上系统是将未封闭的串连先进行封闭处理，再对封闭后的区域进行挖槽加工。

当选择【平面铣】或【使用岛屿深度】加工方式时，【2D 刀路 – 2D 挖槽】对话框如图 7-32 所示，该对话框中各选项的含义如下：

1）【层叠量】：用于设置以刀具直径为基数计算刀具超出的比例。例如，刀具直径 4mm，设定的超出比例 50%，则超出量为 2mm。它与超出比例的大小有关，等于超出比例乘以刀具直径。

2）【进刀引线长度】：用于设置下刀点到有效切削点的距离。

3）【退刀引线长度】：用于设置退刀点到有效切削点的距离。

4）【岛屿上方预留量】：用于设置岛屿的最终加工深度，该值一般要高于凹槽的铣削深度。只有挖槽加工形式为使用岛屿深度时，该选项才被激活。

当选择【开放式挖槽】加工方式时，如图 7-33 所示。选中【使用开放轮廓切削方式】复选项时，则采用开放轮廓加工的走刀方式，否则采用【粗加工/精加工】选项卡中的走刀方式。

对于其他选项，其含义和外形铣削参数相关内容相同，读者可以自行结合外形铣削加工参数自行领会。

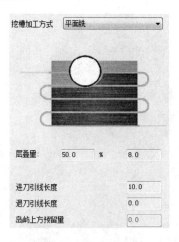

图 7-32　平面铣方式

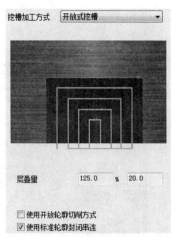

图 7-33　开放式挖槽方式

2. 粗加工选项卡

在挖槽加工中加工余量一般都比较大，为此，可以通过设置粗切的参数来提高加工精度。单击【2D 刀路 - 2D 挖槽】对话框中的【粗切】选项卡，如图 7-34 所示。

（1）粗切方式设置：选中【粗切】选项卡中的【粗切】复选框，则可以进行粗切削设置。Mastercam 提供了 8 种粗切削的走刀方式，双向、等距环切、平行环切、平行环切清角、依外形环切、高速切削、单向、螺旋切削。这 8 种方式又可以分为直线切削和螺旋切削两大类。

1）直线切削包括双向切削和单向切削。

双向切削产生一组平行切削路径并来回都进行切削。其切削路径的方向取决于切削路径的角度（Roughing）的设置。

单向切削所产生的刀路与双向切削基本相同，所不同的是单向切削按同一个方向进行切削。

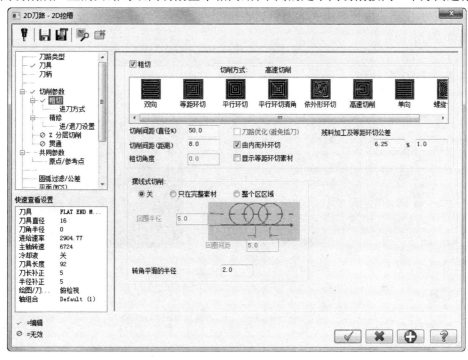

图 7-34　2D 刀路-2D 挖槽（粗切选项卡）

2）螺旋切削是以挖槽中心或特定挖槽起点开始进刀，并沿着挖槽壁螺旋切削。螺旋切削有 5 种方式：

等距环切：产生一组螺旋式间距相等的切削路径。

平行环切：产生一组平行螺旋式切削路径，与等距环切路径基本相同。

平行环切清角：产生一组平行螺旋且清角的切削路径。

依外形环切：根据轮廓外形产生螺旋式切削路径，此方式至少有一个岛屿，且生成的刀路比其他模式生成的刀路要长。

螺旋切削：以圆形、螺旋方式产生切削路径。

（2）切削间距：在 Mastercam 中，提供了两种输入切削间距的方法。既可以在【切削间距（直径%）】文本框中指定占刀具直径的百分比间接指定切削间距，此时切削间距=百分比×刀具直径，也可以在【切削间距（距离）】文本框直接输入切削间距数值。值得注意的是，该参数和切削间距（直径%）是相关联的，更改任何一个，另一个也随之改变。

3. 进刀方式选项卡

单击【2D 刀路 - 2D 挖槽】对话框中的【进刀方式】选项卡，在挖槽粗加工路径中，下刀方式分为 3 种：

关：即刀具从零件上方垂直下刀。

斜插：即以斜线方式向工件进刀。

螺旋：即以螺旋下降的方式向工件进刀。

单击选中【进刀方式】选项卡，选中【螺旋】单选按钮或【斜插】单选按钮，如图 7-35、图 7-36 所示，分别用于设置螺旋式下刀和斜插下刀。这两个选项卡中的内容基本相同，下面对主要的选项进行介绍。

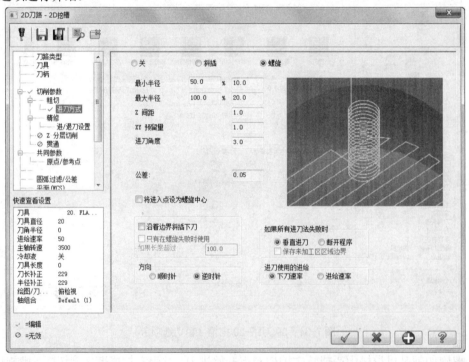

图 7-35   2D 刀路-2D 挖槽（进刀刀方式选项卡）

1）【最小半径】：进刀螺旋的最小半径或斜线刀路的最小长度。可以输入与刀具直径的百分比或者直接输入半径值。

2）【最大半径】：进刀螺旋的最大半径或斜线刀路的最大长度。可以输入与刀具直径的百分比或者直接输入半径值。

3）【Z 间距】：指定开始螺旋式或斜插进刀时距工件表面的高度。

4）【XY 预留量】：指定螺旋槽或斜线槽与凹槽在 X 向和 Y 向的安全距离。

5）【进刀角度】：对于螺旋式下刀，只有进刀角度，该值为螺旋线与 XY 平面的夹角，角度越小，螺旋的圈数越多，一般设置为 5°～20° 之间。对于斜插下刀，该值为刀具切入或切出角度，如图 7-37 所示，它通常选择 30°。

6）【如果所有进刀法失败时】：设置螺旋或斜插下刀失败时的处理方式，既可以为【垂直进刀】也可以【断开程序】。

7）【进刀使用的进给】：既可以是采用刀具的 Z 向进刀速率作为进刀或斜插下刀的速率，也可以采用刀具水平切削的进刀速率作为进刀或斜插下刀的速率。

8）【方向】：指定螺旋下刀的方向，有顺时针和逆时针两种选项，该选项仅对螺旋下刀方式有效。

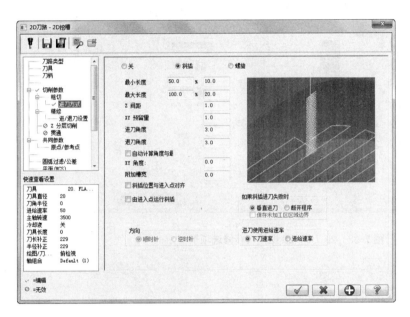
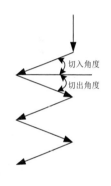

图 7-36　2D 刀路-2D 挖槽（斜插下刀方式选项卡）　　　图 7-37　切入、切出角示意

9）【由进入点运行斜插】：设定刀具沿着边界移动，即刀具在给定高度，沿着边界逐渐下降刀路的起点，该选项仅对螺旋式下刀方式有效。

10）【将进入点设为螺旋中心】：表示下刀螺旋中心位于刀路起始点（下刀点）处，下刀点位于挖槽中心。

11）【附加槽宽】：指定刀具在每一个斜线的末端附加一个额外的导圆弧，使刀路平滑，圆弧的半径等于输入框中数值的一半。

4. 精加工选项卡

单击【2D 刀路 - 2D 挖槽】对话框中的【精修】选项卡，如图 7-38 所示。

改写进给速率：该选项用于重新设置精加工进给速度，它有两种方式：

1）进给速率：在精切削阶段，由于去除的材料通常较少，所以可能希望增加进给速率以提高加工效率。该输入框可输入一个与粗切削阶段不同的精切削进给速率。

2）主轴转速。该输入框可输入一个与粗切削阶段不同的精切削主轴转速。

精修选项卡中还可以完成其他参数的设定，如精加工次数、进/退刀方式、切削补偿等。对于这些参数有些参数已经在前面已经叙述，有些比较容易理解，这里不再一一赘述。

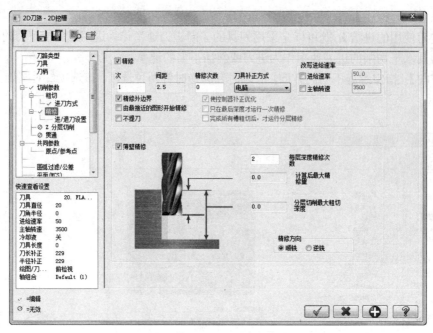

图 7-38　2D 刀路-2D 挖槽（精修选项卡）

7.2.2　操作实例——矩形槽

网盘\动画演示\第 7 章\矩形槽.MP4

1. 打开文件

单击【快速访问工具栏】中的【打开】按钮，在弹出的【打开】对话框中选择【网盘→初始文件→第 7 章→矩形槽】文件，单击【确定】按钮，完成文件的调取，如图 7-39 所示。

为了方便以后的操作，这里只显示实线层上的图素，即零件外形轮廓，而将尺寸层和中心线层关闭。单击管理器中的【层别】按钮，系统弹出【层别】管理器，单击尺寸线和中心线层的【高亮】栏，关闭尺寸线和中心线层，结果如图 7-40 所示。

2. 选择机床

为了生成刀路，首先必须选择一台实现加工的机床，本次加工用系统默认的铣床，即直接执行【机床】→【机床类型】→【铣床】→【默认】命令即可。

3. 工件设置

在操作管理区中，单击【素材设置】选项，系统弹出【机床分组属性】对话框。在该对话框中将毛坯尺寸设置为 55×40×20，如图 7-41 所示，如果选中【显示】复选框，就可以在绘图区中显示刚设置的毛坯，最后单击该对话框中的【确定】按钮，完成毛坯的参数设置。

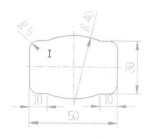

图 7-39 打开文件

图 7-40 待加工零件图

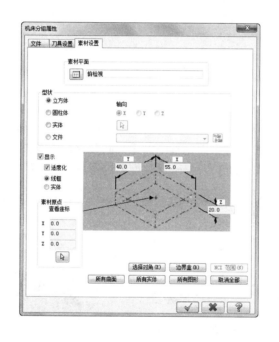

图 7-41 【机床分组属性】对话框

4. 创建刀路

1) 执行【刀路】→【2D】→【2D 铣削】→【挖槽】命令或在刀具管理器的树状结构图空白区域单击右键，在弹出的快捷菜单中选择【铣床刀路】→【挖槽】选项。

2) 系统弹出的【串连选项】对话框，单击【串连】按钮，并选择绘图区中的二维实线，串连方向任意。单击【确定】按钮，完成串连图素的选择，如图 7-42 所示。完成选择后系统弹出【2D 刀路 - 2D 挖槽】对话框。

3) 单击【2D 刀路 - 2D 挖槽】对话框中的【刀具】选项卡，进入刀具参数设置区。单击【从刀库选择】按钮，弹出【选择刀具】对话框，选择直径为 10mm 的平刀，并设置相应的刀具参数，具体如下：【进给速率】为 500，【下刀速率】为 200，【主轴转速】为 3000，勾选【快速提刀】复选框，如图 7-43 所示。

4) 单击【2D 刀路 - 2D 挖槽】对话框中的【切削参数】选项卡，进入挖槽参数设置区。设

置【挖槽加工方式】为【标准】，如图 7-44 所示。

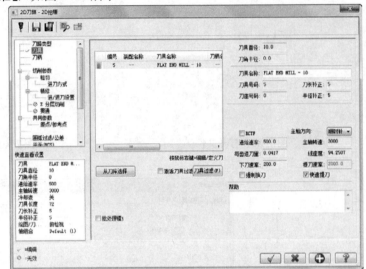

图 7-42　选择串连　　　　　　　　图 7-43　2D 刀路-2D 挖槽（刀具选项卡）

5）单击【2D 刀路 - 2D 挖槽】对话框中的【共同参数】选项卡，设置【参考高度】为 15，【下刀位置】为 5mm，【工作表面】为 0mm，【深度】为-10mm，如图 7-45 所示。

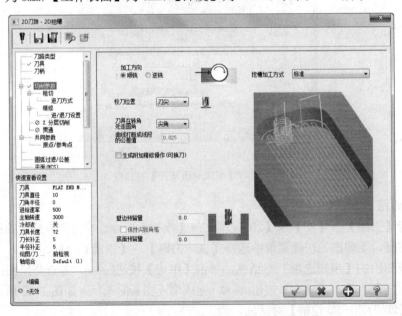

图 7-44　2D 刀路-2D 挖槽（切削参数选项卡）

6）单击【2D 刀路 - 2D 挖槽】对话框中的【Z 分层切削】选项卡，勾选【深度分层切削】复选项，将【最大粗切步进量】设为 1，勾选【不提刀】复选框，如图 7-46 所示。

7）单击【2D 刀路 - 2D 挖槽】对话框中【粗切】选项卡，设置【切削方式】为【平行环切】、【切削间距（直径%）】为 75，勾选【刀路优化】复选框，如图 7-47 所示。

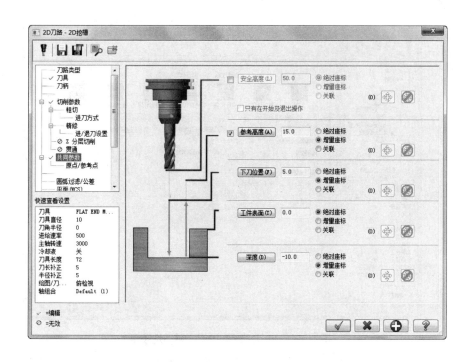

图 7-45　2D 刀路-2D 挖槽（共同参数选项卡）

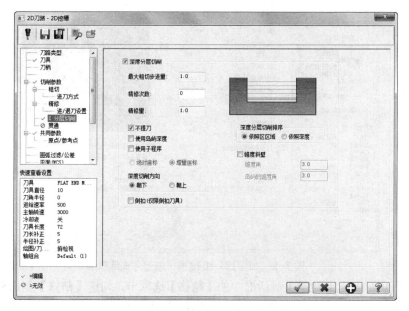

图 7-46　2D 刀路-2D 挖槽（Z 分层切削选项卡）

8）单击【2D 刀路 - 2D 挖槽】对话框中的【进刀方式】选项卡，单击【斜插】单选按钮，将【最小长度】设为 3，【最大长度】设为 5，【Z 间距】设为 1，【进刀角度】设为 2。如图 7-48 所示。

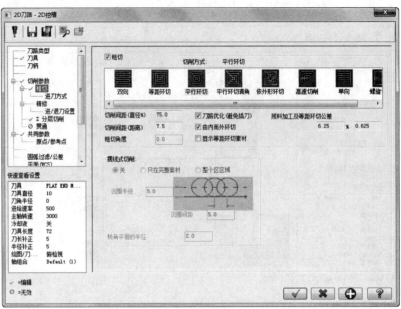

图 7-47　　2D 刀路-2D 挖槽（粗切选项卡）

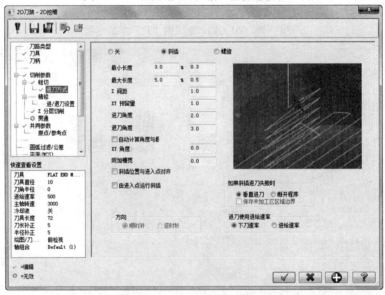

图 7-48　2D 刀路-2D 挖槽（进刀方式选项卡）

　　9）单击【2D 刀路 - 2D 挖槽】对话框中的【精修】选项卡，勾选【精修】复选框，如图 7-49 所示。单击【确定】按钮，系统会立即在绘图区生成刀路。

　　5. 刀路验证、加工仿真与后处理

　　完成刀路设置以后，接下来就可以通过刀路模拟来观察刀路是否设置合适。在操作管理区单击【刀路】按钮，即可进入刀路，图 7-50 所示为刀路的校验效果。

　　在确定了刀路正确后，还可以通过真实加工模拟来观察加工结果。单击【选择已选择的操作】按钮，即可对使用相关命令完成工件的加工仿真，图 7-51 所示为真实加工模拟的效果图。

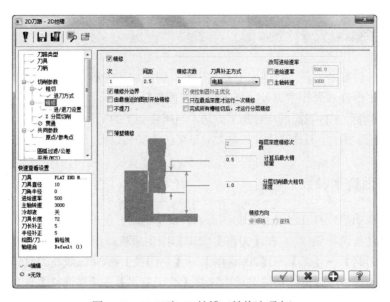

图 7-49　2D 刀路-2D 挖槽（精修选项卡）

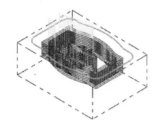

图 7-50　刀路校验效果　　　　图 7-51　真实加工模拟效果

在确认加工设置无误后，即可以生成 NC 加工程序了。单击【运行选择的操作进行后处理】按钮 G1，设置相应的参数、文件名和保存路径后，就可以生成本刀路的加工程序，如图 7-52 所示。

图 7-52　生成刀路的加工程序

7.3 平面铣削

零件材料一般都是毛坯，故顶面不是很平整，因此加工的第一步常常首先要将顶面铣平，从而提高工件的平面度、平行度以及降低工件的表面粗糙度。

面铣为快速移除工件表面的一种加工方法，当所要加工的工件面积较大时使用该指令可以节省加工时间，使用时要注意刀具偏移量必须大于刀具直径50%以上，才不会于工件边缘留下残料。

7.3.1 平面铣削参数

绘制好轮廓图形或打开已经存在的图形后，在【机床】选项卡【机床类型】面板中选择一种加工方法后（此处选择铣床），在【刀路】管理器中生成机群组属性文件，同时弹出【刀路】选项卡，单击【刀路】→【2D】→【2D 铣削】→【平面铣】按钮或在刀具管理器的树状结构图空白区域单击右键，在弹出的快捷菜单中选择【铣床刀路】→【平面铣】选项，弹出串连选项对话框，单击【串连】按钮，然后在绘图区选择几何模型串连后单击【串连选项】对话框中的【确定】按钮，系统打开【2D 刀路-平面铣削】对话框，下面对部分选项卡进行讨论。

1. 切削参数选项卡

单击【2D 刀路-平面铣削】对话框中【切削参数】选项卡，弹出如图 7-53 所示对话框。

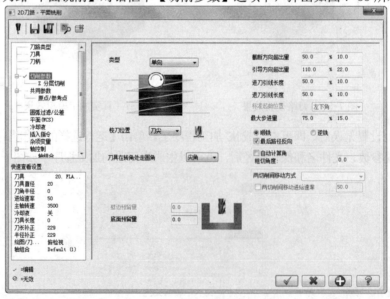

图 7-53　【2D 刀路-平面铣削】对话框

（1）切削方式：在进行面铣削加工时，可以根据需要选取不同的铣削方式，在 Mastercam中，用户可以通过【类型】下拉列表选择不同的铣削方式，包括：

1）双向：刀具在加工中可以往复走刀，来回均进行铣削。

2）单向：刀具沿着一个方向走刀，进时切削，回时走空程，当选择【顺铣】时，切加工中刀具旋转方向与刀具移动的方向相反；当选择【逆铣】时，切加工中刀具旋转方向与刀具移动的方向相同。

3）一刀式：仅进行一次铣削，刀路的位置为几何模型的中心位置，用这种方式，刀具的直径必须大于铣削工件表面的宽度才可以。

4）动态：刀具在加工中可以沿自定义路径自由走刀。

（2）刀具移动方式：当选择切削方式设置为【双向】方式时，可以设置刀具在两次铣削间的过渡方式，在【两切削间位移方式】下拉列表中，系统提供了3种刀具的移动方式，分别为：

1）高速回圈：选择该选项时，刀具按照圆弧的方式移动到下一个铣削的起点。

2）线性：选择该选项时，刀具按照直线的方式移动到下一个铣削的起点。

3）快速进给：选择该选项时，刀具以直线的方式快速移动到下一次铣削的起点。

同时，如果勾选【两切削间的位移进给率】复选框，则可以在后面的文本框种设定两切削间的位移进给率。

（3）粗切角度：粗切角度是指刀具前进方向与X轴方向的夹角，它决定了刀具是平行于工件的某边切削还是倾斜一定角度切削，为了改善面加工的表面质量，通常编制两个加工角度互为90°的刀路。

在Mastercam中，粗切角度有自动计算角度和手工输入两种设置方法，默认为手工输入方式。使用自动方式时，手工输入角度将不起作用。

（4）开始和结束间隙：面铣削开始和结束间隙设置包括4项内容，分别为【截断方向超出量】、【引导方向超出量】、【进刀引线长度】、【退刀引线长度】，各选项的含义如图7-54所示。为了兼顾保证工件表面质量和加工效率，进刀延伸长度和退刀延伸长度一般不宜太大。

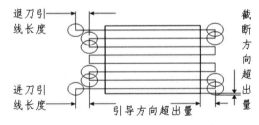

图7-54 开始和结束间隙含义示意

2. 其他参数

其他参数的含义可以参考外形铣削、挖槽加工的内容。这里不再详细叙述。

7.3.2 操作实例——矩形板

网盘\动画演示\第7章\矩形板.MP4

1. 打开文件

单击【快速访问工具栏】中的【打开】按钮，在弹出的【打开】对话框中选择【网盘→

初始文件→第 7 章→矩形板】文件，单击【确定】按钮，完成文件的调取。如图 7-55 所示。

2. 选择机床

为了生成刀路，首先必须选择一台实现加工的机床，本次加工用系统默认的铣床，即直接执行【机床】→【机床类型】→【铣床】→【默认】命令即可。

3. 工件设置

在操作管理区中，单击【材料设置】选项，系统弹出【机床分组属性】对话框。在该对话框中，单击【边界盒】按钮 边界盒(B)，根据系统提示框选所有图素，然后单击【结束选取】按钮 结束选取，然后单击【确定】按钮，返回【机床分组属性】对话框。

此时【机器群组属性】对话框中的毛坯尺寸以及素材原点 X、Y 文本框中的值相应改变，将毛坯尺寸 Z 文本框中值改为 15mm，其他均使用原有值，如果选中【显示】复选框，就可以在绘图区中显示刚设置的毛坯，最后单击该对话框中的【确定】按钮，完成毛坯的参数设置。

4. 创建刀路

（1）选择平面铣削。单击【刀路】→【2D】→【2D 铣削】→【平面铣】按钮或在刀具管理器的树状结构图空白区域单击右键，在弹出的快捷菜单中选择【铣床刀路】→【平面铣】选项，系统弹出的【串连选项】对话框，在绘图区采用串连方式对几何模型串连。然后单击【确定】按钮。值得注意的是，串连的选择不仅决定了半径的补偿方向，也决定了进刀和退刀的位置，因此十分重要，本例中方向选择如图 7-56 所示。

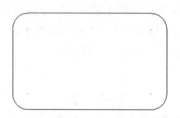
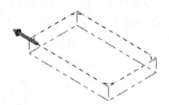

图 7-55　打开矩形板文件　　　　图 7-56　串连方向的选择

（2）选择刀具。单击【2D 刀路-平面铣削】对话框中的【刀具】选项卡，进入刀具参数设置区。单击【从刀库选择】按钮 从刀库选择，选择直径为 50 的面铣刀，其他参数均采用默认设置，如图 7-57 所示。

（3）设置平面铣削参数。单击【2D 刀路-平面铣削】对话框中的【切削参数】选项卡，设置【类型】为【双向】，其他参数均采用默认设置，如图 7-58 所示。

单击【2D 刀路-平面铣削】对话框中的【共同参数】选项卡，设置【参考高度】为 20，【深度】为-3，如图 7-59 所示。

单击【2D 刀路-平面铣削】对话框中的【Z 分层切削】选项卡，勾选【深度分层切削】复选框，设置【最大粗切步进量】为 3，【精修次数】为 1，如图 7-60 所示。设置完后，单击【确定】按钮，系统立即在绘图区生成刀路，如图 7-61 所示。

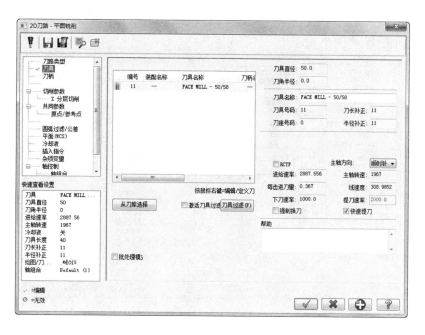

图 7-57　2D 刀路-平面铣削（刀具选项卡）

　　在确定了刀路正确后，还可以通过真实加工模拟来观察加工结果。单击【验证已选择的操作】按钮 ，即可对使用相关命令完成工件的加工仿真，图 7-62 所示为加工模拟过程中的效果图。

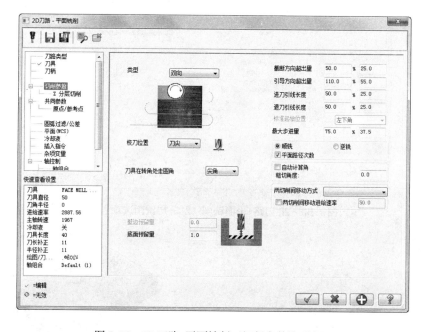

图 7-58　2D 刀路-平面铣削（切削参数选项卡）

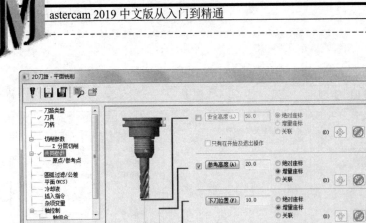

图 7-59　2D 刀路-平面铣削（共同参数选项卡）

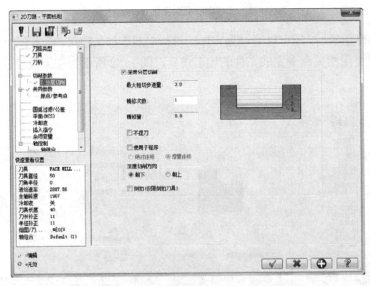

图 7-60　2D 刀路-平面铣削（Z 分层铣削选项卡）

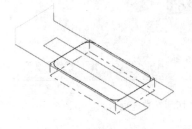

图 7-61　刀路校验效果

图 7-62　真实加工模拟效果

7.4 钻孔加工

孔加工是机械加工中使用较多的一个工序，孔加工的方法也很多，包括钻孔、镗孔、攻螺纹、绞孔等。Mastercam 提供了丰富的钻孔方法，而且可以自动输出对应的钻孔固定循环。

7.4.1 钻孔加工参数

绘制好轮廓图形或打开已经存在的图形后，在【机床】选项卡【机床类型】面板中选择一种加工方法后（此处选择铣床），在【刀路】管理器中生成机群组属性文件，同时弹出【刀路】选项卡，单击【刀路】→【2D】→【2D 铣削】→【钻孔】按钮 或在刀具管理器的树状结构图空白区域单击右键，在弹出的快捷菜单中选择【铣床刀路】→【钻孔】选项，弹出【定义刀路孔】对话框，在绘图区采用手动方式选取定义钻孔位置，然后单击【定义刀路孔】对话框中的【确定】按钮 ，系统弹出【2D 刀路-钻孔/全圆铣削 深孔钻-无啄孔】对话框。

1. 刀具选项卡

单击【2D 刀路-钻孔/全圆铣削 深孔钻-无啄孔】对话框中的【刀具】选项卡，如图 7-63 所示。对于【刀具】选项卡，已经在前面章节介绍过，这里就不再介绍。

2. 切削参数选项卡

单击【2D 刀路-钻孔/全圆铣削 深孔钻-无啄孔】对话框中的【切削参数】选项卡。

循环方式：Mastercam 提供了 20 种钻孔方式，其中 7 种为标准形式，另外 13 种为自定义形式，如图 7-64 所示。

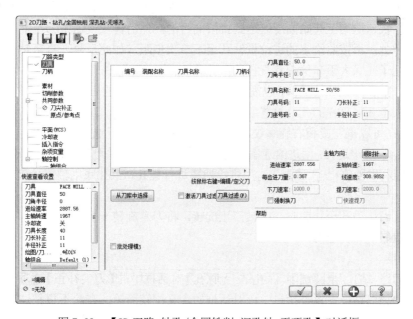

图 7-63　【2D 刀路-钻孔/全圆铣削 深孔钻-无啄孔】对话框

（1）钻头/沉头钻：钻头从起始高度快速下降至参考高度，然后以设定的进给量钻孔，到达孔底后，暂停一定时间后返回。钻通孔/镗孔常用于孔深度小于 3 倍的刀具直径的浅孔。

从【循环方式】下列列表中选择【钻头/沉头钻】选项后，则【暂留时间】文本框被激活，它用于指定暂停时间，默认为 0，即没有暂停时间。

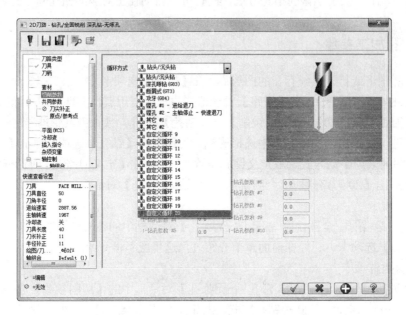

图 7-64 【切削参数】选项卡

（2）深孔啄钻：指钻头从起始高度快速下降至参考高度，然后以设定的进给量钻孔，钻到第一次步距后，快速退刀至起始高度以达到排屑的目的，然后再次快速下刀至前一次步距上部的一个步进间隙处，再按照给定的进给量钻孔至下一次步距，如此反复，直至钻至要求深度。深孔啄钻一般用于孔深大于 3 倍刀具直径的深孔。

（3）断屑式：和深孔啄钻类似，也需要多次回缩以达到排屑的目的，只是回缩的距离较短。它适合于孔深大于 3 倍直径的孔。设置参数和深孔啄钻类似。

（4）攻牙：可以攻左旋和右旋螺纹，左旋和右旋主要取决于选择的刀具和主轴旋向。

（5）镗孔 #1-进给退刀：用进给速率进行镗孔和退刀，该方法可以获得表面较光滑的直孔。

（6）镗孔#2-主轴停止-快速退刀：用进给速率进行镗孔，至孔底主轴停止旋转，刀具快速退回。

（7）其他 #1：镗孔至孔底时，主轴停止旋转，将刀具旋转一个角度（即让刀，它可以避免刀尖与孔壁接触）后再退刀。

3. 刀尖补偿

单击【2D 刀路-钻孔/全圆铣削 深孔钻-无啄孔】对话框中的【刀尖补正】选项卡，如图 7-65 所示。可以利用该对话框设置补偿量。该对话框的含义比较简单，在此不再叙述。

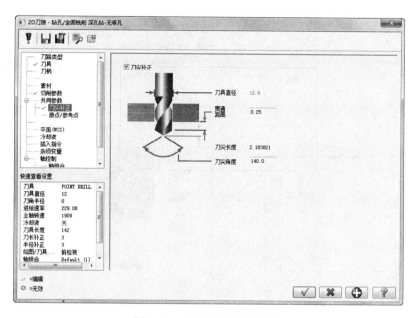

图 7-65 【刀尖补正】选项卡

7.4.2 操作实例——钻孔

网盘\动画演示\第 7 章\钻孔.MP4

下面以板材钻孔加工为例来说明钻孔加工的详细步骤。

1. 打开文件

单击【快速访问工具栏】中的【打开】按钮，在弹出的【打开】对话框中选择【网盘→初始文件→第 7 章→钻孔】文件，单击【确定】按钮，完成文件的调取，如图 7-66 所示。

2. 选择机床

为了生成刀路，首先必须选择一台实现加工的机床，本次加工用系统默认的铣床，即直接执行【机床】→【机床类型】→【铣床】→【默认】命令即可。

3. 工件设置

在操作管理区中，单击【素材设置】选项，系统弹出【机床分组属性】对话框。在该对话框中，单击【边界盒】按钮 边界盒(B)，系统弹出【边界盒】对话框，根据系统提示框选所有图素，然后单击【结束选取】按钮 结束选取，然后单击【确定】按钮，返回【机器群组属性】对话框。

此时【机床分组属性】对话框中的毛坯尺寸以及素材原点 X、Y 文本框中的值相应改变，将毛坯尺寸 Z 文本框中值改为 10，其他均使用原有值，如果选中【显示】复选框，就可以在绘图区中显示刚设置的毛坯，最后单击该对话框中的【确定】按钮，完成毛坯的参数设置，结果如图 7-67 所示。

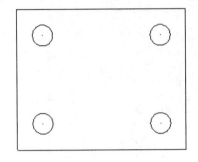
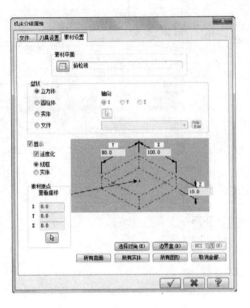

图 7-66　钻孔加工零件　　　　　　图 7-67　【机床分组属性】对话框

4. 创建刀路

（1）选择图素。单击【刀路】→【2D】→【2D 铣削】→【外形】按钮■或在刀具管理器的树状结构图空白区域单击右键，在弹出的快捷菜单中选择【铣削刀路】→【钻孔】选项，系统弹出的【定义刀路孔】对话框，根据系统提示选择绘图区中 4 个圆的圆心点，单击【确定】按钮◎，完成钻孔点的选择。

（2）选择刀具。单击【2D 刀路-钻孔/全圆铣削 深孔钻-无啄孔】对话框中的【刀具】选项卡，进入刀具参数设置区。单击【从刀库选择】按钮 从刀库选择 ，选择直径为 12 的钻头，并设置相应的刀具参数，具体如下：【进给速率】为 500，【主轴转速】为 1000，如图 7-68 所示。

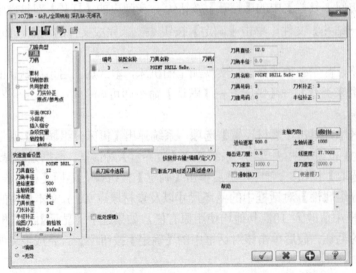

图 7-68　【刀具】选项卡

（3）设置钻孔加工参数。单击【2D 刀路-钻孔/全圆铣削 深孔钻-无啄孔】对话框中的【共同参数】选项卡，进入钻孔加工设置区。设置【深度】为-10，如图7-69所示。

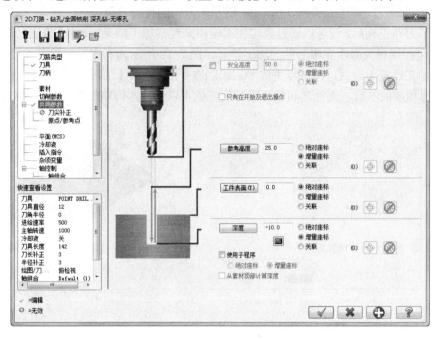

图7-69 【共同参数】选项卡

单击【2D 刀路-钻孔/全圆铣削 深孔钻-无啄孔】对话框中的【刀尖补正】选项卡，设置【贯通距离】为5，表示刀具穿过工件底部5mm，此处需要通孔，所以贯穿整个工件厚度，如图7-70所示。设置完后，最后单击【2D 刀路-钻孔/全圆铣削 深孔钻-无啄孔】对话框中的【确定】按钮，系统立即在绘图区生成刀路。

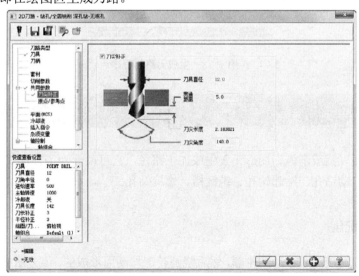

图7-70 【刀尖补正】选项卡

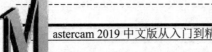
5. 刀路验证、加工仿真与后处理

完成刀路设置以后，接下来就可以通过刀路模拟来观察刀路设置是否合适。在操作管理区单击【刀路】按钮，即可进入刀路，图 7-71 所示为刀路的校验效果。

在确定了刀路正确后，还可以通过真实加工模拟来观察加工结果。单击【验证已选择的操作】按钮，即可使用相关命令完成工件的加工仿真，图 7-72 所示为真实加工模拟的效果图。

在确认加工设置无误后，即可以生成 NC 加工程序了。单击【运行选择的操作进行后处理】按钮G1，设置相应的参数、文件名和保存路径后，就可以生成本刀路的加工程序，如图 7-73 所示。

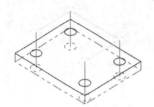

图 7-71　刀路校验效果

图 7-72　真实加工模拟效果

图 7-73　生成刀路的程序

7.5 全圆铣削路径

圆弧铣削主要以圆或圆弧为图形元素生成加工路径，它可以分为 7 种形式，分别为全圆铣削、螺旋铣削、自动钻孔、钻起始孔、铣键槽、螺旋钻孔。

7.5.1 全圆铣削

全圆铣削是刀路从圆心移动到轮廓，然后绕圆轮廓移动而形成的。该方法一般用于扩孔（用铣刀扩孔，而不是用扩孔钻头扩孔）。

单击【刀路】→【2D】→【孔加工】→【全圆铣削】按钮◎或在刀具管理器的树状结构图空白区域单击右键，在弹出的快捷菜单中选择【铣床刀路】→【全圆铣削刀路】→【全圆铣削】选项，然后在绘图区选择好需要加工的圆、圆弧或点，确定后，系统弹出【2D 刀路 – 全圆铣削】对话框。下面对其部分选项卡进行介绍。

1. 切削参数选项卡

单击【2D 刀路-全圆铣削】对话框中【切削参数】选项卡，参数设置如图 7-74 所示。

（1）圆柱直径：如果在绘图区选择的图素是点，则该项用于设置全圆铣削刀路的直径；如果在绘图区中选择的图素是圆或圆弧，则采用选择的圆或圆弧直径作为全圆铣削刀路的直径。

（2）起始角度：用于设置全圆刀路的起始角度。

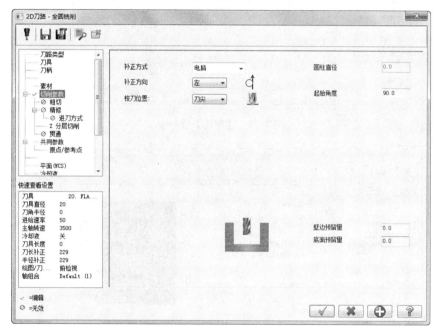

图 7-74　【切削参数】选项卡

2. 粗切选项卡

单击【2D 刀路-全圆铣削】对话框中的【粗切】选项卡，如图 7-75 所示。

对话框中各参数可以参考挖槽加工的相关内容。

3. 进刀方式选项卡

单击【2D 刀路-全圆铣削】对话框中的【进刀方式】选项卡，如图 7-76 所示。

（1）进退刀圆弧扫描角度：用于设置全圆铣削刀路的摆角，其值应小于 180°。

（2）由圆心开始：选择该复选项，则以圆心作为全圆铣削刀路的起点。

（3）垂直进刀：选择该复选框，则在进刀时采取垂直的方向。

读者可以自行将第 4 节的图形中孔再用全圆加工方式加工至要求的尺寸。

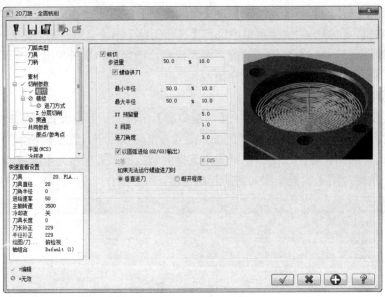

图 7-75　【粗切】选项卡

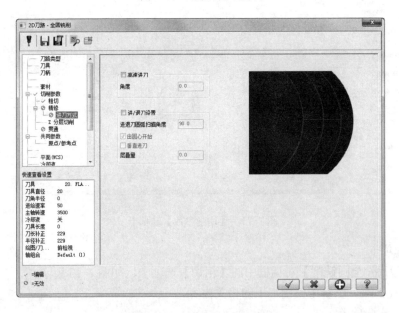

图 7-76　【进刀方式】选项卡

7.5.2 螺纹铣削

螺旋铣孔加工的刀路是一系列的螺旋形刀路，因此如果选择的刀具是镗刀杆，其上装有螺纹加工的刀头，则这种刀路可用于加工内螺纹或外螺纹。单击【刀路】→【2D】→【孔加工】→【螺纹铣削】按钮 或在刀具管理器的树状结构图空白区域单击右键，在弹出的快捷菜单中选择【铣床刀路】→【全圆铣削刀路】→【螺纹铣削】选项，然后在绘图区选择好需要加工的圆、圆弧或点，并确定后，系统弹出【2D 刀路 - 螺旋铣削】对话框。在该对话框的各个选项卡中设置刀具、螺旋铣削的各项参数，如图 7-77、图 7-78 所示，选项卡各选项的含义几乎都介绍过，具体用法读者可以自行结合相关内容领会之。

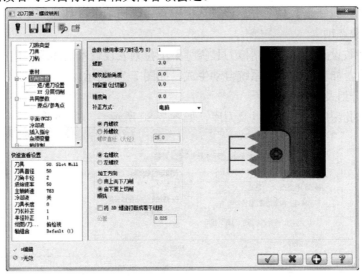

图 7-77　【切削参数】选项卡

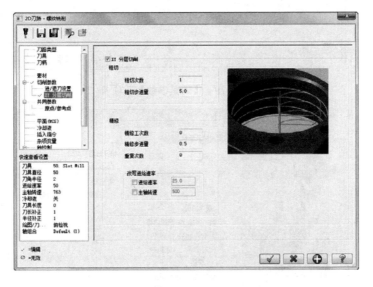

图 7-78　【XY 分层切削】选项卡

7.5.3　自动钻孔

自动钻孔加工是指用户在指定好相应的孔加工后，由系统自动选择相应的刀具和加工参数，

自动生成刀路，当然用户也可以根据自己的需要自行设置。

单击【刀路】→【2D】→【孔加工】→【自动钻孔】按钮或在刀具管理器的树状结构图空白区域单击右键，在弹出的快捷菜单中选择【铣床刀路】→【全圆铣削刀路】→【自动钻孔】选项，然后在绘图区选择好需要加工的圆、圆弧或点（选择方法可以参考第4节内容），确定后，系统弹出【自动圆弧钻孔】对话框。该对话框中有4个选项卡，具体如下：

1. 刀具参数选项卡

用于刀具参数设置。其中【精修刀具类型】下拉列表设置本次加工使用的刀具类型，而其刀具具体的参数，如直径，则由系统自动生成，如图7-79所示。

2. 深度、分组及数据库选项卡

用于设置钻孔深度、机床组以及刀库，如图7-80所示。

图 7-79　【刀具参数】选项卡

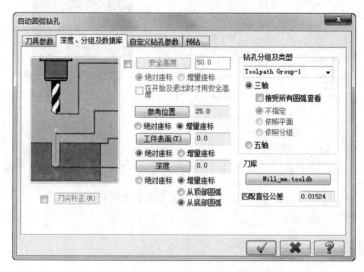

图 7-80　【深度、分组及数据库】选项卡

3. 自定义钻孔参数选项卡

用于设置用户自定义的钻孔参数，如图 7-81 所示，初学者一般都不用定义该参数。

4. 预钻选项卡

预钻操作是指当孔较大而且精度要求较高时，在钻孔之前要先钻出一个小些的孔，再用钻的方法将这个孔扩大到需要的直径，这些前面钻出来的孔就是预钻，参数设置如图 7-82 所示。

（1）预钻刀具最小直径：用于设置预钻刀具的最小直径。

（2）预钻刀具直径增量：用于设置预钻的次数大于两次时，两次预钻直径孔的直径差。

（3）精修的预留量：用于为精加工留下的单边余量。

（4）刀尖补正：用于设置刀尖补偿，具体含义可以参考前面内容。

图 7-81　【自定义钻孔参数】选项卡

图 7-82　【预钻】选项卡

7.5.4 钻起始孔

在实际加工中，可能遇到这样的情形，由于孔的直径较大或深度较深，无法用刀具一次加工成形。为了保证后续的加工能实现，需要预先切削掉一些材料，这就是钻起始孔加工。

创建钻起始孔的刀路，必须先有创建好的铣削加工刀路，钻起始孔加工的刀路将插到被选择的刀路之前。

单击【刀路】→【2D】→【孔加工】→【起始孔】按钮或在刀具管理器的树状结构图空白区域单击右键，在弹出的快捷菜单中选择【铣床刀路】→【全圆铣削刀路】→【钻起始孔】选项，系统弹出【钻起始孔】对话框，如图 7-83 所示。

1）起始钻孔操作：用于设置起始点钻孔加工放置的位置。

2）附加直径数量：用于设置钻出的孔比后面铣削孔的直径超出量。

3）附加深度数量：用于设置钻出的孔比后面铣削孔的深度超出量。

图 7-83　【钻起始孔】对话框

7.5.5 铣键槽

铣键槽是用来专门加工键槽的，其加工边界必须是由圆弧和连接两条直线所构成的。实际上，铣键槽加工也可以用普通的挖槽加工来实现。

单击【刀路】→【2D】→【2D 铣削】→【槽铣】按钮或在刀具管理器的树状结构图空白区域单击右键，在弹出的快捷菜单中选择【铣床刀路】→【全圆铣削刀路】→【铣键横槽】选项，然后在绘图区采用串连方式对几何模型串连后单击【串连选项】对话框中的【确定】按钮，系统弹出【2D 刀路 - 铣槽】对话框。

【粗/精修】选项卡用于设置铣键槽加工的粗、精加工相关参数以及进刀方式和角度，如图7-84 所示。

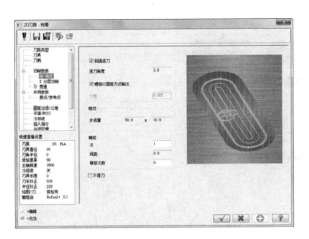

图 7-84 【粗/精修】选项卡

7.5.6 螺旋钻孔

用钻头钻孔,钻头多大,则孔就多大。如果要加工出比刀路大的孔,除了上面用铣刀挖槽加工或全圆铣削外,还可以用螺旋钻孔加工的方式实现。螺旋钻孔加工的动作是:整个刀杆除了自身旋转外,还可以整体绕某旋转轴旋转。这又和螺旋铣削动作有点类似,但实际上螺旋钻孔时,下刀量要比螺旋铣削小得多。

单击【刀路】→【2D】→【孔加工】→【螺旋铣孔】按钮或在刀具管理器的树状结构图空白区域单击右键,在弹出的快捷菜单中选择【铣床刀路】→【全圆铣削刀路】→【螺旋铣孔】选项,系统弹出【2D 刀路 – 螺旋铣孔】对话框。

【粗/精修】选项卡,它用于设置螺旋钻孔加工的粗、精加工相关参数,如图 7-85 所示。
读者也可以自行将第 4 节的图形中孔再用螺旋钻孔方式加工至要求的尺寸。

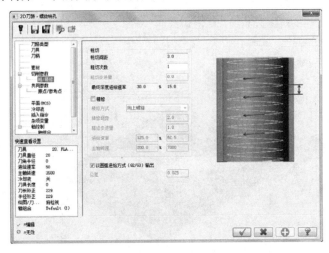

图 7-85 【粗/精修】选项卡

第8章

曲面粗加工

　　曲面粗加工包括平行粗加工、放射粗加工、投影粗加工、流线粗加工、等高外形粗加工、残料粗加工、挖槽粗加工和钻削式粗加工 8 种加工方法。本章主要讲解平行粗加工、等高粗加工和挖槽粗加工，由于投影粗加工和流线加工在实际粗加工过程中应用不多，故只进行简单介绍。

Mastercam
2019

重点与难点

- 平行粗加工、放射粗加工
- 投影粗加工、流线粗加工
- 等高外形粗加工、残料粗加工
- 挖槽粗加工
- 钻削式粗加工

8.1 平行粗加工

平行粗加工即利用相互平行的刀路逐层进行加工，对于平坦曲面的铣削加工效果比较好，对于凸凹程度比较小的曲面也可以采用平行粗加工的方式来进行铣削加工。

8.1.1 设置平行粗加工参数

单击【刀路】→【3D】→【粗切】→【平行】按钮，弹出【选择工件型状】对话框。选取之后，单击【确定】按钮。根据系统提示选择加工曲面后，单击【结束选取】按钮，弹出【刀路曲面选择】对话框，单击【确定】按钮，弹出【曲面粗切平行】对话框，利用该对话框来设置曲面相关参数和曲面加工范围。单击该对话框中的【曲面参数】选项卡，对话框显示如图 8-1 所示。在【曲面参数】选项卡中可以设置加工面预留量。加工面预留量在一般加工过程中预留正值。在加工过程中为了将边界加工完全，经常通过控制刀具选项来延伸刀路边界。

下面以加工直纹曲面为例来说明平行粗加工预留量设置和边界设置，加工曲面如图 8-2 所示，刀具为 D=10mm 的球刀。具体操作步骤如下：

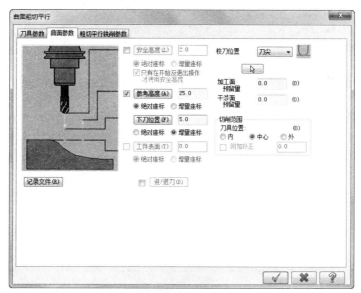

图 8-1 【曲面粗切平行】对话框

图 8-2 加工曲面

1）选择直纹曲面作为加工曲面，四周边界线为加工范围线，如图 8-3 所示。

2）将【曲面粗切平行】对话框【曲面参数】选项卡中的【加工面预留量】设为 0.3，表示在曲面上预留 0.3mm 的残料，留给下一步加工或精加工进行铣削。

3）在【刀具位置】选项组中选择【外】单选钮，表示刀具的中心向曲面边界偏移一个刀具半径，这样就不会在边界留下毛刺或有切不到的地方。

4）单击【确定】按钮，系统根据所设置的参数生成刀路，如图 8-4 所示，刀路超过曲面边界。

图 8-3　切削范围线

图 8-4　刀路

8.1.2　设置平行粗切下刀控制

利用【曲面粗切平行】对话框【粗切平行铣削参数】选项卡中的下刀的控制选项可以控制下刀方式，如图 8-5 所示。

图 8-5　【粗切平行铣削参数】选项卡

利用该选项卡可以控制曲面斜坡处的下刀方式为单侧、双侧或连续，以及是否允许沿面上升或下降切削。这些参数对斜面下刀的控制效果非常明显，能够起到优化刀路的作用。

下面以加工 V 形曲面为例来说明平行粗加工下刀控制选项的设置步骤，V 形曲面如图 8-6所示。

1）选择 V 形曲面作为加工曲面，四周边界线为加工范围线，如图 8-7 所示。

2）在【下刀控制】选项组中选择【切削路径允许连续下刀/提刀】单选钮，并勾选【允许沿面下降切削】和【允许沿面上升切削】复选框，如图 8-8 所示。

图 8-6　V形曲面

图 8-7　选择切削范围线

3）单击 ✔ 按钮，系统根据所设置的参数生成平行粗加工刀路，如图 8-9 所示。

图 8-8　设置下刀控制参数

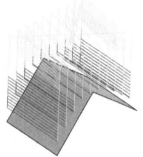

图 8-9　平行粗切刀路

8.1.3 设置平行粗切加工角度

在【粗切平行铣削参数】选项卡的【加工角度】文本框中可以输入角度值，来控制刀具切削方向相对于 X 轴的夹角。

下面以加工直纹面为例来说明设置【加工角度】参数的效果，直纹面如图 8-10 所示。

1）选择直纹面作为加工曲面，四周边界线作为加工范围线，如图 8-11 所示。

2）在【粗切平行铣削参数】选项卡中将【加工角度】设为 45°，表示切削方向与 X 轴的夹角为 45°。

3）生成平行粗加工刀路。

4）对刀路进行模拟加工，仔细观察可看出刀路与 X 轴成 45°夹角。如图 8-12。

技巧荟萃

一般在加工时将粗加工和精加工的刀路相互错开，这样铣削的效果要好一些。

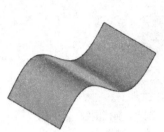

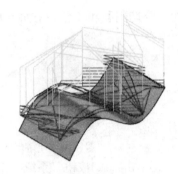

图 8-10　直纹面　　　　图 8-11　选择切削范围线　　　　图 8-12　平行粗切刀路

8.1.4　平行粗切实例

参见
网盘

网盘\动画演示\第 8 章\例 8-1.MP4

下面将通过实例来说明平行粗加工参数的设置步骤。

对如图 8-13 所示的图形采用平行粗切方式进行加工，加工结果如图 8-14 所示。

1）单击快速访问工具栏中的【打开】按钮，在【打开】的对话框选择【网盘→初始文件→第 8 章→例 8-1】文件，单击【打开】按钮 打开(O) ，完成文件的调取。

2）单击【线框】→【形状】→【边界盒】按钮，创建边界盒，如图 8-15 所示。

3）按 F9 键，打开坐标系。单击【线框】→【线】→【任意线】按钮，选择边界盒顶面的对角点绘制对角线，如图 8-16 所示。

图 8-13　加工图形　　　图 8-14　加工结果　　　图 8-15　创建边界盒　　　图 8-16　绘制对角线

4）单击【转换】→【位置】→【移动到原点】按钮，选中对角线的中点，系统自动将中点移动到坐标原点。这样加工坐标系原点和系统坐标系原点重合，便于编程，结果如图 8-17 所示。按 F9 键，关闭坐标系。单击【删除图形】按钮，删除绘制的边界盒和直线。

5）单击【刀路】→【3D】→【粗切】→【平行】按钮，系统弹出【选择工件型状】对话框，选中【凹】复选框，单击【确定】按钮，根据系统提示选择加工曲面，单击【结束选取】按钮，弹出【刀路曲面选择】对话框，单击【切削范围】组中的【选择】按钮，选择如图 8-18 所示的加工边界。单击按钮完成曲面和串连图素的选择，如图 8-18 所示。

6）系统弹出【曲面粗切平行】对话框，利用对话框中的【刀具参数】选项卡来设置刀具和切削参数，如图 8-19 所示。

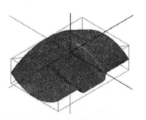

图 8-17　移动图素

图 8-18　选择曲面和串联图素

7）单击【刀具参数】选项卡中的【从刀库选择】按钮 从刀库选择 ，系统弹出如图 8-20 所示的【选择刀具】对话框，并选择直径为 16 的球刀，刀具会自动添加到【曲面粗切平行】对话框中。

图 8-19　【粗切平行铣削参数】选项卡

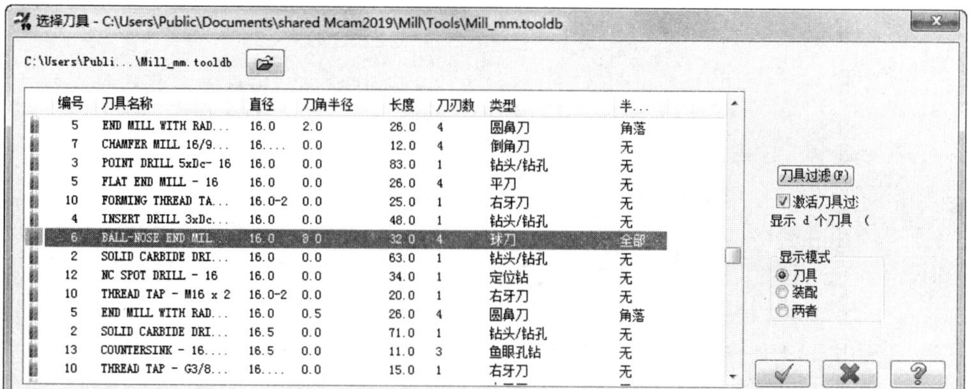

图 8-20　【选择刀具】对话框

8）双击刀具图标，弹出【编辑刀具】对话框，设置刀具参数，如图 8-21 所示，单击【完成】按钮 完成 ，完成刀具参数设置。

9）在【刀具参数】选项卡中显示创建了一把 D16R8 的刀具。设置【进给速率】为 500、【下

刀速率】为 250、【主轴转速】为 3500，如图 8-22 所示。

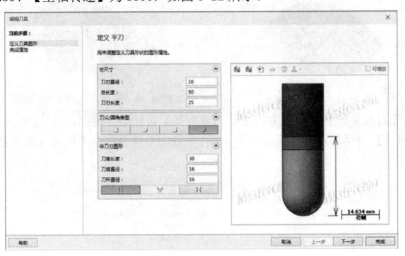

图 8-21　设置球刀刀具参数

10）在【曲面粗切平行】对话框中单击【曲面参数】选项卡，并在该选项卡中设置【参考高度】为 25、【下刀位置】为 5、【校刀位置】设置为【中心】，加工面和干涉面预留量均为 0（暂时不进行精加工），在【刀具位置】选项组中勾选【外】单选项，如图 8-23 所示。

11）在【曲面粗切平行】对话框中单击【粗切平行铣削参数】选项卡，并在该选项卡中设置曲面粗切平行铣削参数。将【切削方式】设为【双向】，【最大切削间距】设为 3，【加工角度】设为 45°，勾选【切削路径允许连续下刀/提刀】复选框，如图 8-24 所示。

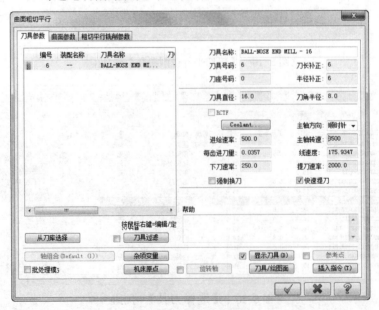

图 8-22　设置切削参数

12）单击【确定】按钮，系统根据所设置的参数生成平行粗切刀路，如图 8-25 所示。

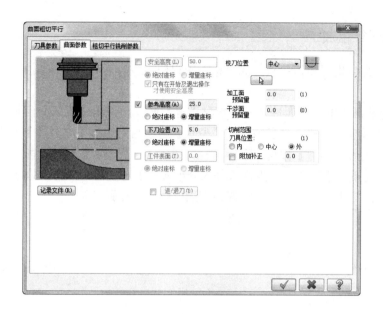

图 8-23 【曲面参数】选项卡

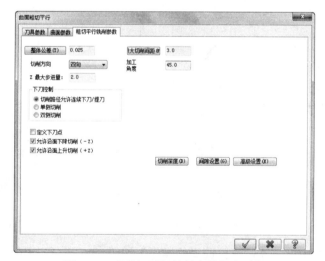

图 8-24 【粗切平行铣削参数】选项卡

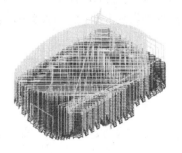

图 8-25 平行粗切刀路

8.1.5 模拟平行粗加工

刀路编制完后需要进行模拟检查，如果检查无误即可进行后处理操作，生成 G、M 代码。具体操作步骤如下：

1）在刀路管理器中单击【属性】→【素材设置】命令，弹出【机床分组属性】对话框，在【素材设置】选项卡中设置工件参数。在【型状】选项组中选择【立方体】复选框，选择立方体作为毛坯。单击【边界盒】按钮 边界盒(B)，弹出【边界盒】对话框，根据系统提示选择所有图素后，单击【确定】按钮，返回【机床分组属性】对话框，如图 8-26 所示。单击【确定】按钮，完成工件参数设置，生成的毛坯如图 8-27 所示。

图 8-26 【机床分组属性】对话框

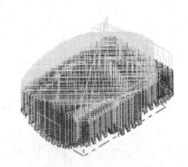

图 8-27 生成的毛坯

2）在刀路管理器中单击【验证已选择的操作】按钮，并在弹出的【Mastercam 模拟】对话框中单击【播放】按钮，系统进行模拟，模拟结果如图 8-28 所示。

3）模拟检查无误后，在刀具管理器中单击【运行选择的操作进行后处理】按钮G1，生成的 G、M 代码如图 8-29 所示。

技巧荟萃

此零件加工时刀路的角度设为 45°主要是因为曲面凹槽不方便加工，采用 45°加工能够将零件残料最大限度地去除。

图 8-28　模拟结果　　　　　　图 8-29　生成 G、M 代码

Mastercam
2019

8.2 放射粗加工

　　放射粗加工用来加工回转体或者类似于回转体的工件，是从中心一点向四周发散的加工方式。

8.2.1 设置放射粗加工参数

　　单击【刀路】→【自定义】→【粗切放射刀路】按钮，弹出【选择工件型状】对话框。选择加工曲面后，单击【结束选取】按钮，弹出【刀路曲面选择】对话框。单击【确定】按钮，弹出如图 8-30 所示的【曲面粗切放射】对话框，利用该对话框来设置放射粗切参数，其中切削方式和下刀的控制参数在前面一节中已经讲过，其他参数将在本节实例中讲解。

　　下面以加工椭球面为例来说明放射加工参数的设置步骤，椭球面如图 8-31 所示，刀具采用 D=10mm 的球刀。

　　1）选择椭球面作为加工曲面，曲面边线作为加工边界，曲面顶点作为放射点，如图 8-32 所示。

　　2）在【放射粗切参数】选项卡中设置【切削方式】为【双向】；并在【起始点】选项组中选择【由内而外】单选钮；在【下刀的控制】选项组中选择【切削路径允许连续下刀/提刀】单选钮；【最大角度增量】设为 1，表示放射刀路之间的夹角为 1°；【起始补正距离】为 0，表示从中心点开始加工；【起始角度】表示从某一角度开始加工；【扫描角度】表示放射加工所扫描的角度，如图 8-33 所示。

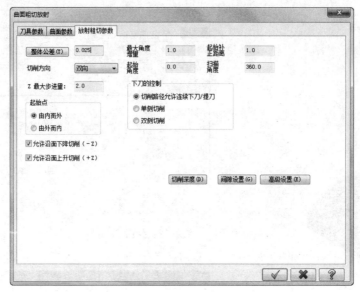

图 8-30　【曲面粗切放射】对话框

图 8-31　椭球面

图 8-32　选择加工图素

3）单击 ✓ 按钮，系统根据所设置的参数生成放射粗切刀路，如图 8-34 所示。

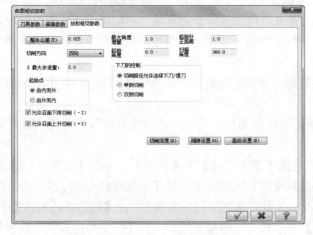

图 8-33　【放射粗切参数】选项卡

图 8-34　放射粗切刀路

8.2.2 放射粗加工实例

网盘\动画演示\第8章\例8-2.MP4

下面以加工花形曲面为例来说明放射粗切刀路的编制步骤。

对如图8-35所示的图形进行放射粗加工，加工结果如图8-36所示。

图8-35　加工图形　　　　　　　　　　　　　图8-36　加工结果

1）单击【快速访问工具栏】中的【打开】按钮📂，在弹出的【打开】对话框中选择【网盘→初始文件→第8章→例8-2】文件，单击【打开】按钮 打开(O)，完成文件的调取。

2）单击【线框】→【形状】→【边界盒】按钮📦，创建边界盒，如图8-37所示。

3）单击【线框】→【线】→【任意线】按钮／，选择边界盒顶面的对角点绘制对角线，如图8-38所示。

图8-37　创建边界盒　　　　　　　　　　　　图8-38　绘制对角线

4）单击【转换】→【位置】→【移动到原点】按钮↗，选中对角线的中点，系统自动将中点移动到坐标原点，结果如图8-39所示。单击【删除图形】按钮✗，删除绘制的边界盒和直线。

5）单击【刀路】→【自定义】→【粗切放射刀路】按钮🌀，弹出【选择工件型状】对话框。选中【凹】复选框，单击【确定】按钮✔，根据系统提示选择加工曲面，单击【结束选取】按钮（结束选取），弹出【刀路曲面选择】对话框，单击【选择放射中心点】组中的【选择】按钮🡢，选择如图8-40所示的放射点。选择完毕单击【确定】按钮✔，完成曲面和放射点的选择。

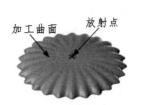

加工曲面　　放射点

图8-39　移动到原点　　　　　　　　　　　图8-40　选择曲面和串连图素

Mastercam 2019

239

6）系统弹出【曲面粗切放射】对话框，利用对话框中的【刀具参数】选项卡来设置刀具和切削参数，如图 8-41 所示。

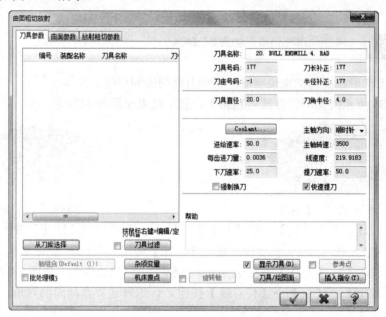

图 8-41　【刀具参数】选项卡

7）单击【刀具参数】选项卡中的【从刀库选择】按钮 从刀库选择 ，系统弹出如图 8-42 所示的【选择刀具】对话框，并选择直径为 10 的球刀，刀具会自动添加到【曲面粗切放射】对话框中。

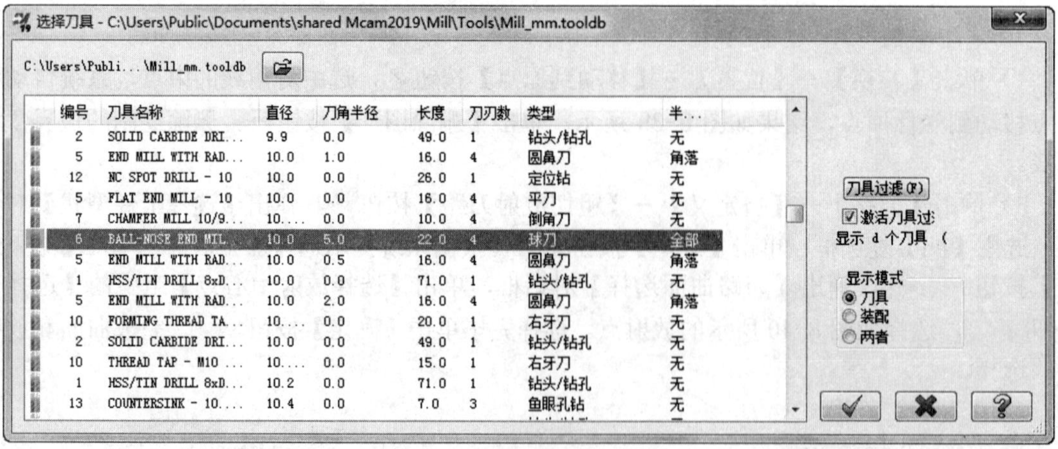

图 8-42　【选择刀具】对话框

8）双击刀具图标，弹出【编辑刀具】对话框，设置刀具参数，如图 8-43 所示，单击【完成】按钮 完成 ，完成刀具参数设置。

9）在【刀具参数】选项卡中显示创建了一把 D=10mm 的球刀。设置【进给速率】为 600、【下刀速率】为 400、【主轴转速】为 3000，如图 8-44 所示。

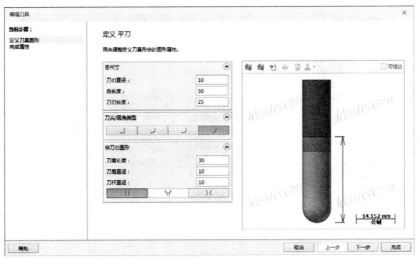

图 8-43 设置球刀刀具参数

图 8-44 设置切削参数

10）在【曲面粗切放射】对话框中单击【曲面参数】选项卡，在该选项卡中设置【参考高度】为25、【下刀位置】为5、加工面和干涉面的预留量均为0（暂时不进行精加工），在【刀具位置】选项组中选择【外】单选项，如图 8-45 所示。

11）在【曲面粗切放射】对话框中单击【放射粗切参数】选项卡，在该选项卡中设置曲面粗切放射加工参数。将【切削方向】设为【双向】，【Z 最大步进量】设为1，【最大角度增量】设为1°，【起始补正距离】设为1，在【下刀控制】选项组中选择【切削路径允许连续下刀/提刀】单选项，如图 8-46 所示。

 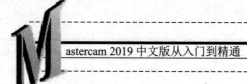

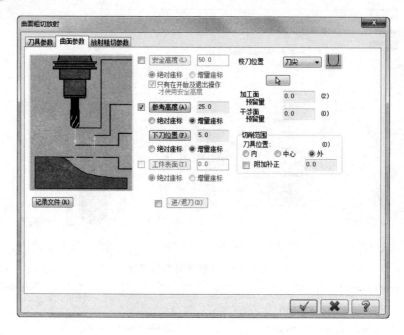

图 8-45　曲面参数选项卡

图 8-46　【放射粗切参数】选项卡

12）单击【确定】按钮 ，系统根据所设置的参数生成放射粗切刀路，如图 8-47 所示。

图 8-47　放射粗切刀路

8.2.3 模拟放射粗加工

刀路编制完后需要进行模拟检查，如果检查无误即可进行后处理操作，生成 G、M 代码。具体操作步骤如下：

1）在刀路管理器中单击【属性】→【素材设置】命令，弹出【机床分组属性】对话框的【素材设置】选项卡，在该选项卡中设置工件参数。在【型状】选项组中选择【圆柱体】单选钮，选择圆柱体作为毛坯。设置圆柱体工件的尺寸为 D104H12，Z 轴为定位轴，如图 8-48 所示，单击【确定】按钮 ，完成工件参数设置，生成的毛坯如图 8-49 所示。

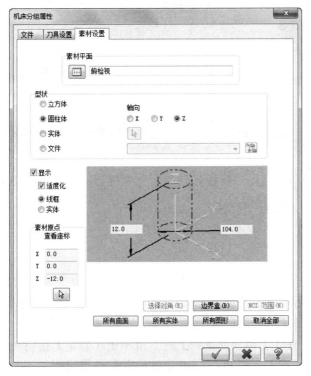

图 8-48 【机床分组属性】对话框 图 8-49 生成的毛坯

2）在刀具管理器中单击【验证已选择的操作】按钮 ，并在弹出的【Mastercam 模拟】对话框中单击【播放】按钮 ，系统进行模拟，模拟结果如图 8-50 所示。

3）模拟检查无误后，在刀具管理器中单击【运行选择的操作进行后处理】按钮 G1，生成的 G、M 代码如图 8-51 所示。

技巧荟萃

放射粗切中的放射中心点由于加工重复次数过多，一般很容易过切。另外，放射粗切抬刀次数频繁，刀路内密外疏，加工效果不均匀，适应范围窄，一般使用较少。

Mastercam 2019

图 8-50　模拟结果　　　　　　　图 8-51　生成 G、M 代码

8.3 投影粗加工

投影粗加工是将已经存在的刀路或几何图形投影到曲面上生成刀路。投影加工的类型有 NCI 文件投影加工、曲线投影加工和点集投影加工。

8.3.1 设置投影粗加工参数

单击【刀路】→【3D】→【粗切】→【投影】按钮，系统弹出【选择工件型状】对话框。设置工件的形状后，选择加工曲面后，单击【结束选取】按钮（结束选取），弹出如图 8-52 所示的【刀路曲面选择】对话框，利用该对话框来选择加工曲面、干涉面、投影曲线等。

选择加工曲面和投影曲线后，在【刀路曲面选择】对话框单击【确定】按钮，系统弹出如图 8-53 所示的【曲面粗切投影】对话框，利用该对话框来设置投影加工参数。

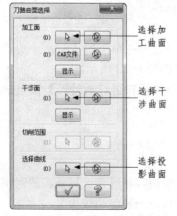

图 8-52　【刀路曲面选择】对话框

图 8-53　【曲面粗切投影】对话框

8.3.2 投影粗加工实例

网盘\动画演示\第8章\例8-3.MP4

曲线投影粗加工是将曲线投影到曲面上生成粗加工刀路。它相当于先将曲线投影到曲面上，再用投影后的曲线生成刀路。采用投影粗加工方法对曲线进行加工，加工图形如图8-54所示，加工结果如图8-55所示。

1）单击【快速访问工具栏】中的【打开】按钮，在弹出的【打开】对话框中选择【网盘→初始文件→第8章→例8-3】文件，单击【打开】按钮 打开(O) ，完成文件的调取。

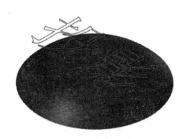

图8-54　投影粗加工图形　　　　　图8-55　投影粗加工结果

2）单击【刀路】→【3D】→【粗切】→【投影】按钮，系统弹出【选择工件型状】对话框。设置工件的形状后，选择加工曲面后，单击【结束选取】按钮 结束选取 ，弹出【刀路曲面选择】对话框，单击【选择曲线】组中的【选择】按钮，弹出串连对话框，单击【窗选】按钮，绘图区窗选投影曲线，并指定起始点，如图8-56所示，单击【确定】按钮，完成选择。

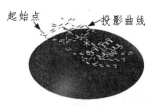

图8-56　选择加工曲面和投影曲线

3）系统弹出【曲面粗切投影】对话框，利用对话框中的【刀具参数】选项卡来设置刀具和切削参数。单击【刀具参数】选项卡中的【从刀库选择】按钮 从刀库选择 ，系统弹出【选择刀具】对话框，并选择直径为3的球刀，刀具会自动添加到【曲面粗切投影】对话框中。

4）双击刀具图标，弹出【编辑刀具】对话框，设置刀具参数，如图8-57所示，单击【完成】按钮 完成 ，完成刀具参数设置。

5）在【刀路参数】选项卡中显示创建了D3球刀，设置【进给速率】为600、【下刀速率】为400、【主轴转速】为3000，如图8-58所示。

6）在【曲面粗切投影】对话框中单击【曲面参数】选项卡，在该选项卡中设置曲面相关参数。设置【加工面预留量】为-1，如图8-59所示。

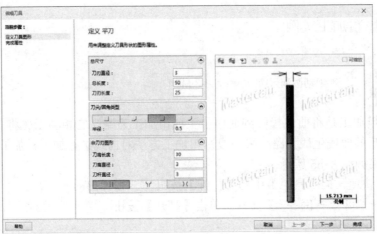

图 8-57　设置刀具参数

图 8-58　【刀具参数】选项卡

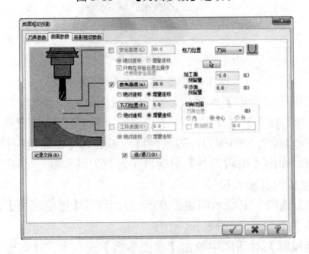

图 8-59　【曲面参数】选项卡

7）在【曲面粗切投影】对话框中单击【投影粗切参数】选项卡，并在该选项卡中设置投影粗加工专用参数，如图 8-60 所示，单击【确定】按钮 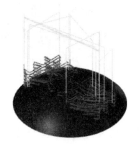 完成投影粗加工参数设置。

8）系统根据用户所设置的参数生成投影粗加工刀路，如图 8-61 所示。

图 8-60　【投影粗切参数】选项卡

图 8-61　投影粗加工刀路

8.3.3　模拟投影粗加工

刀路编制完后需要进行模拟检查，如果检查无误即可进行后处理操作，生成 G、M 代码。具体操作步骤如下：

1）在刀路管理器中单击【属性】→【素材设置】命令，弹出【机床分组属性】对话框的【素材设置】选项卡，在该选项卡中设置工件参数。在【型状】选项组中选择【圆柱体】复选框，选择立方体作为毛坯，如图 8-62 所示。

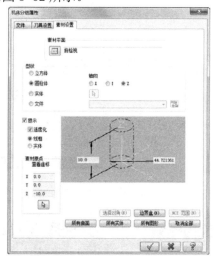

图 8-62　机床分组属性对话框

2）在【材料设置】选项卡中单击【边界盒】按钮 边界盒(B)，弹出【边界盒】对话框，根据系统提示，框选所有图素，如图 8-63 所示，单击【确定】按钮，完成工件参数设置，生成的毛坯如图 8-64 所示。

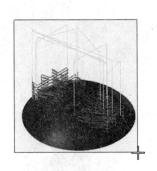

图 8-63　框选边界盒图素

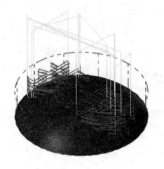

图 8-64　生成毛坯

3）在刀具管理器中单击【验证已选择的操作】按钮，并在弹出的【Mastercam 模拟】对话框中单击【播放】按钮，系统进行模拟，模拟结果如图 8-65 所示。

4）模拟检查无误后，在刀具管理器中单击【运行选择的操作进行后处理】按钮G1，生成的 G、M 代码如图 8-66 所示。

图 8-65　模拟仿真结果

图 8-66　生成的 G、M 代码

8.4　流线粗加工

流线粗加工主要用于加工流线非常规律的曲面，能顺着曲面流线方向产生粗加工刀路。

8.4.1　设置流线粗加工参数

单击【刀路】→【自定义】→【粗切流线加工】按钮，系统会依次弹出【选择工件型状】和【刀路曲面选择】对话框，根据需要设定相应的参数和选择相应的图素后，单击【确定】按钮，弹出如图 8-67 所示的【曲面粗加工流线】对话框，利用该对话框来设置流线粗加工参数。

图 8-67　【曲面粗切流线】对话框

流线粗加工参数主要包括切削控制和截断方向的控制。用球刀铣削曲面时，两刀路之间存在残脊，可以通过控制残脊高度来控制残料余量。另外，通过控制两切削路径之间的距离也可以控制残料余量。采用距离控制刀路之间的残料要更直接、更简单，因此一般采用此方法来控制残料余量。

8.4.2　流线粗加工实例

网盘\动画演示\第 8 章\例 8-4.MP4

下面通过实例来说明流线粗加工参数的设置步骤。

对如图 8-68 所示的图形采用流线粗加工方式进行加工，加工结果如图 8-69 所示。

图 8-68　加工图形

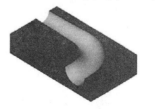

图 8-69　加工结果

1）单击快速访问工具栏中的【打开】按钮，在【打开】的对话框中选择【网盘→初始

文件→第 8 章→例 8-4】文件，单击【打开】按钮 ![打开(O)]，完成文件的调取。

2）单击【刀路】→【自定义】→【粗切流线加工】按钮，选择加工曲面后，单击【结束选取】按钮 ![结束选取]。

3）系统弹出【刀路曲面选择】对话框。单击【曲面流线】选项组中的【流线参数】按钮，弹出【曲面流线设置】对话框。设置切削方向和补正方向，如图 8-70 所示，单击【确定】按钮，完成流线选项设置。

4）系统弹出【曲面粗切流线】对话框，利用对话框中的【刀具参数】选项卡来设置刀具和切削参数。在对话框中单击【从刀库选择】按钮 ![从刀库选择]，弹出【选择刀具】对话框，选择直接 10mm 的球刀，如图 8-71 所示。单击【确定】按钮。

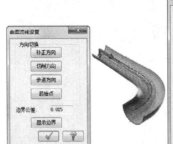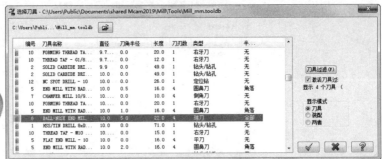

图 8-70 【曲面流线设置】对话框   图 8-71 【选择刀具】对话框

5）在【刀具参数】选项卡中显示创建了一把 D=10mm 的球刀。设置【进给速率】为 800、【下刀速率】为 400、【主轴转速】为 3000，如图 8-72 所示。

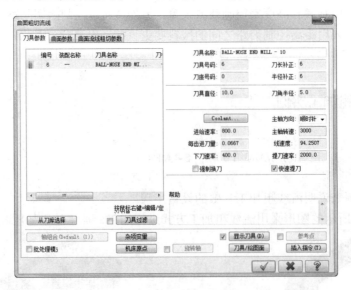

图 8-72 【刀具参数】选项卡

6）在【曲面粗切流线】对话框中单击【曲面参数】选项卡，在该选项卡中设置【参考高度】为 25、【下刀位置】为 5、【刀具位置】为【中心】，加工面和干涉面的预留量均为 0，如图 8-73 所示。

7）在【曲面粗切流线】对话框中单击【曲面流线粗切参数】选项卡，在该选项卡中设置曲面流线粗加工参数。设置【切削方向】为【双向】，【截断方向控制】下的【距离】为1，【Z最大步进量】为1，如图8-74所示。

8）单击【确定】按钮 ，系统根据所设置的参数生成曲面流线粗切刀路，如图8-75所示。

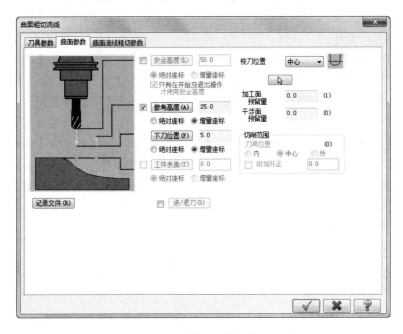

图8-73　【曲面参数】选项卡

图8-74　【曲面流线粗切参数】选项卡　　　　图8-75　曲面流线粗切刀路

8.4.3 模拟流线粗加工

刀路编制完后需要进行模拟检查，如果检查无误即可进行后处理操作，生成 G、M 代码。具体操作步骤如下：

1）在刀路管理器中单击【属性】→【素材设置】命令，弹出【机床分组属性】对话框的【素材设置】选项卡，在该选项卡中设置工件参数。在【形状】选项组中选择【立方体】单选钮，选择立方体作为毛坯。

2）在【材料设置】选项卡中单击【边界盒】按钮 边界盒(B)，弹出【边界盒】对话框，根据系统提示，框选所有图素，如图 8-76 所示。单击【确定】按钮 ✓，返回【机床分组属性】对话框，设置边框 X、Y、Z 方向坐标如图 8-77 所示。单击【确定】按钮完成工件参数设置，生成的毛坯如图 8-78 所示。

3）在刀具管理器中单击【验证已选择的操作】按钮 ，并在弹出的【Mastercam 模拟】对话框中单击【播放】按钮 ，系统进行模拟，模拟结果如图 8-79 所示。

4）模拟检查无误后，在刀具管理器中单击【运行选择的操作进行后处理】按钮 G1，生成的 G、M 代码如图 8-80 所示。

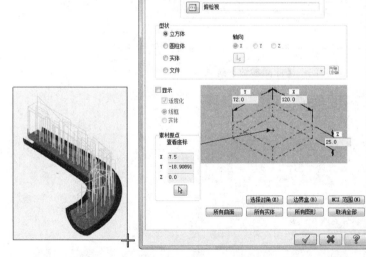
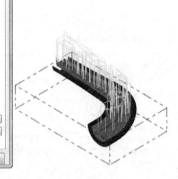

图 8-76　框选边界盒图素　　　　图 8-77　【机床分组属性】对话框　　　　图 8-78　生成的毛坯

8.5 等高粗加工

等高粗加工方式是采用等高线的方式进行逐层加工，曲面越陡，等高加工效果越好。等高粗加工常作为二次开粗，或者用于铸件毛坯的开粗。

图 8-79　模拟结果　　　　　　　　　　　图 8-80　生成的代码

8.5.1　设置等高粗加工参数

单击【刀路】→【自定义】→【粗切等高外形加工】按钮，选择加工曲面后，单击【结束选取】按钮，弹出【刀路曲面选择】对话框。单击【确定】按钮，弹出如图 8-81 所示的【曲面粗切等高】对话框，利用该对话框来设置等高加工参数。

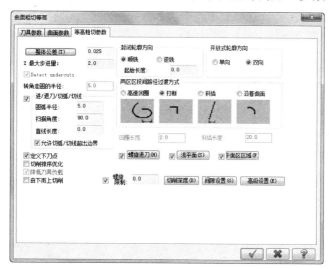

图 8-81　【曲面粗切等高】对话框

等高加工一般需要设置的参数有 Z 轴最大进给量、进退刀圆弧、两区段间的路径过渡方式等。

下面以加工一次性杯子的凸模为例来说明等高粗加工参数的设置步骤，加工图形如图8-82所示。

1）选择图形中的所有曲面作为加工曲面。

2）在【曲面粗切等高外形】对话框【等高粗切参数】选项卡中设置【Z 最大步进量】为2。

3）将【两区区段间路径过渡方式】设为【沿着曲面】。

4）单击【确定】按钮 ✓，根据设置的参数生成等高粗切刀路，如图8-83所示。

图 8-82　加工图形

图 8-83　等高粗切刀路

8.5.2 设置等高粗切浅平面参数

由于用等高加工方式加工陡斜面效果非常好，而加工浅平面效果很差，因此 Mastercam 系统专门设置了浅平面功能来解决浅平面加工问题。

下面以加工椭球面为例来说明浅平面加工参数的设置步骤。

1）选择椭球面作为加工曲面。

2）在【等高粗切参数】选项卡中勾选【浅平面】按钮 浅平面(S) 前的复选框，并设置对话框中的其他参数，如图8-84所示。

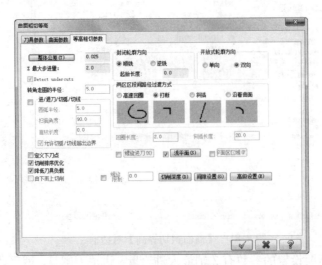

图 8-84　设置加工参数

3）单击【浅平面】按钮 浅平面(S)，系统弹出【浅平面加工】对话框，利用该对话框来设置浅平面加工参数，如图 8-85 所示。选择【增加浅平区区域刀路】单选钮，设置【分层切削最小切削深度】为 0.1，即增加部分的刀路 Z 轴方向分层为每层进给 0.1mm，单击【确定】，按钮完成参数设置。

4）系统根据所设置的参数生成等高粗加工刀路，如图 8-86 所示。

图 8-85 　【浅平面加工】对话框

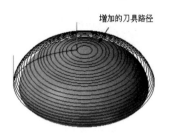

图 8-86 　等高粗切刀路

8.5.3 设置等高粗切平面区域参数

在【等高粗切参数】选项卡中勾选【平面区区域】按钮前的复选框，再单击【平面区区域】按钮，在弹出的【平面区区域加工设置】对话框中设置参数。

下面以加工椭球面为例来说明平面区域加工参数的设置步骤。

1）选择椭球面作为加工曲面。

2）在【等高粗切参数】选项卡中勾选【平面区区域】按钮前的复选框，再设置对话框中其他加工所需的参数，如图 8-87 所示。

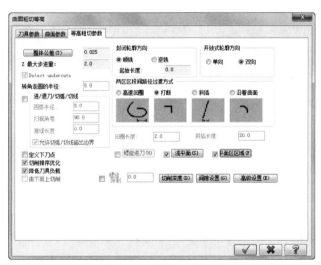

图 8-87 　设置加工参数

3）单击【平面区区域】按钮，系统弹出【平面区区域加工设置】对话框，利用该对话框来设置平面区区域加工参数，如图 8-88 所示。设置加工平面类型为【3D】，即加工曲面是比较

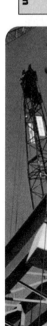

浅的 3D 曲面；设置【平面区区域步进量】为 0.1，即浅平面区域上两路径之间的距离为 0.1mm，单击【确定】按钮 ✓ ，完成参数设置。

4）系统根据所设置的参数生成等高粗切刀路，如图 8-89 所示。

图 8-88 【平面区区域加工设置】对话框

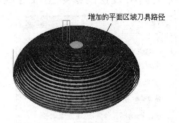

图 8-89 等高粗切刀路

8.5.4 等高粗加工实例

 网盘\动画演示\第 8 章\例 8-5.MP4

下面通过实例来讲解等高粗加工参数的设置步骤。由于等高位置上只有一刀，也就是在 Z 方向和 XY 方向上都只走一刀，因此等高粗切不能用于一般零件的开粗，只用于二次开粗或铸件的开粗。

对如图 8-90 所示的 H 形工件进行等高粗加工，加工结果如图 8-91 所示。

图 8-90 加工工件

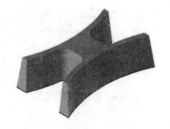

图 8-91 加工结果

1）单击【快速访问工具栏】中的【打开】按钮 📂 ，在弹出的【打开】对话框中选择【网盘→初始文件→第 8 章→例 8-5】文件，单击【打开】按钮 打开(O) ，完成文件的调取。

2）单击【线框】→【形状】→【边界盒】按钮 📦 ，创建边界盒，如图 8-92 所示。

3）按 F9 键打开坐标系。单击【线框】→【线】→【任意线】按钮 ／ ，选择边界盒顶面的对角点绘制对角线，如图 8-93 所示。

4）单击【转换】→【位置】→【移动到原点】按钮 ，选中对角线的中点，系统自动将中点移动到坐标原点，如图 8-94 所示。按 F9 键，关闭坐标系。单击【删除图形】按钮 ✗ ，删除绘制的边界盒和直线。

5）单击【刀路】→【自定义】→【粗切等高外形加工】按钮，选择加工曲面后，单击【结束选取】按钮，弹出【刀路曲面选择】对话框，单击【切削范围】组中的【选择】按钮，选择切削范围线，单击【确定】按钮，完成曲面和串联图素的选择，如图8-95所示。

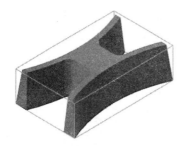

图8-92　创建边界盒

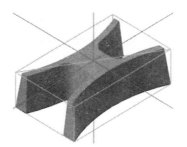

图8-93　绘制对角线

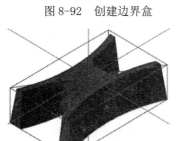

图8-94　移到对象

图8-95　选择曲面和串联图素

6）系统弹出【曲面粗切等高】对话框，利用对话框中的【刀具参数】选项卡用来设置刀具和切削参数。

7）在【刀具参数】选项卡中单击 【从刀库选择】按钮，系统弹出【选择刀具】对话框。

8）在【选择刀具】对话框中选择直径10的【圆鼻刀】，如图8-96所示，单击【确定】按钮，完成刀具参数设置。

图8-96　【选择刀具】对话框

9）在【刀具参数】选项卡中显示创建了一把D=10mm的圆鼻刀。设置【进给速率】为600、

【下刀速率】为 400、【主轴转速】为 3000，如图 8-97 所示。

10）在【曲面粗切等高】对话框中单击【曲面参数】选项卡，在该选项卡中设置【参考高度】为绝对坐标 25、【下刀位置】为 5、【校刀位置】设置为【刀尖】，加工面和干涉面的预留量均为 0（暂时不进行精加工），在【刀具位置】选项组中选择【外】复选框，如图 8-98所示。

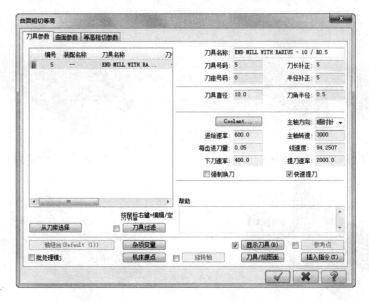

图 8-97　【刀具参数】选项卡

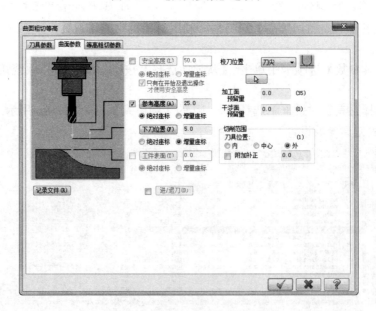

图 8-98　【曲面参数】选项卡

11）在【曲面粗切等高】对话框中单击【等高粗切参数】选项卡，在该选项卡中设置曲面等高粗加工参数。在【开放式轮廓的方向】选项组中选择【双向】复选框,将【Z 最大步进量】设为1,勾选【浅平面】按钮前的复选框,如图8-99所示。

12)在【等高外形粗加工参数】选项卡中单击【浅平面】按钮 浅平面(S),弹出如图8-100所示的【浅平面加工】对话框。选择【移除浅平面区区域刀路】复选框,将【角度限制】设为20,即所有夹角小于20°的曲面被认为是浅平面,系统都将移除刀路不予加工。

图8-99 【等高粗切参数】选项卡

13)单击【确定】按钮 ,系统根据所设置的参数生成等高粗切刀路,如图8-101所示。

图8-100 浅平面加工设置对话框

图8-101 等高粗切刀路

14)在刀路管理器中单击【切换显示已选择的刀路操作】按钮 ,隐藏刀路。单击【实体】→【建立】→【拉伸】按钮 ,弹出如图8-102所示的对话框,进行参数设置,选择曲面加工边界创建高度为30的实体,结果如图8-103所示。

图 8-102 【实体拉伸】对话框 　　　　　　　　图 8-103 生成实体

8.5.5 模拟等高粗加工

刀路编制完后需要进行模拟检查，如果检查无误即可进行后处理操作，生成 G、M 代码。具体操作步骤如下：

1）在刀路管理器中单击【属性】→【素材设置】命令，弹出【机床分组属性】对话框的【素材设置】选项卡，在该选项卡中设置工件参数。在【型状】选项组中选择【实体】单选钮，如图 8-104 所示。

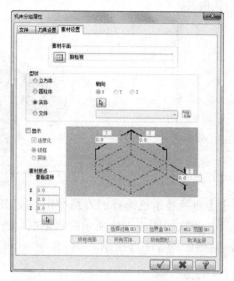

图 8-104 【机床分组属性】对话框

2）单击【选择】按钮，在绘图区选择曲面边界拉伸生成的实体，将实体设为毛坯。单击【确定】按钮，完成工件参数设置，生成的毛坯如图 8-105 所示。

3）在刀具管理器中单击【验证已选择的操作】按钮，并在弹出的【Mastercam 模拟】对话框中单击【播放】按钮，系统进行模拟，模拟结果如图 8-106 所示。

图 8-105　毛坯　　　　　　　　　　　图 8-106　模拟结果

4）模拟检查无误后，在刀具管理器中单击【运行选择的操作进行后处理】按钮G1，生成的 G、M 代码如图 8-107 所示。

图 8-107　生成的 G、M 代码

 技巧荟萃

等高粗切在外形上只加工一层，一般不做首次开粗，可以作为铸件的开粗，或者一般工件的二次开粗。

8.6 残料粗加工

残料粗加工主要是对前一步操作或所有先前操作留下来的局部大量余料进行清除。此外，由于开粗所用的刀具过大，导致某些较小的区域刀具无法进入而产生的残料也可以用残料粗加工进行铣削。残料粗加工一般用于二次开粗，但是由于计算量比较大，走刀不是很规则，所以一般用其他刀路代替。

8.6.1 设置残料粗加工参数

单击【刀路】→【自定义】→【粗切残料加工】按钮，选择加工曲面后，单击【结束选取】按钮，弹出【刀路曲面选择】对话框。单击【确定】按钮，弹出【曲面残料粗切】对话框，利用该对话框来设置残料粗加工参数。残料粗加工主要需要设置两个方面的参数，一个是残料加工参数，另一个是剩余素材参数。

在【曲面残料粗切】对话框中单击【残料加工参数】选项卡，利用该选项卡来设置步进量、进/退刀/切弧/切线、过渡方式等参数，如图 8-108 所示。

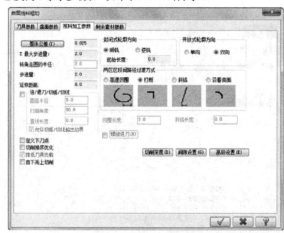

图 8-108 【残料加工参数】选项卡

在【曲面残料粗切】对话框中单击【剩余素材参数】选项卡，利用该选项卡来设置残料加工剩余残料的计算依据，如图 8-109 所示。

下面通过实例来说明残料加工参数的设置步骤，加工图形如图 8-110 所示。该图已经做好了粗加工，下面将对其进行残料加工。

1）选择如图 8-111 所示的曲面作为加工曲面。

2）在【曲面残料粗切】对话框中单击【残料加工参数】选项卡，并在该选项卡中设置【Z最大步进量】为 0.4、【步进量】为 1，设置【两区区段间路径过渡方式】为【打断】，如图8-112 所示。

3）在【曲面残料粗切】对话框中单击【剩余素材参数】选项卡，在【计算剩余素材依照】

选项组中选择【指定操作】单选钮，并在右侧的列表框中选中挖槽粗加工刀路作为计算的依据，
如图 8-113 所示。

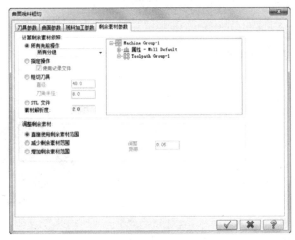

图 8-109　【剩余素材参数】选项卡

图 8-110　加工图形

图 8-111　加工曲面

4）单击【确定】按钮 ，系统根据所设置的参数生成残料粗切刀路，如图 8-114 所示。

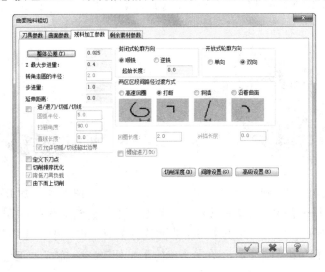

图 8-112　【残料加工参数】选项卡

图 8-113 【剩余素材参数】选项卡

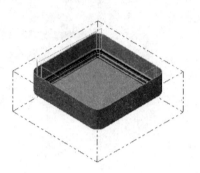

图 8-114 残料粗切刀路

8.6.2 残料粗加工实例

 网盘\动画演示\第 8 章\例 8-6.MP4

下面通过实例来说明残料粗加工参数的设置步骤。

对如图 8-115 所示的图形进行残料粗加工,加工结果如图 8-116 所示。

1) 单击【快速访问工具栏】中的【打开】按钮 ,在弹出的【打开】对话框中选择【网盘→初始文件→第 8 章→例 8-6】文件,单击【打开】按钮 打开(O) ,完成文件的调取。

图 8-115 加工图形

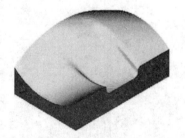

图 8-116 加工结果

2) 单击【刀路】→【自定义】→【粗切残料加工】按钮 ,选择如图 8-117 所示的曲面,单击【结束选取】按钮 结束选取 ,弹出【刀路曲面选择】对话框。单击【切削范围】组中的【选择】按钮 ,选择切削范围线后,单击【确定】按钮 ,完成加工边界范围的选择。

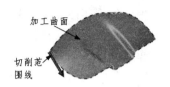

图 8-117　选择曲面和加工边界

3）系统弹出【曲面残料粗切】对话框，利用对话框中的【刀具参数】选项卡来设置刀具和切削参数。在【刀具参数】选项卡中单击【从刀库选择】按钮 从刀库选择 ，系统弹出【选择刀具】对话框。

4）在【选择刀具】对话框中选择直径 6 的【球刀】，如图 8-118 所示，单击【确定】按钮 ，完成刀具参数设置。

图 8-118　设置刀具参数

5）在【刀具参数】选项卡中显示创建了一把 D=6mm 的球刀。设置【进给速率】为 600、【下刀速率】为 400、【主轴转速】为 3000，如图 8-119 所示。

图 8-119　【刀具参数】选项卡

6）在【曲面残料粗切】对话框中单击【曲面参数】选项卡，在该选项卡中设置【参考高度】为 25、【下刀位置】为 5、加工面和干涉面的预留量均为 0（暂时不进行精加工），【刀具位置】设置为【内】，如图 8-120 所示。

7）在【曲面残料粗切】对话框中单击【残料加工参数】选项卡，在该选项卡中设置曲面残料粗加工参数。将【Z 最大步进量】设为 0.4，【步进量】设为 1，在【两区区段间路径过渡方式】选项组中选择【沿着曲面】单选钮，勾选【切削排序优化】复选框，如图 8-121 所示。

8）在【曲面残料粗切】对话框中单击【剩余素材参数】选项卡，并在该选项卡中设置曲面残料粗加工剩余材料的计算依据。在【计算剩余素材依照】选项组中选择【所有先前操作】单选钮，如图 8-122 所示。

9）单击【确定】按钮 ，系统根据所设置的参数生成曲面残料粗切刀路，如图 8-123 所示。

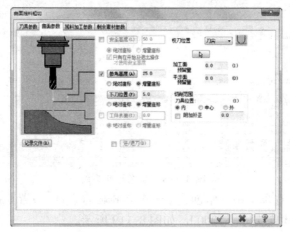

图 8-120 　【曲面参数】选项卡

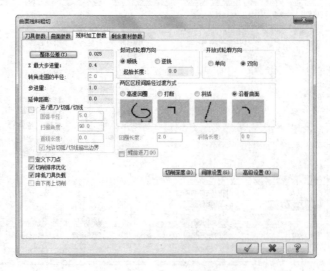

图 8-121 　【残料加工参数】选项卡

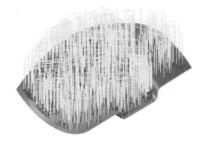

图 8-122　【剩余素材参数】选项卡　　　　　　图 8-123　曲面残料粗切刀路

8.6.3　模拟残料粗加工

刀路编制完后需要进行模拟检查，如果检查无误即可进行后处理操作，生成 G、M 代码。具体操作步骤如下：

1）在刀路管理器中单击【属性】→【素材设置】命令，弹出【机床分组属性】对话框的【素材设置】选项卡，在该选项卡中设置工件参数。在【型状】选项组中选择【立方体】单选钮，选择立方体作为毛坯，如图 8-124 所示，设置立方体工件的尺寸为 80×120×50，单击【确定】按钮 ，完成工件参数设置，生成的毛坯如图 8-125 所示。

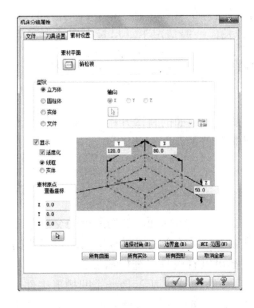

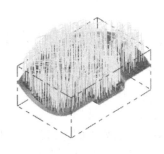

图 8-124　【素材设置】选项卡　　　　　　图 8-125　生成的毛坯

2）在刀具管理器中单击【验证已选择的操作】按钮，并在弹出的【Mastercam 模拟】
对话框中单击【播放】按钮，系统进行模拟，模拟结果如图 8-126 所示。

3）模拟检查无误后，在刀具管理器中单击【运行选择的操作进行后处理】按钮G1，生成
的 G、M 代码如图 8-127 所示。

图 8-126　模拟结果　　　　　　　　　图 8-127　生成的 G、M 代码

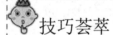技巧荟萃

　　残料粗曲主要是用于在首次开粗后对局部区域过厚的残料进行清除，否则精加工中刀具
很容易折断。残料粗浅刀路比较大，计算时间较长，一般情况下，尽量少用或者不用。

8.7 挖槽粗加工

　　三维挖槽粗加工主要用于三维曲面开粗，一般用于曲面的首次开粗。挖槽刀路计算量比较
小，去残料效率相对其他粗加工要高，因此，是非常好的开粗刀路。

8.7.1 挖槽粗加工计算方式

　　假设有一个三维曲面，用垂直于 Z 轴的平面去剖切三维曲面，剖切所得的交线即是挖槽的
加工范围，而且每一层的加工都相当于二维挖槽加工，系统会利用最少的刀路以最快的方式将
残料去除掉。三维挖槽粗加工在每一个剖切层上都可以看成是二维挖槽加工。

　　下面通过 3 个例子来说明挖槽加工计算方式。如图 8-128 所示是一个凹槽形工件，它的剖
切线是一个圆，相当于四周都有曲面来限定刀具范围，所以加工这种标准槽形不需要选择加工
范围线。如图 8-129 所示为一个岛屿槽形工件，剖切线是两个封闭的环，挖槽时在外侧和内侧

都有曲面作为限制，只能在两个曲面之间进行加工，因此不需要选择加工范围线。如图 8-130 所示为一个凸形工件，剖切线是一个封闭环，但是与槽形不一样的是，槽形是控制刀具在环内，而凸形的是控制刀具在环外，刀具只能在曲面外走刀，而且曲面外没有任何限制，此种情况如果不选择加工范围线将无法限制刀具，系统无法计算，挖槽刀路就会出现错误。因此，挖槽加工从理论上可以说是万能的粗加工。

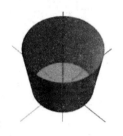

图 8-128　凹槽形工件

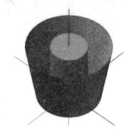

图 8-129　岛屿槽形工件

图 8-130　凸形工件

8.7.2 设置挖槽粗加工参数

挖槽粗加工除了需要设置刀具参数和曲面加工参数外，还需要设置粗加工参数。【粗切参数】选项卡用来设置进刀和进给量等粗切参数，如图 8-131 所示。

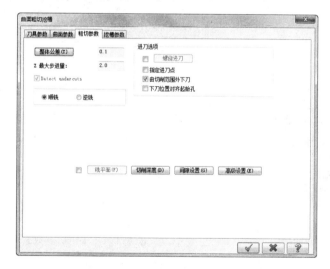

图 8-131　【粗切参数】选项卡

此外，挖槽加工还需要设置挖槽参数。【挖槽参数】选项卡主要用来设置如挖槽切削方式、切削间距等挖槽专用参数，如图 8-132 所示。

下面以加工圆台形曲面为例来说明挖槽参数的设置步骤，圆台形曲面如图 8-133 所示。

1）选择圆台形曲面作为加工曲面，不用选择加工范围线。

2）在【粗切参数】选项卡中将【Z 最大步进量】设为 1，即每层进给 1mm，加工方式为【顺铣】，如图 8-134 所示。

3）在【挖槽参数】选项卡的【切削方式】栏中选择【等距环切】选项，将【切削间距（直径%）】设为75%，即两刀路之间的间距为刀具直径的75%，如图8-135所示。

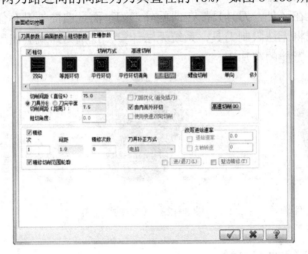

图8-132 【挖槽参数】选项卡

4）单击【确定】按钮 ，系统根据所设置参数生成挖槽粗切刀路，如图8-136所示。

图8-133 圆台形曲面

图8-134 【粗切参数】选项卡

8.7.3 设置挖槽平面

在【曲面粗切挖槽】对话框的【粗切参数】选项卡中勾选【铣平面】按钮 铣平面(F) 前的复选框，单击【铣平面】按钮 铣平面(F) ，弹出如图8-137所示的【平面铣削加工参数】对话框，利用该对话框设置平面加工参数。

下面通过实例来说明平面加工参数的设置步骤，加工图形如图8-138所示。

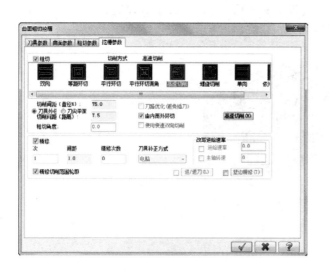

图 8-135 【挖槽参数】选项卡

图 8-136 挖槽粗切刀路

图 8-137 【平面铣削加工参数】对话框

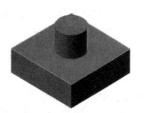

图 8-138 加工图形

1）选择所有曲面作为加工曲面，选择矩形边界作为加工范围线，如图 8-139 所示。

2）在【粗切参数】选项卡中勾选【由切削范围外下刀】复选框，即刀具从曲面外进刀，再勾选【铣平面】按钮 铣平面(F) 前的复选框，如图 8-140 所示。

图 8-139 选择加工范围线

图 8-140 【粗切参数】选项卡

3）在【粗加工参数】选项卡中单击【铣平面】按钮，系统【平面铣削加工参数】对话框。设置【平面边界的延伸量】为 0，单击【确定】按钮 ，完成参数设置。

4）系统根据所设置的参数生成刀路，如图 8-141 所示。

图 8-141　刀路结果

8.7.4　挖槽粗切实例

 网盘\动画演示\第 8 章\例 8-7.MP4

挖槽加工也是等高加工的一种形式，因此比较适合于加工陡斜面，对浅平面加工的效果不是很好，会留下很多梯田状残料。不过由于挖槽加工属于粗加工，还可以用二次开粗继续清除残料，因此，即使是浅平面，依然可以使用挖槽加工开粗。下面通过实例来说明挖槽加工的步骤。

对如图 8-142 所示的图形进行挖槽加工，加工结果如图 8-143 所示。

1）单击【快速访问工具栏】中的【打开】按钮 ，在弹出的【打开】对话框中选择【网盘→初始文件→第 8 章→例 8-7】文件，单击【打开】按钮 打开(O) ，完成文件的调取。

　　　　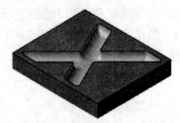

图 8-142　挖槽加工图形　　　　　　　　图 8-143　挖槽加工结果

2）单击【刀路】→【3D】→【粗切】→【挖槽】按钮 ，选择如图 8-144 所示的加工曲面后，击【结束选取】按钮 结束选取 ，弹出【刀路曲面选择】对话框，单击【确定】按钮 ，完成曲面的选择。

3）系统弹出【曲面粗切挖槽】对话框，利用对话框中的【刀具参数】选项卡来设置刀具和切削参数。在【刀具参数】选项卡中单击【从刀库选择】按钮 从刀库选择 ，系统弹出【选择刀具】对话框。

4）在【选择刀具】对话框中选择直径 10 的【球刀】，如图 8-145 所示，单击【确定】按

钮 ，完成刀具参数设置。

图 8-144 选择的曲面

图 8-145 设置刀具参数

5）在【刀具参数】选项卡中显示创建了一把 D=10mm 的球刀。设置【进给速率】为 600、【下刀速率】为 400、【主轴转速】为 3000，如图 8-146 所示。

6）在【曲面粗切挖槽】对话框中单击【曲面参数】选项卡，并在弹出的选项卡中设置【参考高度】为 25、【下刀位置】为 5、加工面和干涉面的预留量均为 0（暂时不进行精加工），【刀具位置】设置为【内】，如图 8-147 所示。

7）在【曲面粗切挖槽】对话框中单击【粗切参数】选项卡，并在该选项卡中设置曲面挖槽粗切参数。将【Z 最大步进量】设为 0.4，采用【顺铣】加工方式，如图 8-148 所示。

图 8-146 【刀具参数】选项卡

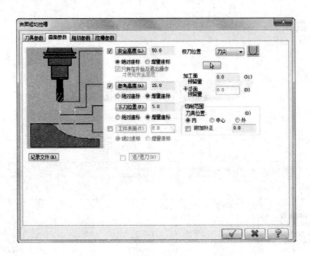

图 8-147 【曲面参数】选项卡

8）在【曲面粗切挖槽】对话框中单击【挖槽参数】选项卡，并在该选项卡中设置曲面挖槽粗加工专用参数。将【切削方式】设为【等距环切】，勾选【精修】复选框，设置【间距】为 1，勾选【精修切削范围的轮廓】复选框，如图 8-149 所示。

9）单击【确定】按钮 ，系统根据所设置的参数生成曲面挖槽粗加工刀路，如图 8-150 所示。

图 8-148 【粗切参数】选项卡

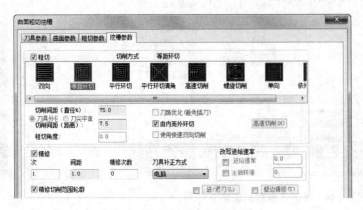

图 8-149 【挖槽参数】选项卡　　　　　　　图 8-150 挖槽粗切刀路线

8.7.5 模拟挖槽粗加工

刀路编制完后需要进行模拟检查，如果检查无误即可进行后处理操作，生成 G、M 代码。具体操作步骤如下：

1）在刀路管理器中单击【属性】→【素材设置】命令，弹出【机床分组属性】对话框的【素材设置】选项卡，在该选项卡中设置工件参数，如图 8-151 所示。在【型状】选项组中选择【立方体】单选钮，单击【边界盒】按钮 **边界盒 (B)**，弹出【边界盒】对话框，根据系统提示，框选所有的图素，系统即生成边界盒作为工件材料，单击【确定】按钮 ✓，完成工件参数设置，生成的毛坯如图 8-152 所示。

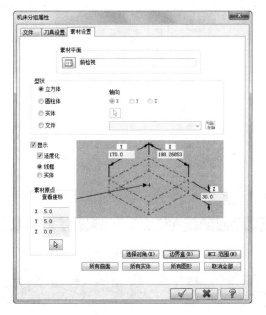

图 8-151　【机床分组属性】对话框

2）在刀具管理器中单击【验证已选择的操作】按钮 ，并在弹出的【Mastercam 模拟】对话框中单击【播放】按钮 ▶，系统进行模拟，模拟结果如图 8-153 所示。

3）模拟检查无误后，在刀具管理器中单击【运行选择的操作进行后处理】按钮 G1，生成的 G、M 代码如图 8-154 所示。

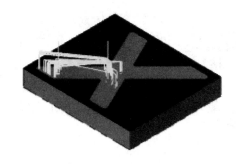

图 8-152　生成的毛坯

图 8-153　模拟结果

技巧荟萃

挖槽粗加工在实际加工过程中使用的频率最高，可以算得上万能粗加工，刀路小、效率高，在每一层上采用类似于二维挖槽的方式进行开粗，这是其他同类软件所做不到的。

图 8-154　生成的 G、M 代码

8.8　钻削式粗加工

钻削式粗加工主要是采用类似于钻孔的方式去除残料，对于比较深的槽形工件或较硬并且需要去除的残料比较多的工件较适合。钻削式粗加工需要采用专用钻削刀具，此处采用钻头代替。

📖8.8.1　设置钻削式粗加工参数

单击【刀路】→【3D】→【粗切】→【钻销式】按钮，选择加工曲面后，单击然后单击【结束选取】按钮，弹出【刀路曲面选择】对话框。单击【确定】按钮，系统弹出如图 8-155 所示的【曲面粗切钻削】对话框，利用该对话框来设置钻削式粗加工相关参数。

钻削式粗加工主要设置最大 Z 最大步进量：最大 Z 轴进给一般根据实际加工经验进行设置，刀路之间的最大距离一般给定刀具直径的 60%即可。

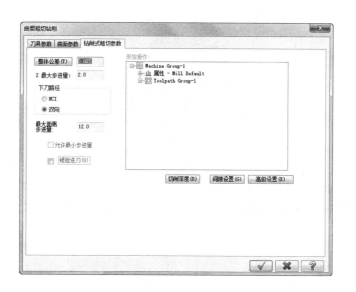

图 8-155　【曲面粗切钻削】对话框

8.8.2 钻削式粗加工实例

网盘\动画演示\第 8 章\例 8-8.MP4

下面通过实例来说明钻削式粗加工参数的设置步骤。

对如图 8-156 所示的图形进行钻削式粗加工，加工结果如图 8-157 所示。

图 8-156　加工图形

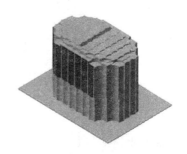

图 8-157　加工结果

1）单击【快速访问工具栏】中的【打开】按钮，在弹出的【打开】对话框中选择【网盘→初始文件→第 8 章→例 8-8】文件，单击【打开】按钮 打开(O)，完成文件的调取。

2）单击【刀路】→【3D】→【粗切】→【钻销式】按钮，选择加工曲面后，单击【结束选取】按钮 结束选取，弹出【刀路曲面选择】对话框。单击【网格】组中的【选择】按钮，选择加工图形上的对角点，如图 8-158 所示，单击【确定】按钮，完成曲面和对角点的选择。

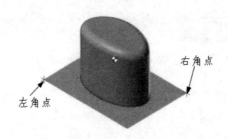

图 8-158 选择的曲面和边界

3）系统弹出【曲面粗切钻削】对话框，利用对话框中的【刀具参数】选项卡来设置刀具和切削参数。在【刀具参数】选项卡中单击【从刀库选择】按钮 从刀库选择，系统弹出【选择刀具】对话框。

4）在【选择刀具】对话框中选择直径 16 的【钻头】，如图 8-159 所示，单击【确定】按钮，完成刀具参数设置。

编号	刀具名称	直径	刀角半径	长度	刀刃数	类型	半...
2	SOLID CARBIDE DRI...	15.0	0.0	63.0	1	钻头/钻孔	无
3	POINT DRILL 5xDc- 15	15.0	0.0	78.0	1	钻头/钻孔	无
4	INSERT DRILL 3xDc...	15.0	0.0	45.0	1	钻头/钻孔	无
2	SOLID CARBIDE DRI...	15.1	0.0	63.0	1	钻头/钻孔	无
2	SOLID CARBIDE DRI...	15.2	0.0	63.0	1	钻头/钻孔	无
2	SOLID CARBIDE DRI...	15.3	0.0	63.0	1	钻头/钻孔	无
4	INSERT DRILL 3xDc...	16.0	0.0	48.0	1	钻头/钻孔	无
7	CHAMFER MILL 16/9...	16....	0.0	12.0	4	倒角刀	无
12	NC SPOT DRILL - 16	16.0	0.0	34.0	1	定位刀	无
5	END MILL WITH RAD...	16.0	0.5	26.0	4	圆鼻刀	角落
2	SOLID CARBIDE DRI...	16.0	0.0	63.0	1	钻头/钻孔	无
6	BALL-NOSE END MIL...	16.0	8.0	32.0	4	球刀	全部
5	END MILL WITH RAD...	16.0	1.0	26.0	4	圆鼻刀	角落
10	THREAD TAP - M16 x 2	16.0-2	0.0	20.0	1	右牙刀	无

刀具过滤(F)
☑ 激活刀具过
显示 d 个刀具（

显示模式
◉ 刀具
○ 装配
○ 两者

图 8-159 【选择刀具】对话框

5）在【刀具参数】选项卡中显示创建了一把 D=16mm 的钻头。设置【进给速率】为 600、【下刀速率】为 400、【主轴转速】为 2000，如图 8-160 所示。

6）在【曲面粗切钻削】对话框中单击【曲面参数】选项卡，并在该选项卡中设置【参考高度】为 25、【下刀位置】为 5、加工面和干涉面的预留量均为 0（暂时不进行精加工），如图 8-161 所示。

7）在【曲面粗切钻削】对话框中单击【钻削式粗切参数】选项卡，在该选项卡中设置曲面钻削式切工参数。将【Z 最大步进量】设为 5，【最大距离步进量】设为 10，如图 8-162 所示。

8）单击【确定】按钮，系统根据所设置的参数生成曲面钻削式粗切刀路，如图 8-163 所示。

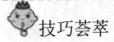 技巧荟萃

钻削式粗切刀路不能采用螺旋式下刀，因为本身采用的就是类似于钻头的专用刀具，可以直接下刀。如果采用螺旋式下刀，刀路会出现错误。

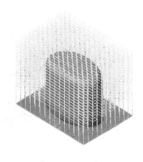

图 8-160 【刀具参数】选项卡

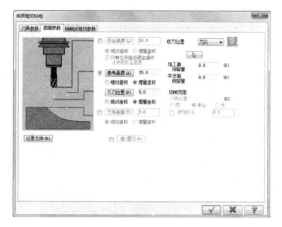

图 8-161 【曲面参数】选项卡

图 8-162 【钻削式粗切参数】选项卡

图 8-163 钻削式粗切刀路

8.8.3 模拟钻削式粗加工

刀路编制完后需要进行模拟检查，如果检查无误即可进行后处理操作，生成 G、M 代码。具体操作步骤如下：

1）在刀路管理器中单击【属性】→【素材设置】命令，弹出【机床分组属性】对话框的【素材设置】选项卡，在该选项卡中设置工件参数。在【型状】选项组中选择【立方体】单选钮，选择立方体作为毛坯，如图 8-164 所示。设置立方体工件的尺寸为 140×100×79，单击【确定】按钮 ，完成工件参数设置，生成的毛坯如图 8-165 所示。

2）在刀具管理器中单击【验证已选择的操作】按钮 ，并在弹出的【Mastercam 模拟】对话框中单击【播放】按钮 ，系统进行模拟，模拟结果如图 8-166 所示。

3）模拟检查无误后，在刀具管理器中单击【运行选择的操作进行后处理】按钮 G1，生成的 G、M 代码如图 8-167 所示。

图 8-164　【机床分组属性】对话框

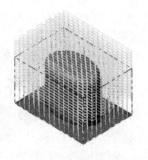

图 8-165　生成的毛坯

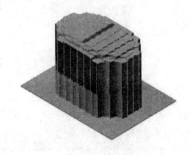

图 8-166　模拟结果

图 8-167　生成的 G、M 代码

第9章

曲面精加工

曲面精加工方法主要用于对工件进行精加工，达到工件所要求的表面粗糙度和精度。曲面精加工方法共有 11 种，包括平行铣削精加工、平行陡斜面精加工、放射状精加工、投影精加工、流线精加工、等高外形精加工、浅平面精加工、交线清角精加工、残料精加工、环绕等距精加工和熔接精加工。下面将详细讲解每种精加工方法的加工步骤。

重点与难点

- ■ 平行铣削精加工、平行陡斜面精加工
- ■ 放射状精加工、投影精加工
- ■ 流线精加工、等高外形精加工
- ■ 浅平面精加工、交线清角精加工
- ■ 残料精加工、环绕等距精加工
- ■ 熔接精加工

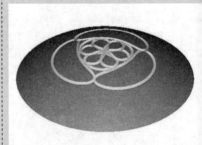

9.1 平行铣削精加工

平行精加工与平行粗加工类似，不过平行精加工只加工一层，对于比较平坦的曲面加工效果比较好。另外，平行精加工刀路相互平行，加工精度比其他加工方法要高，因此，常用平行精加工方法来加工模具中比较平坦的曲面或重要的分型面。

9.1.1 设置平行精加工参数

单击【刀路】→【自定义】→【精修平行铣削】按钮，选择加工曲面后，单击【结束选取】按钮，系统弹出【刀路曲面选择】对话框。单击【确定】按钮，弹出如图 9-1 所示的【曲面精修平行】对话框，利用该对话框来设置精加工参数。

图 9-1　【曲面精修平行】对话框

9.1.2 平行精加工实例

此例在图 9-1 加工结果的基础上来进一步进行精加工。

 参见网盘　网盘\动画演示\第 9 章\例 9-1.MP4

【例 9-1】对如图 9-2 所示的图形采用平行精加工方法进行精加工，加工结果如图 9-3 所示。

1）单击快速访问工具栏中的【打开】按钮，在【打开】的对话框中选择【网盘→初始

文件→第9章→例9-1】文件，单击【打开】按钮 [打开(O)]，完成文件的调取。

2）单击【刀路】→【自定义】→【精修平行铣削】按钮，选择加工曲面后，单击【结束选取】按钮 [结束选取]，弹出【刀路曲面选择】对话框。选择切削范围，如图 9-4 所示，【确定】按钮，完成曲面和加工边界的选择。

3）系统弹出【曲面精修平行】对话框，利用对话框中的【刀具参数】选项卡来设置刀具和切削参数，如图 9-5 所示。

4）在【刀具参数】选项卡中单击【从刀库选择】按钮 [从刀库选择]，系统弹出如图 9-6 所示的【选择刀具】对话框。

图 9-2 加工图形

图 9-3 加工结果

图 9-4 选择切削范围

图 9-5 【刀具参数】选项卡

5）在【选择刀具】对话框中选择直径为 6 的【球刀】，单击【确定】按钮，完成刀具选择。

6）在【刀具参数】选项卡中显示创建了一把 D=6 的刀具。设置【进给速率】为 600、【下刀速率】为 400、【主轴转速】为 3000，如图 9-7 所示。

7）在【曲面精修平行】对话框中单击【曲面参数】选项卡，在该选项卡中设置【参考高度】为增量坐标 25、【下刀位置】为增量坐标 5、加工面和干涉面的预留量均为 0，在【校刀位置】设置为【刀尖】，如图 9-8 所示。

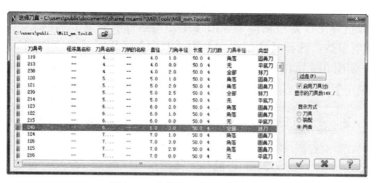

图 9-6 【选择刀具】对话框

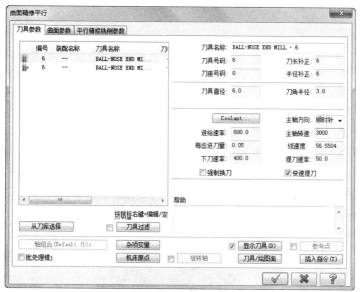

图 9-7 【刀具参数】选项卡

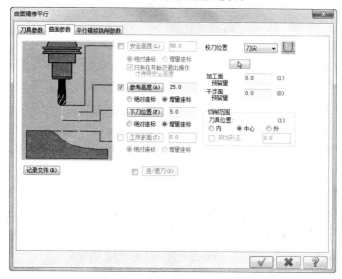

图 9-8 【曲面参数】选项卡

8）在【曲面精修平行】对话框中单击【平行精修铣削参数】选项卡，在该选项卡中设置曲面精修平行铣削参数。选择【切削方向】为【双向】，设置【最大切削间距】为 0.8、【加工角度】为 45，如图 9-9 所示。

9）单击【确定】按钮，系统根据所设置的参数生成平行精修刀路，如图 9-10 所示。

图 9-9 【刀具参数】选项卡

图 9-10 平行精修刀路

9.1.3 模拟平行精加工

刀路编制完后需要进行模拟检查，如果检查无误即可进行后处理操作，生成 G、M 代码。具体操作步骤如下：

1）在刀路管理器中单击【属性】→【素材设置】命令，弹出【机床分组属性】对话框的【素材设置】选项卡，在该选项卡中设置工件参数。在【型状】选项组中选择【立方体】单选钮，选择立方体作为毛坯，如图 9-11 所示，设置立方体工件的尺寸为 80×120×50，单击【确定】按钮，完成工件参数设置，生成的毛坯如图 9-12 所示。

2）在刀具管理器中单击【验证已选择的操作】按钮，并在弹出的【Mastercam 模拟】

对话框中单击【播放】按钮 ▶ ，系统进行模拟，模拟结果如图 9-13 所示。

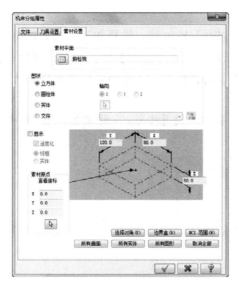

图 9-11 【素材设置】选项卡

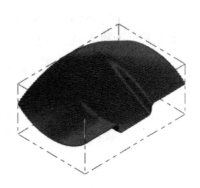

图 9-12 生成的毛坯

3）模拟检查无误后，在刀具管理器中单击【运行选择的操作进行后处理】按钮 G1，生成的 G、M 代码如图 9-14 所示。

图 9-13 模拟结果

图 9-14 生成 G、M 代码

9.2 陡斜面精加工

陡斜面精加工主要用于对比较陡的曲面进行加工，加工刀路与平行精加工的刀路相似，以弥补平行精加工只能加工比较浅的曲面这一缺陷。

9.2.1 设置陡斜面精加工参数

单击【刀路】→【自定义】→【精修平行陡斜面】按钮，选择加工曲面后，单击"结束选取"按钮，弹出【刀路曲面选择】对话框。单击【确定】按钮，弹出如图 9-15 所示的【曲面精修平行式陡斜面】对话框，利用该对话框中的【陡斜面精修参数】选项卡来设置陡斜面精加工参数。

下面以加工 V 形面为例来说明陡斜面精加工参数的设置步骤，V 形面如图 9-16 所示。

1）选择 V 形曲面作为加工曲面。

图 9-15　【陡斜面精修参数】选项卡

图 9-16　V 形面

2）在【曲面精修平行式陡斜面】对话框中的【陡斜面精修参数】选项卡中设置【加工角度】为 0，即设置加工的方向为 X 轴方向，设置【最大切削间距】为 2，选择【切削方向】为【双向】，【切削延伸量】设置为 5，设置【陡斜面范围】为 30°～90°，即在此角度范围内的曲面被认为是陡斜面，勾选【包含外部切削】复选框，系统对此曲面进行加工，如图 9-17 所示。

3）单击【确定】按钮，系统根据所设置的参数生成陡斜面精加工刀路，如图 9-18 所示。

9.2.2 陡斜面精加工实例

下面通过实例来说明陡斜面精加工步骤。

参见网盘　　网盘\动画演示\第 9 章\例 9-2.MP4

图 9-17　【陡斜面精修参数】选项卡　　　　　图 9-18　陡斜面精修刀路

【例 9-2】对如图 9-19 所示的图形采用陡斜面精加工方法进行加工，加工结果如图 9-20 所示。

图 9-19　加工图形　　　　　　　　　图 9-20　加工结果

1）单击快速访问工具栏中的【打开】按钮，在【打开】的对话框中打开【网盘→初始文件→第 9 章→例 9-2】文件，单击【打开】按钮，完成文件的调取。

2）单击【刀路】→【自定义】→【精修平行陡斜面】按钮，选择加工曲面后，单击【结束选取】按钮，弹出【刀路曲面选择】对话框。选择切削范围线，如图 9-21 所示，单击【确定】按钮，完成曲面和加工范围线的选择。

3）系统弹出【曲面精修平行式陡斜面】对话框，利用对话框中的【刀具参数】选项卡来设置刀具和切削参数。在【刀具参数】选项卡中单击【从刀库选择】按钮，系统弹出【选择刀具】对话框。

4）在【选择刀具】对话框中选择直径为 6 的【球刀】，如图 9-22 所示，单击【确定】按钮完成刀具参数设置。

5）在【刀具参数】选项卡中显示创建了一把 D=6 的球刀。设置【进给速率】为 800、【下刀速率】为 400、【主轴转速】为 3000，如图 9-23 所示。

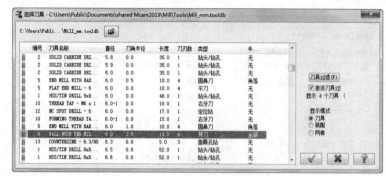

图 9-21　选择曲面和加工范围线

图 9-22　【选择刀具】对话框

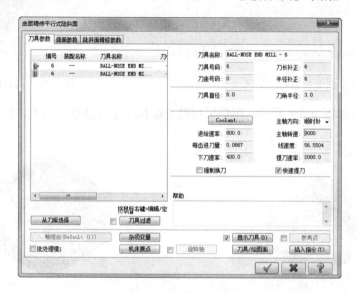

图 9-23　【刀具参数】选项卡

6）在【曲面精修平行式陡斜面】对话框中单击【曲面参数】选项卡，在该选项卡中设置【参考高度】为 25、【下刀位置】为 5、加工面和干涉面的预留量均为 0，在【刀具位置】设置为【中心】，如图 9-24 所示。

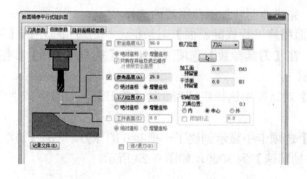

图 9-24　【曲面参数】选项卡

7）在【曲面精修平行式陡斜面】对话框中单击【陡斜面精修参数】选项卡，在该选项卡中设置陡斜面精修参数。设置【切削方向】为【双向】、【最大切削间距】为 0.5、【加工角度】为 135、【切削延伸量】设置为 5，【陡斜面范围】为 45°～90°、勾选【包含外部切削】复选框，如图 9-25 所示。

8）单击【确定】按钮，系统根据所设置的参数生成陡斜面精修刀路，如图 9-26 所示。

图 9-25　【陡斜面精修参数】选项卡

图 9-26　陡斜面精修刀路

9.2.3 模拟平行陡斜面精加工

刀路编制完后需要进行模拟检查，如果检查无误即可进行后续处理操作，生成 G、M 代码。具体操作步骤如下：

1）在刀路管理器中单击【属性】→【素材设置】命令，弹出【机床分组属性】对话框的【素材设置】选项卡，在该选项卡中设置工件参数。在【型状】选项组中选择【立方体】单选钮，选择立方体作为毛坯，如图 9-27 所示，设置立方体工件的尺寸为 50×50×30，单击【确定】按钮，完成工件参数设置，生成的毛坯如图 9-28 所示。

2）在刀具管理器中单击【验证已选择的操作】按钮，并在弹出的【Mastercam 模拟】对话框中单击【播放】按钮，系统进行模拟，模拟结果如图 9-29 所示。

3）模拟检查无误后，在刀具管理器中单击【运行选择的操作进行后处理】按钮G1，生成的 G、M 代码如图 9-30 所示。

技巧荟萃

陡斜面精加工适合比较陡的斜面，对于陡斜面中间部分的浅平面，往往加工不到，可以在【陡斜面精修参数】选项卡中勾选【包含外部切削】复选框，即可切削浅平面部分。

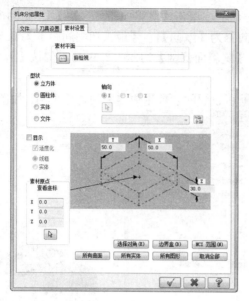

图 9-27　【机床分组属性】对话框

图 9-28　生成的毛坯

图 9-29　模拟结果

图 9-30　生成 G、M 代码

9.3 放射精加工

　　放射精加工是从中心一点向四周发散的加工方式，也称径向加工，主要用于对回转体或类似回转体进行精加工。放射精加工在实际应用过程中主要针对回转体工件进行加工，有时可用车床加工代替。

9.3.1 设置放射精加工参数

单击【刀路】→【自定义】→【精修放射】按钮🖉，选择加工曲面后，然后单击【结束选取】按钮 ⬭结束选取，弹出【刀路的曲面选取】对话框。单击 ✔ 按钮，弹出如图 9-31 所示的【曲面精修放射】对话框，该对话框主要用来设置放射精加工参数。下面通过实例来说明放射精加工参数的设置步骤，加工图形为如图 9-32 所示的四分之一球面。

图 9-31 【曲面精修放射】对话框

图 9-32 加工图形

1）选择球面作为加工曲面，选择最高点作为放射中心点。

2）在【放射精修参数】选项卡中设置【切削方向】为【双向】、【最大角度增量】为 1°、【起始补正距离】为 5，即从放射中心点开始切削，设置放射【起始角度】为 0、【扫描角度】为 360，如图 9-33 所示。

3）单击【确定】按钮 ✔，系统根据所设置的参数生成放射精修刀路，如图 9-34 所示。

图 9-33 【放射精修参数】选项卡

图 9-34 放射精修刀路

9.3.2 放射精修实例

下面通过实例来说明放射精修刀路的编制步骤。

 网盘\动画演示\第 9 章\例 9-3.MP4

【例 9-3】对如图 9-35 所示的图形进行放射精修，加工结果如图 9-36 所示。

图 9-35　加工图形

图 9-36　加工结果

1）单击快速访问工具栏中的【打开】按钮 ，在【打开】的对话框中选择【网盘→初始文件→第 9 章→例 9-3】文件，单击【打开】按钮 打开(O) ，完成文件的调取。

2）执行【刀路】→【自定义】→【精修放射】按钮 ，选择加工曲面后，然后单击【结束选取】按钮 结束选取 ，弹出【刀路曲面选择】对话框，单击【确定】按钮 ，完成曲面的选择。

3）系统弹出【曲面精修放射】对话框，利用对话框中的【刀具参数】选项卡来设置刀具和切削参数。在【刀具参数】选项卡中单击 【从刀库选择 】按钮 从刀库选择 ，系统弹出【选择刀具】对话框。在【选择刀具】对话框中选择直径为 6 的【球刀】，并在弹出的【球刀】选项卡中设置刀具参数，如图 9-37 所示，单击【确定】按钮 ，完成刀具参数设置。

4）在【刀具参数】选项卡中显示创建了一把 D=6 的球刀。设置【进给速率】为 600、【下刀速率】为 400、【主轴转速】为 3000，如图 9-38 所示。

图 9-37　【选择刀具】对话框

5）在【曲面精修放射】对话框中单击【曲面参数】选项卡，在该选项卡中设置【参考高度】为增量坐标 25、【下刀位置】为增量坐标 5、加工面和干涉面的预留量均为 0，如图 9-39 所示。

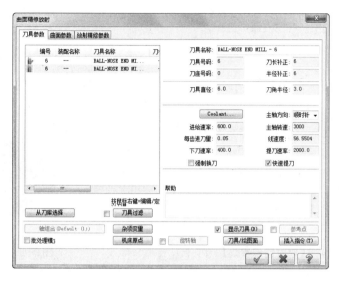

图 9-38　【刀具参数】选项卡

6）在【曲面精修放射】对话框中单击【放射精修参数】选项卡，在该选项卡中设置曲面精修放射铣削参数。选择【切削方向】为【双向】，设置【最大角度增量】为 1、【起始补正距离】为 0，如图 9-40 所示。

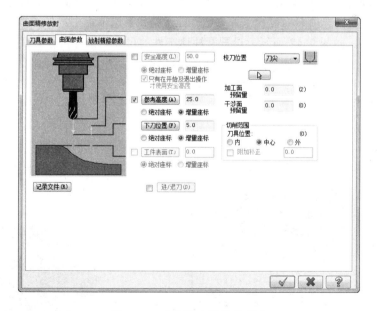

图 9-39　【曲面参数】选项卡

7）单击【确定】按钮 ，系统提示【选择放射中心】然后在绘图区域选择模型的中心点，系统根据所设置的参数生成曲面放射精修刀路，如图 9-41 所示。

图 9-40　【放射精修参数】选项卡　　　　　　　图 9-41　曲面放射精修刀路

9.3.3　模拟放射精加工

刀路编制完后需要进行模拟检查，如果检查无误即可进行后续处理操作，生成 G、M 代码。具体操作步骤如下：

1）在刀路管理器中单击【属性】→【素材设置】命令，弹出【机床分组属性】对话框的【素材设置】选项卡，在该选项卡中设置工件参数。在【型状】选项组中选择【圆柱体】单选钮，选择圆柱体作为毛坯，如图 9-42 所示，设置圆柱体工件的尺寸为：【直径】104，【高度】12，Z轴为定位轴，单击【确定】按钮 ，完成工件参数设置，生成的毛坯如图 9-43 所示。

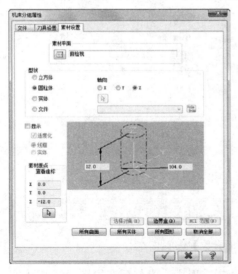

图 9-42　【素材设置】选项卡　　　　　　　图 9-43　生成的毛坯

2）在刀具管理器中单击【验证已选择的操作】按钮 ，并在弹出的【Mastercam 模拟】对话框中单击【播放】按钮 ，系统进行模拟，模拟结果如图 9-44 所示。

3）模拟检查无误后，在刀具管理器中单击【运行选择的操作进行后处理】按钮 G1，生成的 G、M 代码如图 9-45 所示。

图 9-44　模拟结果

图 9-45　生成的 G、M 代码

9.4 投影精加工

投影精加工主要用于三维产品的雕刻、绣花等。投影精加工包括刀路投影（NCI 投影）、曲线投影和点投影 3 种形式。与其他精加工方法不同的是，投影精加工的预留量必须设为负值。

📖9.4.1 设置投影精加工参数

执行【刀路】→【自定义】→【精修投影加工】按钮 ，选择加工曲面后，单击【结束选取】按钮 ，弹出【刀路曲面选择】对话框。单击【确定】按钮 ，弹出如图 9-46 所示的【曲面精修投影】对话框，该对话框主要用来设置投影精加工参数。下面以 NCI 投影精加工为例来说明投影精加工参数的设置步骤，加工图形如图 9-47 所示（先前已经进行过外形加工）。

1）选择如图 9-47 所示的曲面作为投影曲面。

2）在【曲面参数】选项卡中设置加工面【预留量】为 0，【校刀位置】为【中心】，如图 9-48 所示。

3）在【投影精修参数】选项卡中勾选【两切削间提刀】复选框，在【投影方式】选项组中选择【曲线】单选按钮，如图 9-49 所示。

4）单击【确定】按钮 ，系统根据所设置的参数生成投影精修刀路，如图 9-50 所示。

图 9-46　【曲面精修投影】对话框　　　　　　　　图 9-47　加工图形

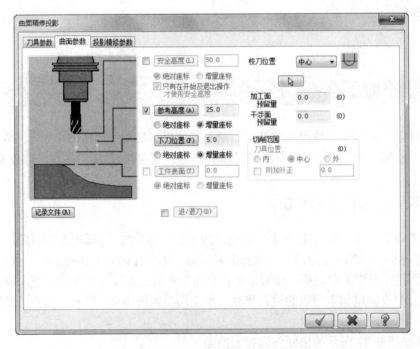

图 9-48　【曲面参数】选项卡

图 9-49 【投影精修参数】选项卡

图 9-50 投影精修刀路

9.4.2 投影精加工实例

下面通过实例来说明投影精修刀路的编制步骤。

 网盘\动画演示\第 9 章\例 9-4.MP4

【例 9-4】对如图 9-51 所示的图形进行投影精修,加工结果如图 9-52 所示。

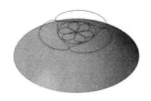

图 9-51 加工图形

图 9-52 加工结果

1）单击快速访问工具栏中的【打开】按钮，在【打开】的对话框中选择【网盘→初始文件→第 9 章→例 9-4】文件，单击【打开】按钮 ，完成文件的调取。

2）执行【刀路】→【自定义】→【精修投影加工】命令，选择投影曲面后，单击【结束选取】按钮 ，弹出【刀路曲面选择】对话框。选择投影曲线，如图 9-53 所示，单击【确定】按钮 ，完成投影曲线的选择。

3）系统弹出【曲面精修投影】对话框，利用对话框中的【刀具参数】选项卡来设置刀具和切削参数。在【刀具参数】选项卡中单击【从刀库选择按钮 从刀库选择 ，系统弹出【选择刀具】对话框。

4）在如图 9-54 所示的【选择刀具】对话框中选择直径为 3 的【球刀】，单击【确定】按钮 ，完成刀具参数设置。

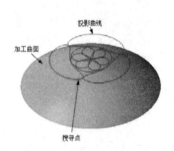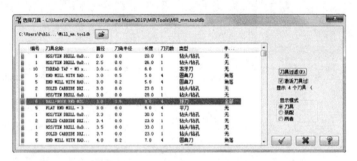

图 9-53 选择投影曲线　　　　　　　　图 9-54 【选择刀具】对话框

5）在【刀具参数】选项卡中显示创建了一把 D=3 的球刀。设置【进给速率】为 600、【下刀速率】为 400、【主轴转速】为 3000，如图 9-55 所示。

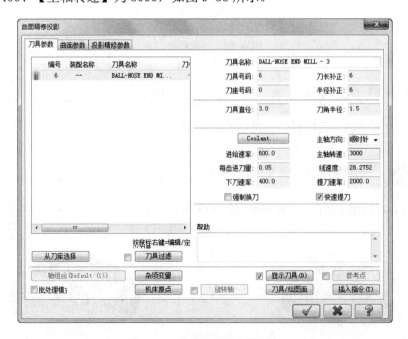

图 9-55 【刀具参数】选项卡

6）在【曲面精修投影】对话框中单击【曲面参数】选项卡，在该选项卡中设置【参考高度】为增量坐标25、【下刀位置】为增量坐标5、【加工面预留量】为-1，【校刀位置】设置为【中心】，如图9-56所示。

7）在【曲面精修投影】对话框中单击【投影精修参数】选项卡，在该选项卡中设置曲面投影精加工参数，如图9-57所示。

8）单击【确定】按钮 ，系统根据所设置的参数生成曲面投影精加工刀路，如图9-58所示。

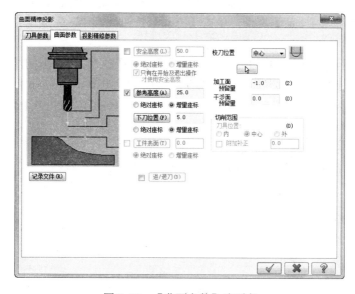

图9-56　【曲面参数】选项卡

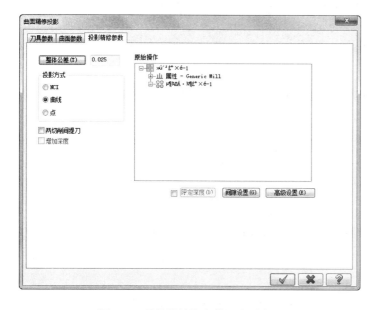

图9-57　【投影精修参数】选项卡

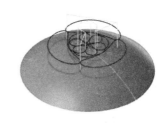

图9-58　曲面投影精加工刀路

9.4.3 模拟投影精加工

刀路编制完后需要进行模拟检查，如果检查无误即可进行后处理操作，生成 G、M 代码。具体操作步骤如下：

1）在刀路管理器中单击【属性】→【素材设置】命令，弹出【机床分组属性】对话框的【素材设置】选项卡，在该选项卡中设置工件参数。

2）在【素材设置】选项卡的【型状】选项组中单击【文件】按钮，如图 9-59 所示。在网盘目录中选择【例 9-4.STL】文件，单击【打开】按钮 打开(O)，完成工件参数设置，生成的毛坯如图 9-60 所示。

3）在刀具管理器中单击【验证已选择的操作】按钮，并在弹出的【Mastercam 模拟】对话框中单击【播放】按钮，系统进行模拟，模拟结果如图 9-61 所示。

4）模拟检查无误后，在刀具管理器中单击【运行选择的操作进行后处理】按钮 G1，生成的 G、M 代码如图 9-62 所示。

图 9-59　【素材设置】选项卡

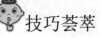技巧荟萃

投影精加工中的预留量通常设为负值，因为精加工已经将产品加工到位，投影精修必须在此基础上再切削部分材料，因此，需要设成负值。

图 9-60　生成的毛坯

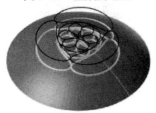

图 9-61　模拟结果

图 9-62　生成的 G、M 代码

9.5　流线精加工

　　流线精加工主要用于加工流线非常规律的曲面。对于多个曲面，当流线相互交错时，用曲面流线精加工方法加工不太适合。

9.5.1　设置流线精加工参数

　　单击【刀路】→【自定义】→【流线】按钮，选择加工曲面，然后单击【结束选取】按钮，弹出【刀路曲面选择】对话框。单击【确定】按钮，弹出如图 9-63 所示的【曲面精修流线】对话框，利用该对话框来设置流线精修参数。

　　流线精修参数主要包括切削控制和截断方向的控制，切削控制一般采用误差控制。机床一般将切削方向的曲线刀路转化成小段直线来进行近似切削。误差设置得越大，转化成直线的误差也就越大，计算也越快，加工结果与原曲面之间的误差越大；误差设置得越小，计算越慢，加工结果与原曲面之间的误差越小，一般给定为 0.025～0.15。截断方向的控制方式有两种，一种是距离，另一种是残脊高度。对于用球刀铣削曲面时在两刀路之间生成的残脊，可以通过控制残脊高度来控制残料余量。另外，也可以通过控制两切削路径之间的距离来控制残料余量。采用距离控制刀路之间的残料余量更直接、更简单，因此一般通过距离来控制残料余量。

Mastercam
2019

图 9-63　【曲面精修流线】对话框

9.5.2　流线精加工实例

下面通过实例来说明流线精加工参数的设置步骤。

 网盘\动画演示\第 9 章\例 9-5.MP4

【例 9-5】对如图 9-64 所示的圆柱采用流线精加工方式进行加工，加工结果如图 9-65 所示。

1）单击快速访问工具栏中的【打开】按钮，在【打开】的对话框中选择【网盘→初始文件→第 9 章→例 9-5】文件，单击【打开】按钮，完成文件的调取。

2）单击【刀路】→【自定义】→【流线】按钮，选择加工曲面后，然后单击【结束选取】按钮，弹出【刀路曲面选择】对话框。单击【曲面流线】选项组中的【流线参数】按钮，弹出【曲面流线设置】对话框。选择圆柱面作为加工面，设置切削方向和补正方向，如图 9-66 所示，单击【确定】按钮，完成流线选项设置。

3）系统弹出【曲面精修流线】对话框，利用对话框中的【刀具参数】选项卡来设置刀具和切削参数。在【刀路参数】选项卡中单击【从刀库选择】按钮，系统弹出【选择刀具】对话框。

4）在【选择刀具】对话框中选择直径为 5 的【平刀】，如图 9-67 所示，单击【确定】按钮，完成刀具参数设置。

5）在【刀具参数】选项卡中显示创建了一把 D=5 的平刀。设置【进给速率】为 800、【下刀速率】为 400、【主轴转速】为 3000，如图 9-68 所示。

6）在【曲面精修流线】对话框中单击【曲面参数】选项卡，在该选项卡中设置【参考高

度】为增量坐标 25、【下刀位置】为增量坐标 5、加工面和干涉面的预留量均为 0，如图 9-69
所示。

图 9-64　加工图形

图 9-65　加工结果

图 9-66　【曲面流线设置】对话框

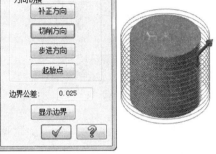

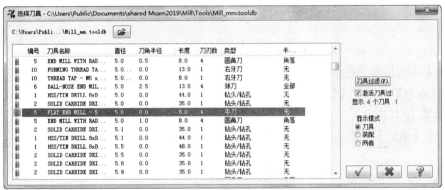
图 9-67　【选择刀具】对话框

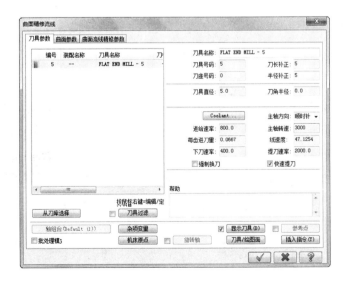
图 9-68　【刀具参数】选项卡

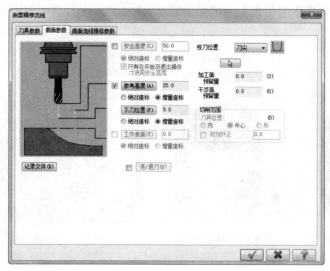

图 9-69　【曲面参数】选项卡

7）在【曲面精修流线】对话框中单击【曲面流线精修参数】选项卡，在该选项卡中设置曲面流线精修参数。选择【切削方向】为【螺旋】，在【截断方向控制】选项组中设置【距离】为 1，如图 9-70 所示。

8）单击【确定】按钮 ，系统根据所设置的参数生成曲面流线精修刀路，如图 9-71 所示。

图 9-70　【曲面流线精修参数】选项卡

图 9-71　曲面流线精修刀路

9.5.3 模拟流线精加工

刀路编制完后需要进行模拟检查，如果检查无误即可进行后处理操作，生成 G、M 代码。具体操作步骤如下：

1）在刀路管理器中单击【属性】→【素材设置】命令，弹出【机床分组属性】对话框的【素材设置】选项卡，在该选项卡中设置工件参数。在【形状】选项组中选择【圆柱体】单选钮，选择圆柱体作为毛坯，如图 9-72 所示，设置圆柱体工件的尺寸为【直径】22，【高度】20，Z 轴为定位轴，单击【确定】按钮，完成工件参数设置，生成的毛坯如图 9-73 所示。

2）在刀具管理器中单击【验证已选择的操作】按钮，并在弹出的【Mastercam 模拟】对话框中单击【播放】按钮，系统进行模拟，模拟结果如图 9-74 所示。

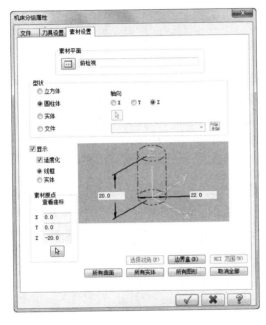

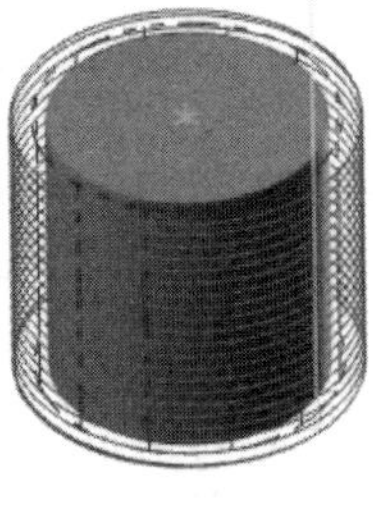

图 9-73　生成的毛坯

图 9-72　【素材设置】选项卡

图 9-74　模拟结果

3）模拟检查无误后，在刀具管理器中单击【运行选择的操作进行后处理】按钮，生成的 G、M 代码如图 9-75 所示。

图 9-75　生成的 G、M 代码

9.6 等高精加工

等高精加工采用等高线的方式进行逐层加工，包括沿 Z 轴等分和沿外形等分两种方式。沿 Z 轴等分等高精加工选择的是加工范围线；沿外形等分等高精加工选择的是外形线，并将外形线进行等分加工。等高精加工主要用于对比较陡的曲面进行精加工，加工效果较好，是目前应用比较广泛的加工方法之一。

9.6.1 设置等高精加工参数

单击【刀路】→【自定义】→【等高】按钮，选择加工曲面，然后单击【结束选取】按钮，弹出【刀路曲面选择】对话框。单击【确定】按钮，弹出如图 9-76 所示的【曲面精修等高】对话框，利用该对话框来设置等高精加工的相关参数。

由于等高精修参数与等高粗切参数相同，在此不再赘述。

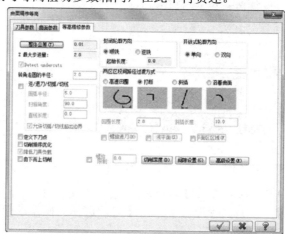

图 9-76　【曲面精修等高】对话框

9.6.2 沿 Z 轴等分等高精加工实例

沿 Z 轴等分等高精加工是等高精加工中最基本的形式，下面通过实例来说明等高精加工的加工步骤。

 网盘\动画演示\第 9 章\例 9-6.MP4

【例 9-6】对如图 9-77 所示的图形采用等高精加工方法进行加工，加工结果如图 9-78 所示。

1）单击快速访问工具栏中的【打开】按钮，在【打开】的对话框中选择【网盘→初始文件→第 9 章→例 9-6】文件，单击【打开】按钮，完成文件的调取。

图 9-77　加工图形

图 9-78　加工结果

2）执行【刀路】→【自定义】→【等高】按钮 ，选择加工曲面后，单击【结束选取】按钮 ，弹出【刀路曲面选择】对话框，单击【切削范围】组中的【选择】按钮 ，选择加工边界，如图 9-79 所示，单击【确定】按钮 ，完成加工边界的选择。

3）系统弹出【曲面精修等高】对话框，利用对话框中的【刀具参数】选项卡来设置刀具和切削参数。在【刀具参数】选项卡中单击【从刀库选择】按钮 ，系统弹出【选择刀具】对话框。

4）在【选择刀具】对话框中选择直径为 5 的【球刀】，如图 9-80 所示，单击【确定】按钮 ，完成刀具参数设置。

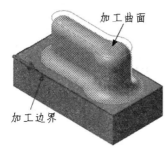

图 9-79　选择加工边界　　　　　　　　　　图 9-80　【选择刀具】对话框

5）在【刀具参数】选项卡中显示创建了一把 D=5 的球刀。设置【进给速率】为 800、【下刀速率】为 400、【主轴转速】为 3000，如图 9-81 所示。

图 9-81　【刀具参数】选项卡

6）在【曲面精修等高】对话框中单击【曲面参数】选项卡，在该选项卡中设置【参考高度】为增量坐标 25、【下刀位置】为增量坐标 5、加工面和干涉面的预留量均为 0，【校刀位置】设置为【中心】，在【刀具位置】选项组中选择【外】单选按钮，如图 9-82 所示。

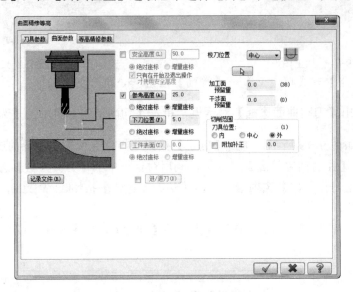

图 9-82　【曲面参数】选项卡

7）在【曲面精修等高】对话框中单击【等高精修参数】选项卡，在该选项卡中设置曲面等高精加工参数。选择【开放式轮廓方向】为【双向】，设置【Z 最大步进量】为 0.2，【两区区段间路径过渡方式】为【沿着曲面】，勾选【切削排序优化】复选框，勾选【浅平面】复选框，如图 9-83 所示。

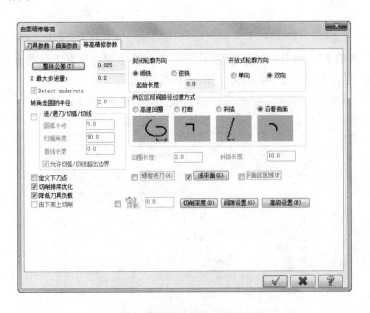

图 9-83　【等高精修参数】选项卡

8）单击【浅平面】按钮 <u>浅平面(S)</u>，弹出【浅平面加工】对话框，选择【增加浅平面区区域刀路】单选按钮，如图 9-84 所示。单击【确定】按钮 ✓。系统根据所设置的参数生成曲面等高精修刀路，如图 9-85 所示。

图9-84　【浅平面加工】对话框　　　　　　　图9-85　曲面精修等高刀路

9.6.3 模拟等高线精加工

刀路编制完后需要进行模拟检查，如果检查无误即可进行后处理操作，生成 G、M 代码。具体操作步骤如下：

1）在刀路管理器中单击【属性】→【素材设置】命令，弹出【机床分组属性】对话框的【素材设置】选项卡，如图 9-86 所示。在该选项卡中设置工件参数。

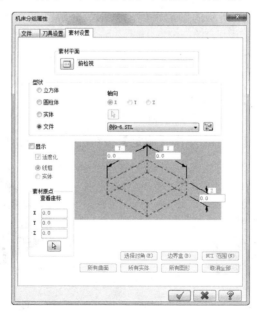

图9-86　【素材设置】选项卡

2）在【素材设置】选项卡的【型状】选项组中单击【文件】按钮，如图 9-86 所示。在网盘目录中选择【例 9-6.STL】文件，单击【打开】按钮，完成工件参数设置，生成的毛坯如图 9-87 所示。

3）在刀具管理器中单击【验证已选择的操作】按钮，并在弹出的【Mastercam 模拟】对话框中单击【播放】按钮，系统进行模拟，模拟结果如图 9-88 所示。

图 9-87　生成毛坯

图 9-88　模拟结果

9.6.4　沿外形等分等高精加工实例

为了弥补沿 Z 轴等分等高精加工方式的不足，Mastercam 提供了等高外形精加工的另外一种方式，即沿外形等分等高精加工，以外形线等分进行铣削。下面通过实例来说明沿外形等分等高精加工方式的加工步骤。

 网盘\动画演示\第 9 章\例 9-7.MP4

【例 9-7】对如图 9-89 所示的图形采用沿外形等分等高精加工方式进行加工，加工结果如图 9-90 所示。

1）单击【快速访问工具栏】中的【打开】按钮，在弹出的【打开】对话框中选择【网盘→初始文件→第 9 章→例 9-7】文件，单击【打开】按钮，完成文件的调取。

2）单击【刀路】→【自定义】→【等高】按钮，选择加工面后，单击【结束选取】按钮，弹出【刀路曲面选择】对话框，单击【切削范围】组中的【选择】按钮，选择等分外形线，如图 9-91 所示，单击【确定】按钮，完成加工面和等分外形线的选择。

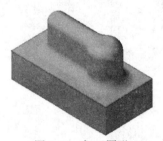

图 9-89　加工图形

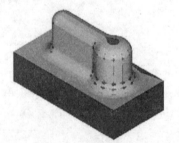

图 9-90　加工结果

3）系统弹出【曲面精修等高】对话框，利用对话框中的【刀具参数】选项卡来设置刀具和切削参数。在【刀具参数】选项卡中单击【从刀库选择】按钮 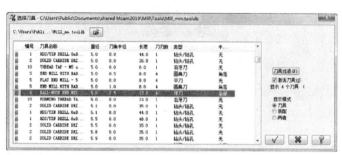，系统弹出【选择刀具】对话框。

4）在【选择刀具】对话框中选择直径为5的【球刀】，如图 9-92 所示，单击【确定】按钮，完成刀具参数设置。

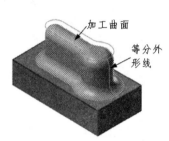

图 9-91　选择加工面和等分外形线

图 9-92　【选择刀具】对话框

5）在【刀具参数】选项卡中显示创建了一把 D=5 的球刀。设置【进给速率】为800、【下刀速率】为400、【主轴转速】为3000，如图 9-93 所示。

6）在【曲面精修等高】对话框中单击【曲面参数】选项卡，在该选项卡中设置【参考高度】为增量坐标25、【下刀位置】为增量坐标5、加工面和干涉面的预留量均为0，【刀具位置】为【外】，如图 9-94 所示。

图 9-93　【刀具参数】选项卡

7）在【曲面精修等高】对话框中单击【等高精修参数】选项卡，在该选项卡中设置曲面等高精修参数。选择【开放式轮廓方向】为【双向】，设置【Z 最大步进量】为 0.2、进退刀时的【圆弧半径】设为5，如图 9-95 所示。

8）单击【确定】按钮，系统根据所设置的参数生成曲面等高精修刀路，如图 9-96 所示，模拟结果如图 9-97 所示。

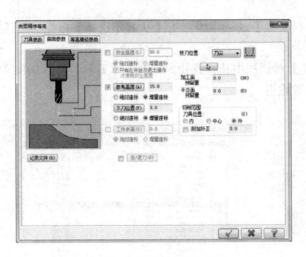

图 9-94 【曲面参数】选项卡

7）在【曲面精修等高】对话框中单击【等高精修参数】选项卡，在该选项卡中设置曲面等高精修参数。选择【开放式轮廓方向】为【双向】，设置【Z 最大进给量】为 0.2、进退刀时的【圆弧半径】设为 5，如图 9-95 所示。

8）单击【确定】按钮，系统根据所设置的参数生成曲面等高精修刀路，如图 9-96 所示，模拟结果如图 9-97 所示。

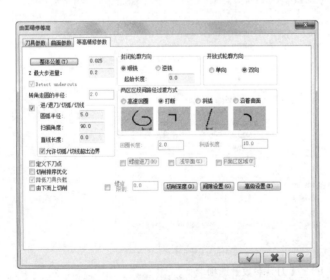

图 9-95 【等高精修参数】选项卡

图 9-96 曲面等高精修刀路

图 9-97 模拟结果

9.7 浅平面精加工

浅平面精加工主要用于对比较浅的曲面进行铣削加工，较浅的曲面是相对于陡斜面而言的。对于比较平坦的曲面，用浅平面精加工方法进行精加工的效果比较好。浅平面精加工提供了多种走刀方式来满足不同类型曲面的加工，下面将进行具体介绍。

9.7.1 设置浅平面精加工参数

浅平面精加工参数与陡斜面精加工参数类似。单击【刀路】→【自定义】→【精修浅平面加工】按钮，选择加工曲面后，单击【结束选取】按钮，弹出【刀路曲面选择】对话框。单击【确定】按钮，弹出如图 9-98 所示的【曲面精修浅平面】对话框，利用该对话框来设置浅平面精加工参数。

图 9-98 【曲面精修浅平面】对话框

【曲面精修浅平面】对话框【浅平面精修参数】选项卡中的【从倾斜角度】和【到倾斜角度】参数主要用于设置浅平面精加工区域，在此设置的角度范围内的曲面系统都可以侦测到，并进行计算生成刀路。下面通过对如图 9-99 所示的图形进行浅平面精加工，来介绍这两个参数的应用。

1）选择如图 9-99 所示的曲面作为加工曲面，并选择曲面边界作为加工范围。

2）在【浅平面精加工参数】选项卡的【加工方向】选项组中选择【顺时针】单选按钮，将【最大切削间距】设为 1，【切削方式】设为【3D 环绕】，浅平面加工倾斜角度设为 0°～30°，即大于 30°的曲面不予加工，如图 9-100 所示。

3）单击 按钮，系统根据所设置的参数生成浅平面精加工刀路，如图 9-101 所示。

图 9-99 加工曲面

图 9-100 【浅平面精修参数】选项卡

图 9-101　浅平面精加工刀路

9.7.2 浅平面精加工实例

浅平面精加工的双向和单向两种走刀方式比较适合加工较规则的浅平面，3D 环绕走刀方式比较适合加工回转体形式的浅平面。下面通过实例来说明浅平面精加工参数的设置步骤。

 网盘\动画演示\第 9 章\例 9-8.MP4

【例 9-8】对如图 9-102 所示的图形采用浅平面精加工方法进行加工，加工结果如图 9-103 所示。

1）单击快速访问工具栏中的【打开】按钮，在【打开】的对话框中选择【网盘→初始文件→第 9 章→例 9-8】文件，单击【打开】按钮，完成文件的调取。

2）执行【刀路】→【自定义】→【精修浅平面加工】按钮，选择所有曲面后，单击【结束选取】按钮，弹出【刀路曲面选择】对话框，单击【确定】按钮，完成曲面的选择。

图 9-102　加工图形

图 9-103　加工结果

3）系统弹出【曲面精修浅平面】对话框，利用对话框中的【刀具参数】选项卡来设置刀具和切削参数。在【刀具参数】选项卡中单击【从刀库选择】按钮，系统弹出【选择刀具】对话框。

4）在【选择刀具】对话框中选择直径为 5 的【球刀】，如图 9-104 所示，单击【确定】按钮，完成刀具参数设置。

5）在【刀具参数】选项卡中显示创建了一把 D=5 的球刀。设置【进给速率】为 800、【下刀速率】为 400、【主轴转速】为 3000，如图 9-105 所示。

6）在【曲面精修浅平面】对话框中单击【曲面参数】选项卡，在该选项卡中设置【参考高度】为 25 增量坐标、【下刀位置】为增量坐标 5、加工面和干涉面的预留量均为 0，【刀具位置】为【外】，如图 9-106 所示。

图 9-104 【选择刀具】对话框

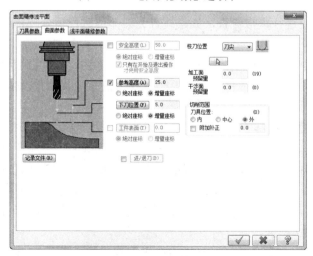

图 9-105 【刀具参数】选项卡

图 9-106 【曲面参数】选项卡

7）在【曲面精修浅平面】对话框中单击【浅平面精修参数】选项卡，在该选项卡中设置曲面精修浅平面铣削加工参数。选择【切削方向】为【双向】，设置【最大切削间距】为 0.5、【加工角度】为 0°、浅平面精加工倾斜角度范围设为 0～60，如图 9-107 所示。

8）单击【确定】按钮 ，系统根据所设置的参数生成浅平面精修刀路，如图 9-108 所示。

图 9-107　【浅平面精修参数】选项卡　　　　　　图 9-108　浅平面精修刀路

9.7.3 模拟浅平面精加工

刀路编制完后需要进行模拟检查，如果检查无误即可进行后处理操作，生成 G、M 代码。具体操作步骤如下：

1）在刀路管理器中单击【属性】→【素材设置】命令，弹出【机床分组属性】对话框的【素材设置】选项卡，在该选项卡中设置工件参数。在【型状】选项组中选择【实体】单选钮，选择实体作为毛坯，如图 9-109 所示。

2）在【材料设置】选项卡的【型状】选项组中单击【选择实体】按钮 ，并选择绘图区中实体作为毛坯。单击【确定】按钮 ，完成工件参数设置，生成毛坯如图 9-110 所示。

3）在刀具管理器中单击【验证已选择的操作】按钮 ，并在弹出的【Mastercam 模拟】对话框中单击【播放】按钮 ，系统进行模拟，模拟结果如图 9-111 所示。

4）模拟检查无误后，在刀具管理器中单击【运行选择的操作进行后处理】按钮G1，生成的 G、M 代码如图 9-112 所示。

5）在刀具管理器中单击【验证已选择的操作】按钮 ，并在弹出的【Mastercam 模拟】对话框中单击【播放】按钮 ，系统进行模拟，模拟结果如图 9-111 所示。

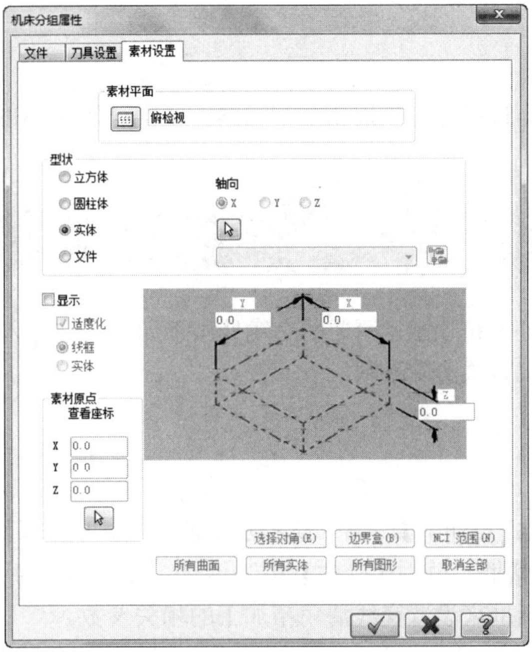

图 9-109 【素材设置】选项卡

图 9-110 生成的毛坯

4）模拟检查无误后，在刀具管理器中单击【运行选择的操作进行后处理】按钮G1，生成的 G、M 代码如图 9-112 所示。

图 9-111 模拟结果

图 9-112 生成的 G、M 代码

Mastercam 2019

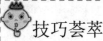 技巧荟萃

浅平面精加工用于对坡度较小的曲面进行加工生成精加工刀路，常配合等高外形加工方式或配合陡斜面精加工方式进行加工。

9.8 精修清角加工

精修清角加工主要用于两曲面交线处的精加工。两曲面交线处由于刀具无法进入，会产生部分残料，因此可以采用交线清角精加工方式清除残料。

9.8.1 设置交线清角精加工参数

执行【刀路】→【自定义】→【精修清角加工】命令，选择加工曲面后，单击【结束选取】按钮 ，弹出【刀路曲面选择】对话框。单击【确定】按钮 ，弹出如图 9-113 所示的【曲面精修清角】对话框，利用该对话框来设置交线清角精加工的相关参数。

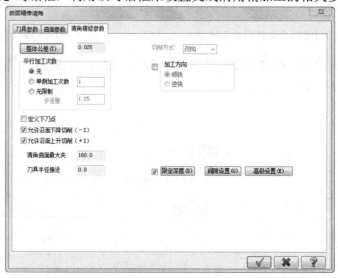

图 9-113　【曲面精修清角】对话框

在【清角精修参数】选项卡的【平行加工次数】选项组中选择【无】单选按钮，表示生成一刀式刀路；选择【单侧加工次数】单选按钮，需要用户输入次数值，系统生成平行的多次刀路；选择【无限制】单选按钮，在加工范围内生成与第一刀平行的多次清角刀路。【清角曲面最大夹角】一般给定为 160°。

9.8.2 交线清角精加工实例

下面通过实例来说明交线清角精加工参数的设置步骤。

网盘\动画演示\第9章\例9-9.MP4

【例9-9】对如图9-114所示的图形采用交线清角精加工方法进行加工，加工结果如图9-115所示。

图9-114　加工图形

图9-115　加工结果

1）单击快速访问工具栏中的【打开】按钮，在【打开】的对话框中选择【网盘→初始文件→第9章→例9-9】文件，单击【打开】按钮，完成文件的调取。

2）执行【刀路】→【自定义】→【精修清角加工】命令，选择加工曲面后，单击【结束选取】按钮，弹出【刀路曲面选择】对话框，单击【确定】按钮，完成曲面的选择。

3）系统弹出【曲面精修清角】对话框，利用对话框中的【刀具参数】选项卡来设置刀具和切削参数。在【刀具参数】选项卡中单击【从刀库选择】按钮，系统弹出【选择刀具】对话框。

4）在【选择刀具】对话框中选择直径为10的【平刀】，如图9-116所示，单击【确定】按钮，完成刀具参数设置。

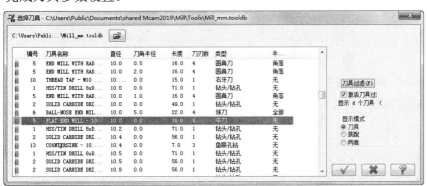
图9-116　【选择刀具】对话框

5）在【刀具参数】选项卡中显示创建了一把D=10mm的平刀。设置【进给速率】为800、【下刀速率】为400、【主轴转速】为3000，如图9-117所示。

6）在【曲面精修清角】对话框中单击【曲面参数】选项卡，在该选项卡中设置【参考高度】为25、【下刀位置】为5、加工面和干涉面的预留量均为0，【刀具位置】为【外】，如图9-118所示。

321

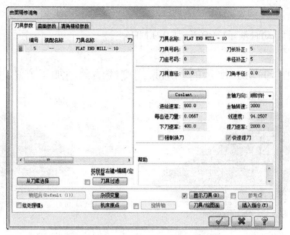

图 9-117　【刀具参数】选项卡

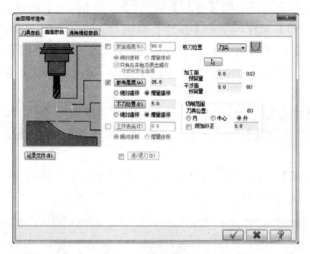

图 9-118　【曲面参数】选项卡

7）在【曲面精修清角】对话框中单击【清角精修参数】选项卡，在该选项卡中设置曲面交线清角精加工参数。将【平行加工次数】设为【无】，如图 9-119 所示。

图 9-119　【清角精修参数】选项卡

8）单击【确定】按钮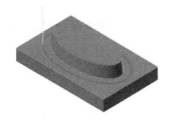，系统根据所设置的参数生成交线清角精修刀路，如图 9-120
所示。

图 9-120　交线清角精修刀路

9.8.3　模拟交线清角精加工

刀路编制完后需要进行模拟检查，如果检查无误即可进行后处理操作，生成 G、M 代码。
具体操作步骤如下：

1）在刀路管理器中单击【属性】→【素材设置】命令，弹出【机床分组属性】对话框的
【素材设置】选项卡，在该选项卡中设置工件参数。在【型状】选项组中选择【文件】单选按
钮，如图 9-121 所示。

2）在【素材设置】选项卡的【型状】选项组中单击【文件】按钮，在网盘目录中选择
【例 9-9.STL】文件，单击【确定】按钮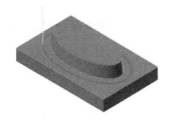，完成工件参数设置，生成的毛坯如图 9-122 所
示。

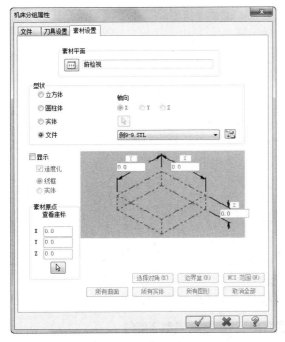

图 9-121　【素材设置】选项卡

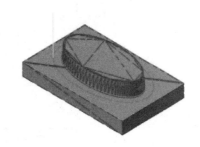

图 9-122　生成的毛坯

3）在刀具管理器中单击【验证已选择的操作】按钮 ，弹出【Mastercam 模拟】对话框，如图 9-123，并在弹出的【播放】对话框中单击【机床】按钮 ，系统进行模拟，模拟结果如图 9-124 所示。

4）模拟检查无误后，在刀具管理器中单击【运行选择的操作进行后处理】按钮 G1，生成的 G、M 代码如图 9-125 所示。

图 9-123　【Mastercam 模拟】对话框

图 9-124　模拟结果

图 9-125　生成的 G、M 代码

9.9　残料精加工

残料精加工主要用于去除前面操作所遗留下来的残料。在加工过程中，为了提高加工效率，通常采用大直径的刀具进行加工，从而导致局部区域刀具无法进入，因此需要采用残料精加工方式清除残料。

9.9.1　设置残料精加工参数

残料精加工参数有两部分，一部分是残料清角精加工参数，另一部分是残料清角的材料参数。单击【刀路】→【自定义】→【残料】按钮，选择加工曲面后，单击【结束选取】按钮，弹出【刀路曲面选择】对话框。单击【确定】按钮，弹出如图 9-126 所示的【曲面精修残料清角】对话框，利用该对话框来设置残料精加工的相关参数。

图 9-126　曲面精修残料清角对话框

在【曲面精修残料清角】对话框中单击【残料清角素材参数】选项卡，如图 9-127 所示，该选项卡主要用来设置粗铣刀具的直径，系统会根据粗铣刀具的直径来计算由此刀具加工剩余的残料。

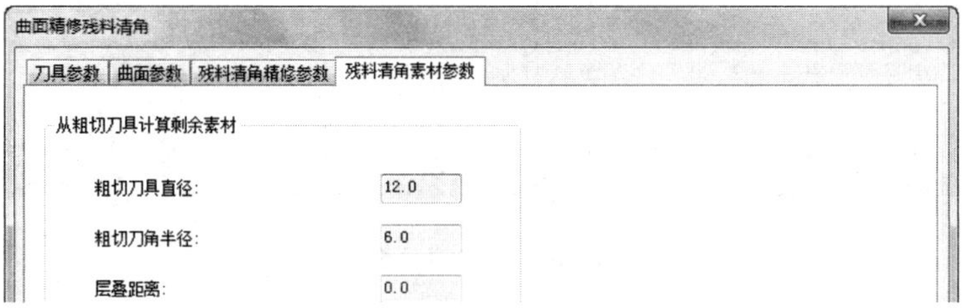

图 9-127　【残料清角素材参数】选项卡

9.9.2 残料精加工实例

下面通过实例来说明残料精加工参数的设置步骤。

网盘\动画演示\第 9 章\例 9-10.MP4

【例 9-10】对如图 9-128 所示的图形采用残料精加工方式进行加工，加工结果如图 9-129 所示。

1）单击快速访问工具栏中的【打开】按钮，在【打开】的对话框中选择【网盘→初始文件→第 9 章→例 9-10】文件，单击【确定】按钮，完成文件的调取。

2）执行【刀路】→【自定义】→【残料】按钮，选择加工曲面后，单击【结束选取】按钮，弹出【刀路曲面选择】对话框。选择矩形边界作为加工边界，单击【确定】按钮，完成曲面和边界的选择。

3）系统弹出【曲面精修残料清角】对话框，利用对话框中的【刀具参数】选项卡来设置刀具和切削参数。在【刀具参数】选项卡中单击【从刀库选择】按钮，系统弹出【选择刀具】对话框。

图 9-128　加工图形

图 9-129　加工结果

4）在【选择刀具】对话框中选择直径为 3 的【圆鼻刀】，如图 9-130 所示，单击【确定】按钮，完成刀具参数设置。

图 9-130　【选择刀具】对话框

5）在刀路参数选项卡中显示创建了一把 D=3mm 的圆鼻刀。设置【进给速率】为 800、【下刀速率】为 400、【主轴转速】为 2000，如图 9-131 所示。

6）在【曲面精修残料清角】对话框中单击【曲面参数】选项卡，并在该选项卡中设置【参考高度】为增量坐标 25、【下刀位置】为增量坐标 5、加工面和干涉面的预留量均为 0，【刀具位置】为【外】，如图 9-132 所示。

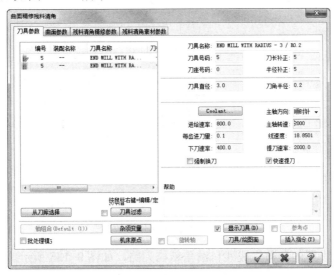

图 9-131　【刀具参数】选项卡

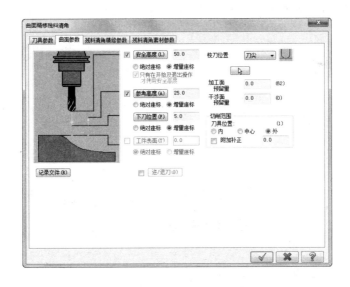

图 9-132　【曲面参数】选项卡

7）在【曲面精修残料清角】对话框中单击【残料清角精修参数】选项卡，在该选项卡中设置残料清角加工参数。设置【最大切削间距】为 0.5，选择【切削方向】为【3D 环绕】，如图 9-133 所示。

8）在【曲面精修残料清角】对话框中单击【残料清角素材参数】选项卡，在该选项卡中设置【粗切刀具直径】为 10、【粗切刀角半径】为 5，如图 9-134 所示，单击【确定】按钮，

完成参数设置。

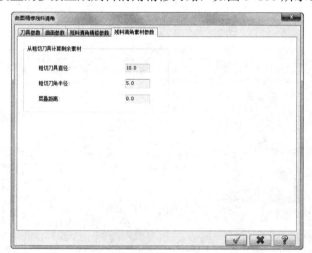

图 9-133　【残料清角精修参数】选项卡

9）系统根据所设置的参数生成残料清角精修刀路，如图 9-135 所示。

图 9-134　【残料清角素材参数】选项卡

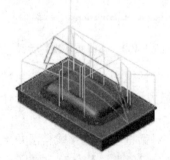

图 9-135　残料清角精修刀路

9.9.3 模拟残料精加工

刀路编制完后需要进行模拟检查,如果检查无误即可进行后处理操作生成 G、M 代码。具体操作步骤如下:

1)在刀路管理器中单击【属性】→【素材设置】命令,弹出【机床分组属性】对话框的【素材设置】选项卡,在该选项卡中设置工件参数,如图 9-136 所示。在【型状】选项组中选择【立方体】单选按钮,选择立方体作为毛坯,设置立方体工件的尺寸为 80×50×18.5,单击【确定】按钮 ✓ ,完成工件参数设置,生成的毛坯如图 9-137 所示。

图 9-136 【素材设置】选项卡

2)在刀具管理器中单击【验证已选择的操作】按钮 ,并在弹出的【Mastercam 模拟】对话框中单击【播放】按钮 ,系统进行模拟,模拟结果如图 9-138 所示。

图 9-137 生成的毛坯

图 9-138 模拟结果

3）模拟检查无误后，在刀具管理器中单击【运行选择的操作进行后处理】按钮 G1，生成的 G、M 代码如图 9-139 所示。

图 9-139　生成的 G、M 代码

9.10　环绕等距精加工

环绕等距精加工对陡斜面和浅平面都适合，刀路等间距排列，加工工件的精度较高，是非常好的精加工方法。

9.10.1　设置环绕等距精加工参数

执行【刀路】→【自定义】→【精修环绕等距加工】按钮，选择加工曲面后，单击【结束选取】按钮，弹出【刀路曲面选择】对话框。单击【确定】按钮，弹出如图 9-140 所示的【曲面精修环绕等距】对话框，利用该对话框来设置环绕等距精加工的相关参数。

图 9-140　【曲面精修环绕等距】对话框

在【环绕等距精修参数】选项卡中，【最大切削间距】用来定义相邻两刀路之间的距离；【切削排序依照最短距离】是系统优化选项，用来优化刀路，提高加工效率。下面通过实例来说明环绕等距精加工参数的设置步骤，加工图形如图 9-141 所示。

1）选择如图 9-141 所示的曲面作为加工面，选择曲面边界作为加工边界。

图 9-141　加工图形

2）在【环绕等距精修参数】选项卡的【最大切削间距】文本框中输入 0.3，选择【加工方向】为【顺时针】，并勾选【由内而外环切】和【切削排序依照最短距离】复选框，如图 9-142 所示，单击【确定】按钮，完成参数设置。

3）系统根据所设置的参数生成环绕等距精加工刀路，如图 9-143 所示。

图 9-142　【环绕等距精修参数】选项卡

图 9-143　环绕等距精加工刀路

9.10.2 环绕等距精加工实例

下面通过实例来讲解环绕等距精加工参数的设置步骤。

 网盘\动画演示\第 9 章\例 9-11.MP4

【例 9-11】对如图 9-144 所示的图形采用环绕等距精加工方法进行加工，加工结果如图 9-145 所示。

图 9-144　加工图形

图 9-145　加工结果

1）单击快速访问工具栏中的【打开】按钮，在【打开】的对话框中打开【网盘→初始文件→第 9 章→例 9-11】文件，单击【打开】按钮，完成文件的调取。

2）单击【刀路】→【自定义】→【精修环绕等距加工】按钮，选择加工面后，单击【结束选取】按钮，弹出【刀路曲面选择】对话框。选择加工范围，如图 9-146 所示，【确定】按钮，完成加工面和加工范围的选择。

3）系统弹出【曲面精修环绕等距】对话框，利用对话框中的【刀具参数】选项卡来设置刀具和切削参数。在【刀具参数】选项卡中单击【从刀库选择按钮，系统弹出【选择刀具】对话框。

4）在【选择刀具】对话框中选择直径为 8 的【球刀】，如图 9-147 所示，单击【确定】按钮，完成刀具参数设置。

图 9-146　选择加工面和加工范围

5）在【刀具参数】选项卡中显示创建了一把 D=8 的球刀。设置【进给速率】为 800、【下刀速率】为 400、【主轴转速】为 3000，如图 9-148 所示。

6）在【曲面精修环绕等距】对话框中单击【曲面参数】选项卡，在选项卡中设置【参考高度】为增量坐标 25、【下刀位置】为增量坐标 5、加工面和干涉面预留量均为 0，【刀具位置】为【外】，如图 9-149 所示。

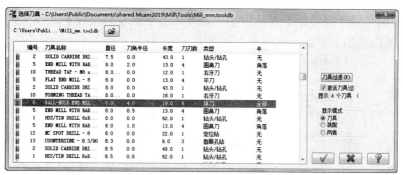

图 9-147　【选择刀具】对话框

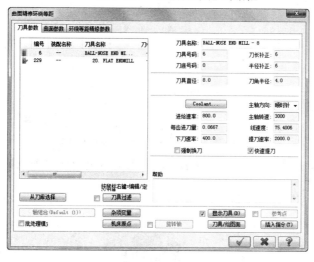

图 9-148　【刀具参数】选项卡

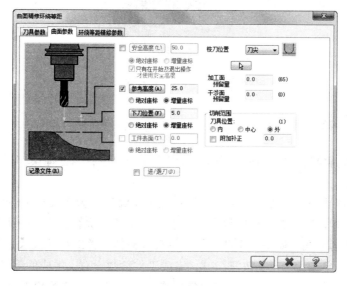

图 9-149　【曲面参数】选项卡

7）在【曲面精修环绕等距】对话框中单击【环绕等距精修参数】选项卡，在该选项卡中设置曲面环绕等距精加工参数，如图 9-150 所示。

图 9-150 【环绕等距精修参数】选项卡

8）单击【确定】按钮，系统根据所设置的参数生成环绕等距精修刀路，如图 9-151 所示。

图 9-151 环绕等距精修刀路

9.10.3 模拟环绕等距精加工

刀路编制完后需要进行模拟检查，如果检查无误即可进行后处理操作，生成 G、M 代码。具体操作步骤如下：

1）在刀路管理器中单击【属性】→【素材设置】命令，弹出【机床分组属性】对话框的【素材设置】选项卡，在该选项卡中设置工件参数。在【型状】选项组中选择【圆柱体】单选钮，选择圆柱体作为毛坯，如图 9-152 所示，设置圆柱体工件的尺寸为【直径】110，【高度】70，Z 轴为定位轴。单击【确定】按钮，完成工件参数设置，生成的毛坯如图 9-153 所示。

2）在刀具管理器中单击【验证已选择的操作】按钮，并在弹出的【Mastercam 模拟】对话框中单击【播放】按钮，系统进行模拟，模拟结果如图 9-154 所示。

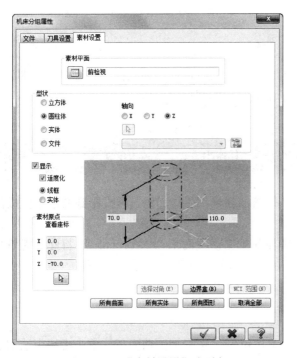

图 9-152 【素材设置】选项卡

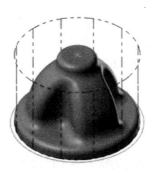

图 9-153 生成的毛坯

3）模拟检查无误后，在刀具管理器中单击【运行选择的操作进行后处理】按钮G1，生成的 G、M 代码如图 9-155 所示。

图 9-154 模拟结果

图 9-155 生成的 G、M 代码

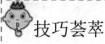
技巧荟萃

环绕等距精加工可以加工有多个曲面的零件，刀路沿曲面环绕并且相互等距，即残留高度固定，适合曲面变化较大的零件，用于最后一刀的精加工操作。

9.11 熔接精加工

熔接精加工也称混合精加工，在两条熔接曲线内部生成刀路，再投影到曲面上生成混合精加工刀路。

熔接精加工是由以前版本中的双线投影精加工演变而来，Mastercam X3 将此功能单独列了出来。

9.11.1 设置熔接精加工熔接曲线

单击【刀路】→【自定义】→【熔接】按钮，选择加工曲面后，单击【结束选取】按钮，弹出如图 9-156 所示的【刀路曲面选择】对话框。单击【选择熔接曲线】选项组中的【熔接曲线】按钮，即可设置熔接曲线。

熔接曲线必须是两条曲线，曲线类型不限，可以是直线、圆弧、曲面曲线等。另外，还可以利用等效的思维，将点看作点圆，即直径为零的圆，因此，也可以选择曲线和点作为熔接曲线，但是不能选择两点作为熔接曲线。

9.11.2 设置熔接精加工参数

单击【刀路】→【自定义】→【熔接】按钮，选择加工曲面后，单击【结束选取】按钮，弹出【刀路曲面选择】对话框。

选择熔接曲线后，单击【确定】按钮，弹出如图 9-157 所示的【曲面精修熔接】对话框，该对话框主要用来设置熔接精加工参数。

在【熔接精修参数】选项卡中单击【熔接设置】按钮，弹出如图 9-158 所示的【引导方向熔接设置】对话框，利用该对话框来定义熔接间距。

下面以加工图 9-159 所示四边曲面为例来说明熔接精加工参数的设置步骤。

1）选择四边曲面作为加工面，并选择两条直线作为熔接曲线，如图 9-160 所示。

2）在【熔接精修参数】选项卡中设置【最大步进量】为 1，选择【切削方式】为【双向】，并选择【引导方向】单选钮，如图 9-161 所示。

3）单击【确定】按钮，系统根据所设置的参数生成熔接精加工刀路，如图 9-162 所示。

图 9-156　【刀路曲面选择】对话框

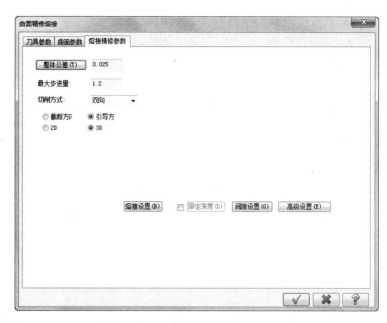

图 9-157　【曲面精修熔接】对话框

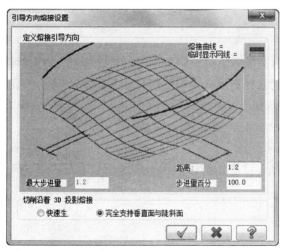

图 9-158　【引导方向熔接设置】对话框

图 9-159　加工图形

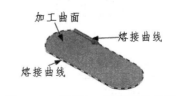

图 9-160　选择加工面和熔接曲线

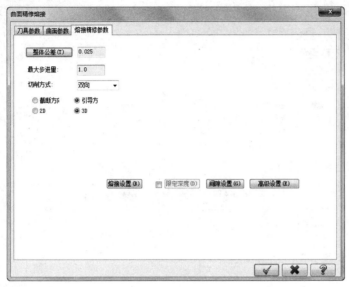

图 9-161 【熔接精修参数】选项卡　　　　图 9-162 熔接精加工刀路

9.11.3 熔接精加工实例

熔接精加工的切削方向除双向外，还有单向以及螺旋形，对有些图形使用螺旋形切削方向加工的效果非常好。下面通过实例来说明熔接精加工参数的设置步骤。

> 参见
> 网盘 ┃ 网盘\动画演示\第 9 章\例 9-12.MP4

【例 9-12】对如图 9-163 所示的图形采用熔接精加工方式进行加工，加工结果如图 9-164 所示。

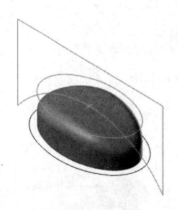

图 9-163 加工图形　　　　　　　　　图 9-164 加工结果

1）单击快速访问工具栏中的【打开】按钮，在【打开】的对话框中选择【网盘→初始

文件→第9章→例9-12】文件，单击【打开】按钮 打开(O) ，完成文件的调取。

2）执行【刀路】→【自定义】→【熔接】按钮 ，选择加工曲面后，单击【结束选取】按钮 结束选取 ，弹出【刀路曲面选择】对话框。选择熔接曲线，如图9-165所示，单击【确定】按钮 ，完成加工面和熔接曲线的选择。

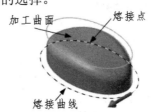

加工曲面　熔接点

熔接曲线

图9-165　选择加工面和熔接曲线

3）系统弹出【曲面精修熔接】对话框，利用对话框中的【刀具参数】选项卡来设置刀具和切削参数。在【刀具参数】选项卡中单击【从刀库选择】按钮 从刀库选择 ，系统弹出【选择刀具】对话框。

4）在【选择刀具】对话框中选择直径为6的【球刀】，如图9-166所示，单击【确定】按钮 ，完成刀具参数设置。

Mastercam
2019

选择刀具 - C:\Users\Public\Documents\shared Mcam2019\Mill\Tools\Mill_mm.tooldb

C:\Users\Publi...\Mill_mm.tooldb

编号	刀具名称	直径	刀角半径	长度	刀刃数	类型	半...
5	END MILL WITH RAD...	6.0	1.0	10.0	4	圆鼻刀	角落
10	THREAD TAP - M6 x 1	6.0-1	0.0	10.0	1	右牙刀	无
2	SOLID CARBIDE DRI...	6.0	0.0	35.0	1	钻头/钻孔	无
12	NC SPOT DRILL - 6	6.0	0.0	17.0	1	定位钻	无
1	BALL-NOSE END MIL...	6.0	3.0	13.0	4	球刀	全部
13	COUNTERSINK - 6.3/90	6.3	0.0	5.0	3	鱼眼孔钻	无
1	MSS/TIN DRILL 8xD...	6.5	0.0	52.0	1	钻头/钻孔	无
2	SOLID CARBIDE DRI...	6.6	0.0	43.0	1	钻头/钻孔	无
1	MSS/TIN DRILL 8xD...	6.6	0.0	52.0	1	钻头/钻孔	无
1	MSS/TIN DRILL 8xD...	6.8	0.0	57.0	1	钻头/钻孔	无
2	SOLID CARBIDE DRI...	6.9	0.0	43.0	1	钻头/钻孔	无
1	MSS/TIN DRILL 8xD...	6.9	0.0	57.0	1	钻头/钻孔	无
1	MSS/TIN DRILL 8xD...	7.0	0.0	57.0	1	钻头/钻孔	无
6	BALL-NOSE END MIL...	7.0	3.5	16.0	4	球刀	全部

刀具过滤(F)
☑ 激活刀具过
显示 d 个刀具（

显示模式
◉ 刀具
○ 装配
○ 两者

图9-166　【选择刀具】对话框

5）在【刀具参数】选项卡中显示创建了一把D=6的球刀。设置【进给速率】为600、【下刀速率】为400、【主轴转速】为3000，如图9-167所示。

6）在【曲面精修熔接】对话框中单击【曲面参数】选项卡，在该选项卡中设置【参考高度】为增量坐标25、【下刀位置】为增量坐标5、加工面和干涉面的预留量均为0，如图9-168所示。

7）在【曲面精修熔接】对话框中单击【熔接精修参数】选项卡，在该选项卡中设置曲面熔接精加工参数。设置【最大步进量】为0.8，选择【切削方式】为【双向】，如图9-169所示。

8）在【熔接精修参数】选项卡中单击【熔接设置】按钮，弹出如图9-170所示的【引导方向熔接设置】对话框，利用该对话框来定义熔接间距。在【步进量百分】文本框中将截断方向间距设为引导方向间距的40%。

9）单击【确定】按钮 ，系统根据所设置的参数生成曲面熔接精修刀路，如图9-171

所示。

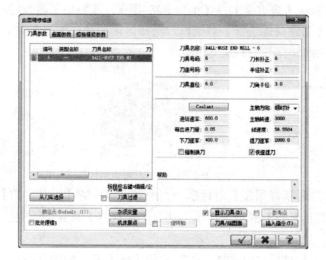

图 9-167　【刀具参数】选项卡

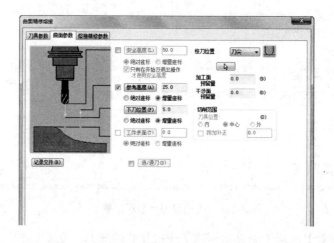

图 9-168　【曲面参数】选项卡

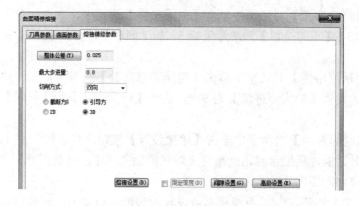

图 9-169　【曲面精修熔接】选项卡

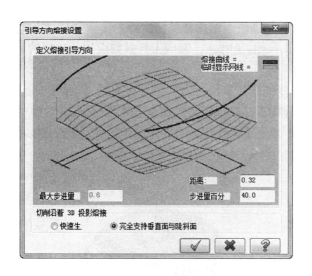

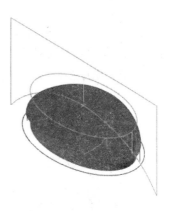

图 9-170 【引导方向熔接设置】对话框 　　　图 9-171 曲面熔接精修刀路

9.11.4 模拟熔接精加工

刀路编制完后需要进行模拟检查，如果检查无误即可进行后处理操作，生成 G、M 代码。具体操作步骤如下：

1）在刀路管理器中单击【属性】→【素材设置】命令，弹出【机床分组属性】对话框的【素材设置】选项卡，在该选项卡中设置工件参数。在【型状】选项组中选择【文件】单选钮，如图 9-172 所示。

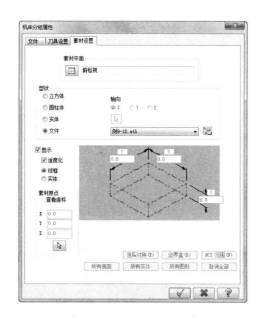

图 9-172 【素材设置】选项卡

2）在【素材设置】选项卡的【型状】选项组中单击【选择文件】按钮，在网盘目录中选择【例 9-12.STL】文件，单击【打开】按钮 打开(O)，完成工件参数设置，生成的毛坯如图 9-173 所示。

3）在刀具管理器中单击【验证已选择的操作】按钮，并在弹出的【Mastercam 模拟】对话框中单击【播放】按钮▶，系统进行模拟，模拟结果如图 9-174 所示。

4）模拟检查无误后，在刀具管理器中单击【运行选择的操作进行后处理】按钮G1，生成 G、M 代码。

图 9-173　生成的毛坯

图 9-174　模拟结果

第10章

加工综合实例

前面章节详细介绍了二维、三维加工的各种方法。工程实际中，一般零件的加工都不是通过单一加工方法实现的，而是要综合利用各种加工方法。

本章通过两个综合实例，详细讲述了二维、三维加工方法应用的一般方法和思路。

Mastercam

2019

重点与难点

- 零件加工的工艺分析
- 二维加工以及三维加工的综合应用

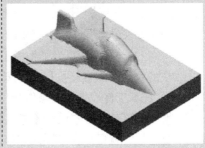

10.1 二维加工综合实例

【例 10-1】以一个底座加工为例，综合介绍二维加工的方法，图 10-1 所示为该底座尺寸图。本例使用二维加工的面铣、外形铣削、挖槽加工、钻孔加工以及全圆加工方法。通过本实例，希望读者对 Mastercam 二维加工有进一步的认识。

| 参见
网盘 | 网盘\动画演示\第 10 章\例 10-1.MP4 |

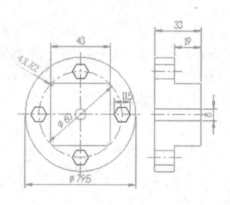

图 10-1　底座模型

📖 10.1.1 加工零件与工艺分析

为了保证加工精度，选择零件毛坯为 $\phi80$ 的棒料，长度为 35。根据模型情况，需要加工的是：平面，43×43 的四方台面，$\phi8$ 的孔，4 个六边形槽，工艺台阶。其加工路线如下：铣平面→钻中心孔→扩孔→粗铣 4 个六边形孔→精铣四方台面→精铣 4 个六边形孔→精铣工艺台阶。

📖 10.1.2 加工前的准备

1）单击【快速访问工具栏】中的【打开】按钮 🖿 ，在弹出的【打开】对话框中选择【网盘→初始文件→第 10 章→例 10-1】文件，单击【打开】 打开(O) 按钮，完成文件的调取。

2）选择机床。为了生成刀具路径，首先必须选择一台实现加工的机床，本次加工用系统默认的铣床，即直接执行【机床】→【机床类型】→【铣床】→【默认】命令即可。

3）工件设置。在操作管理区中，单击【素材设置】选项，系统弹出【机床分组属性】对话框，在该对话框中设置【型状】为圆柱体，中心轴为 Z，直径为 80，高为 35。如果勾选【显示】复选框，就可以在绘图区中显示刚设置的毛坯，如图 10-2 所示。

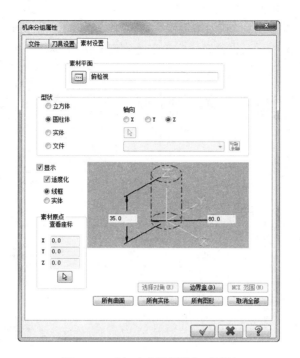

图 10-2　【机床分组属性】对话框

📖10.1.3　刀具路径的创建

1. 铣毛坯上表面

1）单击【刀路】→【2D】→【2D 铣削】→【平面铣】按钮 。

2）系统弹出的【串连选项】对话框，单击【串连】按钮 ，在绘图区选择外圆，如图
10-3 所示，然后单击【确定】按钮 。

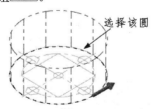

图 10-3　面铣串连的选择

3）单击【2D 刀路 - 平面铣削】对话框中的【刀具】选项卡，进入刀具参数设置区。单
击【从刀库选择】按钮 ，选择直径为 12 的平刀，设置【进给速率】为 50；【主轴转
速】为 600、【下刀速率】为 120，勾选【快速提刀】复选框，其他参数采用默认值，如图 10-4
所示。

4）单击【2D 刀路 - 平面铣削】对话框中的【共同参数】选项卡，进入平面铣削设置区。
设置参数如下：【安全高度】为 80，坐标形式为绝对坐标；【参考高度】为 50，坐标形式为增量

坐标；【下刀位置】为 10，坐标形式为增量坐标；【深度】为 33，坐标形式为增量坐标；其他均采用默认值，如图 10-5 所示。设置完后，单击【确定】按钮，系统立即在绘图区生成刀具路径。

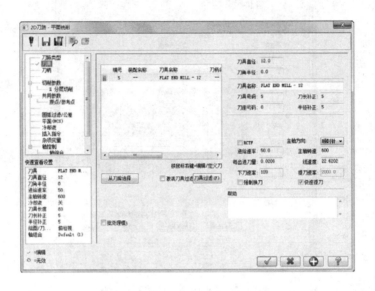

图 10-4　【刀具】选项卡

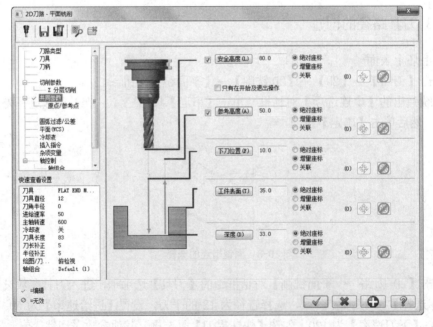

图 10-5　【共同参数】选项卡

5）刀具路径验证、加工仿真。在操作管理区单击【刀路】按钮，即可生成刀具路径，图 10-6 所示为刀具路径的校验效果。在确定了刀具路径正确后，还可以通过真实加工模拟来观察加工结果。单击【刀路管理器】中的【验证已选择的操作】按钮 ，在弹出的【Mastercam 模拟】对话框中单击【播放】按钮▶，进行真实加工模拟，图 10-7 所示为加工模拟的效果图。

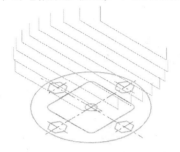

图 10-6　刀具路径校验效果　　　　　　　图 10-7　加工模拟的效果

2．粗铣 43×43 的四方台面

1）为了方便操作，单击【刀路管理器】中的【切换显示已选择的刀路操作】按钮≈，可以将上面生成的刀具路径隐藏（后续各步均有类似操作，不再叙述）。

2）单击【刀路】→【2D】→【2D 铣削】→【外形】按钮■，系统弹出【串连选项】对话框，同时提示提示【选择外形串连 1】，在绘图区选择 43×43 四方形，如图 10-8 所示，最后单击对话框中的【确定】按钮✔，弹出【2D 刀路－外形铣削】对话框。

3）单击【2D 刀路－外形铣削】对话框中的【共同参数】选项卡，进入外形铣削设置区。设置参数如下：【安全高度】为 80，坐标形式为绝对坐标；【参考高度】为 50，坐标形式为增量坐标；【下刀位置】为 10，坐标形式为增量坐标；【工作表面】为 33，坐标形式为绝对坐标；【深度】为 14，坐标形式为增量坐标；其他均采用默认值，如图 10-9 所示。值得注意的是：由于铣四方台面的刀具和面铣相同，因此无需再重新设置。

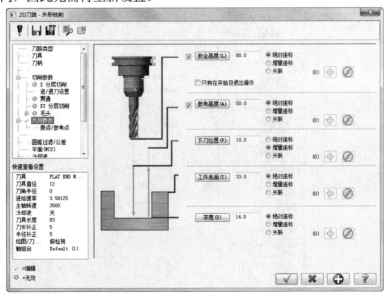

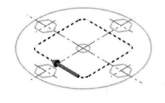

图 10-8　外形铣削串连选择　　　　　　　图 10-9　【共同参数】选项卡

4）单击【2D 刀路 – 外形铣削】对话框中的【XY 分层切削】选项卡，进入分层切削设置区，设置粗切【次数】为 3，粗切【间距】为 5；精修【次数】为 1，【间距】为 0.5，如图 10-10 所示。

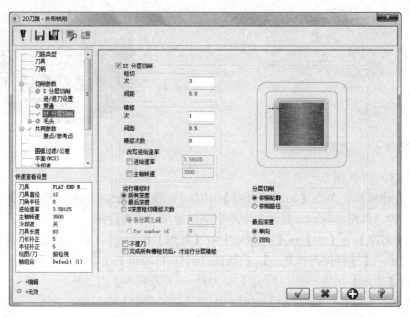

图 10-10   【XY 分层切削】选项卡

5）单击【2D 刀路 – 外形铣削】对话框中的【Z 分层切削】选项卡，进入深度分层切削设置区，设置【最大粗切步进量】为 10，其他采用默认值，如图 10-11 所示。单击该对话框中的【确定】按钮，即可生成相应的刀具路径。

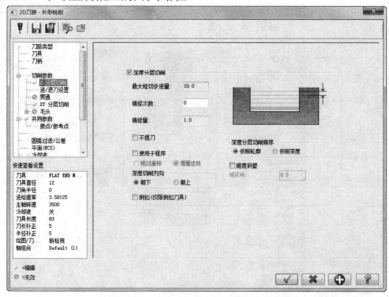

图 10-11   【Z 分层切削】选项卡

6）刀具路径验证、加工仿真。在操作管理区单击【刀路】按钮 ≋，即可进入刀具路径，图 10-12 所示为刀具路径的校验效果。在确定了刀具路径正确后，还可以通过真实加工模拟来观察加工结果。单击【刀路管理器】中的【验证已选择的操作】按钮 📷，在弹出的【Mastercam 模拟】对话框中单击【播放】按钮 ▶，进行真实加工模拟，图 10-13 所示为加工模拟的效果图。

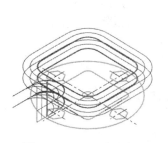

图 10-12　刀具路径校验效果

图 10-13　加工模拟的效果

3. 钻中心孔

1）单击【刀路】→【2D】→【2D 铣削】→【钻孔】按钮 ⛏。

2）系统弹出【定义刀路孔】对话框，在绘图区选择圆的中心，如图 10-14 所示。然后单击【确定】按钮 ✓。

3）单击【2D 刀具路径-钻孔/全圆铣削 深孔钻-无啄孔】对话框中的【刀具】选项卡，进入刀具参数设置区。单击【从刀库选择】按钮 从刀库选择，选择直径为 5mm 的中心钻钻孔，设置【进给速率】为 80、【主轴转速】为 1500，其他参数采用默认值，如图 10-15 所示。

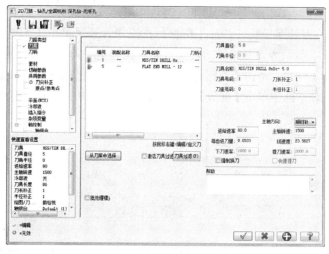

选择该点

图 10-14　钻孔点选择示意

图 10-15　【刀具】选项卡

4）单击【2D 刀具路径-钻孔/全圆铣削 深孔钻-无啄孔】对话框中的【共同参数】选项卡，进入钻孔加工参数设置区。参数设置如下：【安全高度】为 80，坐标形式为绝对坐标；【参考高度】为 45，坐标形式为增量坐标；【工作表面】为 33，坐标形式为绝对坐标；【深度】为 33，坐标形式为增量坐标。单击【2D 刀具路径-钻孔/全圆铣削 深孔钻-无啄孔】对话框中的【刀尖

补正】选项卡，并勾选【刀尖补正】复选框，其他均采用默认值，单击该对话框中的【确定】
按钮 ，即可生成相应的刀具路径，如图 10-16 所示。

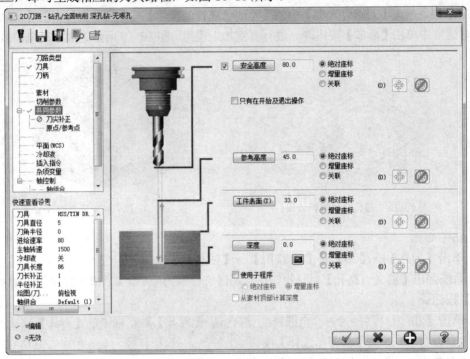

图 10-16　【共同参数】选项卡

5）刀具路径验证、加工仿真。在操作管理区单击【刀路】按钮 ，即可进入刀具路径，
图 10-17 所示为刀具路径的校验效果。在确定了刀具路径正确后，还可以通过真实加工模拟来
观察加工结果。单击【刀路管理器】中的【验证已选择的操作】按钮 ，在弹出的【Mastercam
模拟】对话框中单击【播放】按钮 ，进行真实加工模拟，图 10-18 所示为加工模拟的效果图。

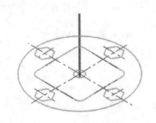

图 10-17　刀具路径校验效果

图 10-18　加工模拟的效果

4. 扩孔

1）单击【刀路】→【2D】→【孔加工】→【全圆铣削】按钮 ，系统弹出的【定义刀路
孔】对话框，并在绘图区选择中心圆，如图 10-19 所示，然后单击【确定】按钮 。

2）单击【2D 刀路 - 全圆铣削】对话框中的【刀具】选项卡，进入刀具参数设置区。设置
参数如下：单击【从刀库选择】按钮 从刀库选择 ，选择直径为 4 的平刀，【进给速率】为 250，【主

轴转速】为 2500，其他参数采用默认值，如图 10-20 所示。

3）单击【2D 刀路 - 全圆铣削】对话框中的【共同参数】选项卡，进入扩孔参数设置区。设置参数如下：【安全高度】为 80，坐标形式为绝对坐标；【参考高度】为 45，坐标形式为增量坐标；【下刀位置】为 10，坐标形式为增量坐标；【工作表面】为 33，坐标形式为绝对坐标；【深度】为 0，坐标形式为绝对坐标，如图 10-21 所示。

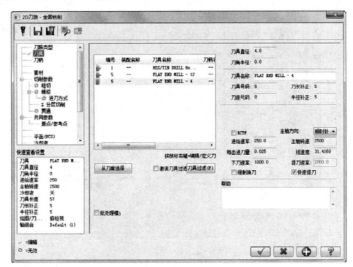

选择该圆

图 10-19 扩孔图素选择示意　　　　　　　图 10-20 【刀具】选项卡

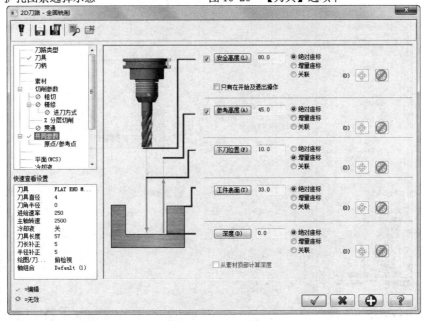

图 10-21 【共同参数】选项卡

4）单击【2D 刀路 - 全圆铣削】对话框中的【切削参数】选项卡，【起始角度】为 90，其他均采用默认值，如图 10-22 所示。

5）单击【2D 刀路 - 全圆铣削】对话框中的【Z 分层切削】选项卡，进入深度分层切削设置，设置【最大粗切步进量】为 5，如图 10-23 所示，然后单击【确定】按钮。

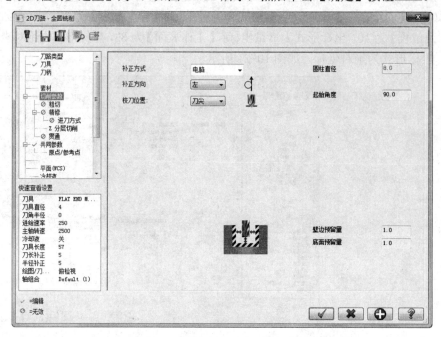

图 10-22　【切削参数】选项卡

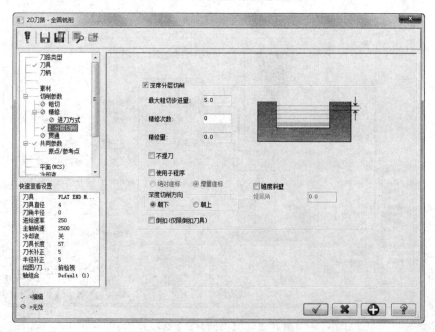

图 10-23　【Z 分层切削】选项卡

6）刀具路径验证、加工仿真。在操作管理区单击【刀路】按钮，即可进入刀具路径，

图 10-24 所示为刀具路径的校验效果。在确定了刀具路径正确后，还可以通过真实加工模拟来观察加工结果。单击【刀路管理器】中的【验证已选择的操作】按钮，在弹出的【Mastercam 模拟】对话框中单击【播放】按钮，进行真实加工模拟，图 10-25 所示为加工模拟的效果图。

5．粗铣六边形槽

1）单击【刀路】选项卡【2D】面板【孔加工】组中的【挖槽】按钮，利用系统弹出的【串连选项】对话框，选择其中一六边形，如图 10-26 所示。然后单击【确定】按钮，系统弹出【2D 刀路 － 2 挖槽】对话框。

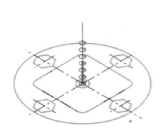

图 10-24　刀路校验效果　　　　　　　　　　图 10-25　加工模拟的效果

2）单击【2D 刀路 － 2D 挖槽】对话框中的【刀具】选项卡，选中 4mm 的平刀。

3）单击【2D 刀路 －2D 挖槽】对话框中的【共同参数】选项卡，进入挖槽参数设置区。设置参数如下：【安全高度】为80，坐标形式为绝对坐标；【参考高度】为45，坐标形式为增量坐标；【下刀位置】为10，坐标形式为增量坐标；【工作表面】为14，坐标形式为绝对坐标；【深度】为0，坐标形式为增量坐标；其他均采用默认值，如图 10-27 所示。

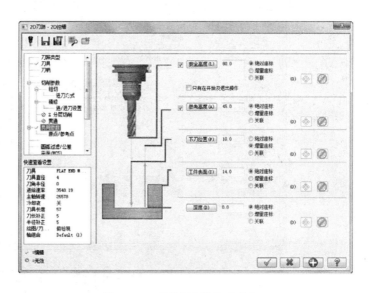

图 10-26　选择六边形串连　　　　　　　图 10-27　【共同参数】选项卡

4）单击【2D 刀具路径 － 2D 挖槽】对话框中的【Z 分层切削】选项卡，进入 Z 分层切削

Mastercam 2019

设置区，设置【最大粗切步进量】为5，如图 10-28 所示，然后单击【确定】按钮 ✔。

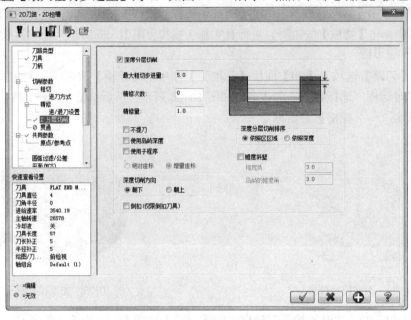

图 10-28　【Z 分层铣削】选项卡

5）单击【刀路】→【常用工具】→【刀路转换】按钮，系统弹出【转换操作参数设定】对话框，如图 10-29 所示。在该对话框的【类型】中选择【旋转】，并在【原始操作】列表中选择【2D 挖槽】刀具路径。

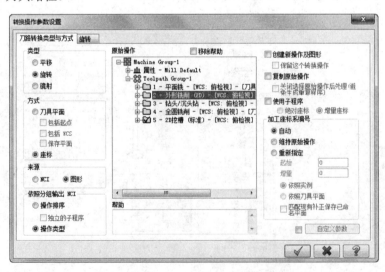

图 10-29　【转换操作参数设置】对话框

6）单击【转换操作参数设定】对话框中的【旋转】选项卡，设置【旋转的基准点】为原点，【切削次数】为4，【起始角度】为90，【旋转角度】为90，如图 10-30 所示，最后单击【确定】

按钮 。

7）刀具路径验证、加工仿真。在操作管理区单击【刀路】按钮 ，即可进入刀具路径，图 10-31 所示为刀具路径的校验效果。在确定了刀具路径正确后，还可以通过真实加工模拟来观察加工结果。单击【刀路管理器】中的【验证已选择的操作】按钮 ，在弹出的【Mastercam 模拟】对话框中单击【播放】按钮 ，进行真实加工模拟，图 10-32 所示为加工模拟的效果图。

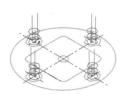

图 10-30　【旋转】选项卡　　　　　　　　　图 10-31　刀具路径校验结果

6. 精铣六边形槽。

1）单击【刀路】→【2D】→【孔加工】→【挖槽】按钮 ，利用系统弹出的【串连选项】对话框，选择其中一六边形。然后单击【确定】按钮 。

2）单击【2D 刀路 – 2D 挖槽】对话框中的【刀具】选项卡，单击【从刀库选择】按钮 ，选中直径 3mm 的平底刀，并设置其参数如下：【进给速率】为 1000，【主轴转速】为 10000，【下刀速率】为 500，如图 10-33 所示。

图 10-32　加工模拟的效果　　　　　　　　　图 10-33　【刀具】选项卡

3）单击【2D 刀路 – 2D 挖槽】对话框中的【共同参数】选项卡，进入挖槽参数设置区。设置参数如下：【安全高度】为 100，坐标形式为绝对坐标；【参考高度】为 50，坐标形式为增量坐

标;【下刀位置】为 10，坐标形式为增量坐标;【工作表面】为 14，坐标形式为绝对坐标;【深度】为 0，坐标形式为增量坐标，其他均采用默认值，如图 10-34 所示。

4）单击【2D 刀路-2D 挖槽】对话框中的【切削参数】选项卡，【挖槽加工方式】为【残料加工】。

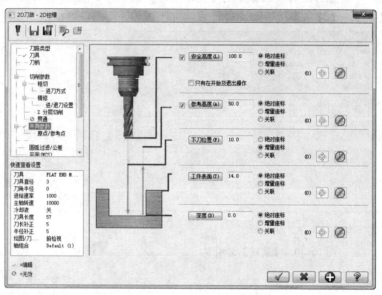

图 10-34 【共同参数】选项卡

5）单击【2D 刀路-2D 挖槽】对话框中的【Z 分层切削】选项卡，进入 Z 分层切削设置区。设置【最大粗切步进量】为 5，如图 10-35 所示，然后单击【确定】按钮。

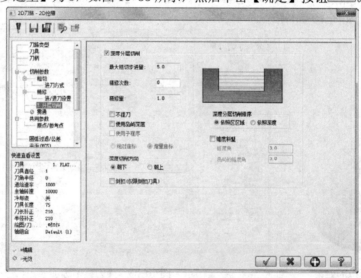

图 10-35 【Z 分层切削】选项卡

6）同粗加工槽类似，精加工槽也要对刀具路径进行旋转操作，读者可以结合上述内容自行完成。

7）刀具路径验证、加工仿真。在操作管理区单击【刀路】按钮 ≋，即可进入刀具路径，图 10-36 所示为刀具路径的校验效果。在确定了刀具路径正确后，还可以通过真实加工模拟来观察加工结果。单击【刀路管理器】中的【验证已选择的操作】按钮 ⬚，图 10-37 所示为加工模拟的效果图。

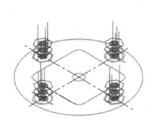

图 10-36 刀具路径校验效果

图 10-37 加工模拟的效果

10.2 三维加工综合实例

【例 10-2】以一个飞机曲面模型加工为例，综合介绍三维加工的方法，图 10-38 所示为飞机模型。本例使用三维加工的粗加工平行铣削、粗加工等高铣削、精加工平行铣削、精加工平行陡平面等方法。通过本实例，希望读者对 Mastercam 三维加工有进一步的认识。

 网盘\动画演示\第 10 章\例 10-2.MP4

图 10-38 飞机模型图

📖10.2.1 加工零件与工艺分析

考虑到工件的装夹等因素，选择长方形毛坯，其尺寸为 100×72×40。根据模型情况，采用平行粗加工→等高外形粗加工→平行精加工→陡斜面精加工 4 个加工步骤来完成整个飞机模型的加工。表 10-1 为本次加工中使用的刀具参数。

表 10-1　加工中使用的刀具参数表

刀具号码	刀具名称	刀具材料	刀具直径/mm	零件材料（铝材）			备注
				转速/r·min⁻¹	径向进给量/mm·min⁻¹	轴向进给量/mm·min⁻¹	
T1	平刀	高速钢	16	1500	1000	800	粗铣
T2	球刀	高速钢	10	2000	1000	800	粗铣
T3	球刀	高速钢	10	2300	1000	800	精铣
T4	平刀	高速钢	5	2300	1000	800	精铣

📖 10.2.2　加工前的准备

1）单击【快速访问工具栏】中的【打开】按钮 ，在弹出的【打开】对话框中选择【网盘→初始文件→第 10 章→例 10-2】文件，单击【打开】按钮 打开(O) ，完成文件的调取。

2）选择机床。为了生成刀具路径，首先必须选择一台实现加工的机床，本次加工用系统默认的铣床，即直接执行【机床】→【机床类型】→【铣床】→【默认】命令即可。

3）工件设置。在操作管理区中，单击【素材设置】选项，系统弹出【机床分组属性】对话框，在该对话框中设置【型状】为立方体，X、Y、Z 方向的尺寸分别为 100、72、40，如图 10-39所示，最后单击对话框中的【确定】按钮 。

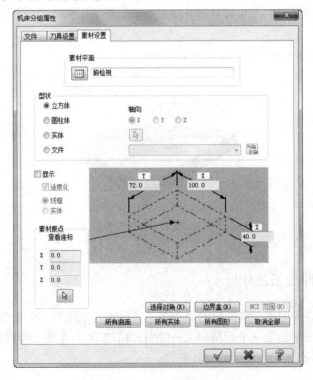

图 10-39　【机床分组属性】对话框

10.2.3 刀具路径的创建

1. 平行粗加工

1）单击【刀路】→【3D】→【粗切】→【平行】按钮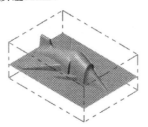，系统弹出【选取工件型状】对话框，选择曲面类型为【凸】并单击【确定】按钮，根据系统提示在绘图区用框选方法选中所有的图素，如图 10-40 所示，然后按 Enter 键。弹出【刀路曲面选择】对话框。最后单击【刀路曲面选择】对话框中的【确定】按钮。

图 10-40　加工曲面的选择

2）单击【曲面粗切平行】对话框中的【刀具参数】选项卡，进入刀具参数设置区。单击【从刀库选择】按钮，选择直径为 16 的平刀，并在【进给速率】文本框中输入 1000；在【下刀速率】和【提刀速率】文本框中分别输入 800、2000；在【主轴转速】文本框中输入 1800；其他参数采用默认值，如图 10-41 所示。

图 10-41　【刀具参数】选项卡

3）单击【曲面粗切平行】对话框中的【曲面参数】选项卡，进入曲面参数设置区。设置【安全高度】为 80，坐标形式为绝对坐标；【参考高度】为 20，坐标形式为增量坐标；【下刀位置】为 5，坐标形式为增量坐标；【加工面预留量】为 0.2；【干涉面预留量】为 0.1，其他参数采用

默认值，如图 10-42 所示。

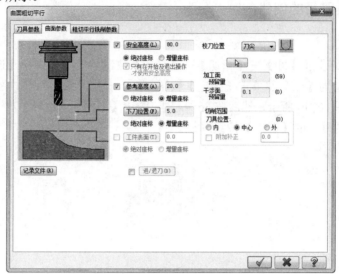

图 10-42　【曲面参数】选项卡

4）单击【曲面粗切平行】对话框中的【粗切平行铣削参数】选项卡，进入粗加工平行铣削参数设置区。设置【整体公差】为 0.2，【最大切削间距】为 3，【Z 最大步进量】为 2，【切削方向】为【双向】，【下刀控制】为【切削路径允许连续下刀/提刀】，勾选【允许沿面上升切削】复选框，其他参数采用默认值，如图 10-43 所示。单击【确定】按钮 ，生成刀具路径。

图 10-43　【粗切平行铣削参数】选项卡

5）刀具路径验证、加工仿真。在操作管理区单击【刀路】按钮 ，即可进入刀具路径，图 10-44 所示为刀具路径的校验效果。在确定了刀具路径正确后，还可以通过真实加工模拟来观察加工结果。单击刀具路径管理器中的【验证已选择的操作】按钮 ，在弹出的【Mastercam 模拟】

对话框中单击【播放】按钮▶，图 10-45 所示为加工模拟的效果图。

2．等高外形粗加工

1）单机【刀路】→【自定义】→【粗切等高外形加工】按钮🔧，接着在绘图区用框选方法选中如图 10-40 所示所有的图素，然后按 Enter 键。弹出【刀路曲面选择】对话框，最后单击【刀路曲面选择】对话框中的【确定】按钮✓，弹出【曲面粗切等高】对话框。

2）单击【曲面粗切等高】对话框中的【刀具参数】选项卡，进入刀具参数设置区。单击【从刀库选择】按钮 从刀库选择 ，选择直径为 10 的球刀，并在【进给速率】文本框中输入 1000；在【下刀速率】和【提刀速率】文本框中分别输入 800、800；在【主轴转速】文本框中输入 2300；其他参数采用默认值，如图 10-46 所示。

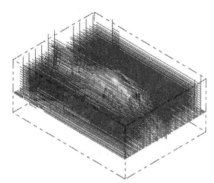

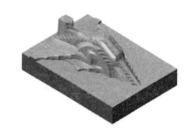

图 10-44　平行粗切刀路示意图　　　　　　　图 10-45　加工模拟的效果

图 10-46　【刀具参数】选项卡

3）单击【曲面粗切等高】对话框中的【曲面参数】选项卡，进入曲面参数设置区。设置【安全高度】为 60，坐标形式为绝对坐标；【参考高度】为 30，坐标形式为增量坐标；【下刀位置】为 5，坐标形式为增量坐标；【加工面预留量】为 0.2；【干涉面预留量】为 0，其他参数采用默

认值，如图 10-47 所示。

4）单击【曲面粗切等高】对话框中的【等高粗切参数】选项卡，进入等高粗切参数设置区。设置【Z 最大步进量】为 1；【两区区段间路径过渡方式】为【沿着曲面】，勾选【切削排序优化】复选框，其他参数采用默认值，如图 10-48 所示。单击【确定】按钮，生成刀具路径。

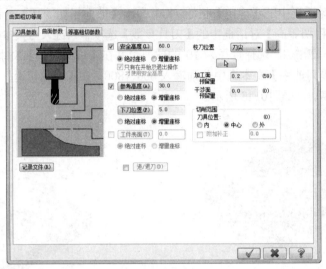

图 10-47 【曲面参数】选项卡

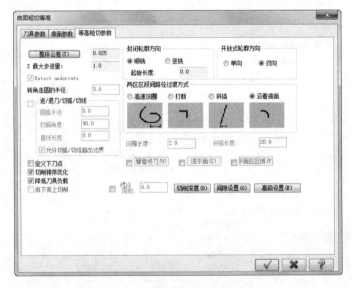

图 10-48 【等高粗切参数】选项卡

5）刀具路径验证、加工仿真。在操作管理区单击【切换显示已选择的刀路操作】按钮≋，即可进入刀具路径，图 10-49 所示为刀具路径的校验效果。在确定了刀具路径正确后，还可以通过真实加工模拟来观察加工结果。单击操作管理器中的【验证已选择的操作】按钮，系统弹出【Mastercam 模拟】对话框，单击【Mastercam 模拟】对话框中的【播放】按钮▶，图 10-50

所示为加工模拟的效果图。

3. 精修平行铣削加工

1）执行【路径】→【自定义】→【精修平行铣削】按钮 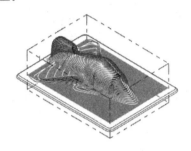，在绘图区用框选方法选中所有的图素，然后按 Enter 键。系统弹出【刀路曲面选择】对话框，然后单击对话框中的【确定】按钮 ▢。

图 10-49　等高外形刀具路径示意图 　　　　　　图 10-50　加工模拟的效果

2）单击【曲面精修平行】对话框中的【刀具参数】选项卡，选择 10 直径为的球刀。

3）单击【曲面精修平行】对话框中的【曲面参数】选项卡，进入曲面参数设置区。设置【安全高度】为 60，坐标形式为绝对坐标；【参考高度】为 20，坐标形式为增量坐标；【下刀位置】为 5，坐标形式为增量坐标；【加工面预留量】和【干涉面预留量】分别为 0、0；其他参数采用默认值，如图 10-51 所示。

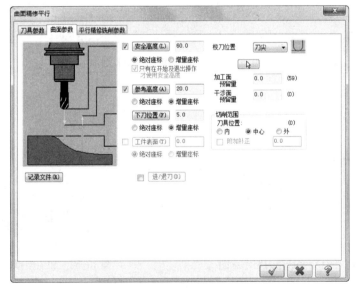

图 10-51　【曲面参数】选项卡

4）单击【曲面精修平行】对话框中的【平行精修铣削参数】选项卡，进入精加工平行铣削参数设置区。设置【整体公差】为 0.025；【最大切削间距】为 0.8；【切削方向】为双向，其他参数采用默认值，如图 10-52 所示。单击对话框中的【确定】按钮 ▢，生成加工路径。

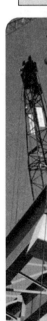

5）刀具路径验证、加工仿真。在操作管理区单击【切换显示已选择的刀路操作】按钮 ≋，即可进入刀具路径，图 10-53 所示为刀具路径的校验效果。在确定了刀具路径正确后，还可以通过真实加工模拟来观察加工结果。单击操作管理器中的【验证已选择的操作】按钮，系统弹出【Mastercam 模拟】对话框，单击【Mastercam 模拟】对话框中的【播放】按钮 ▶，图 10-54 所示为加工模拟的效果图。

图 10-52 【平行精修铣削参数】选项卡

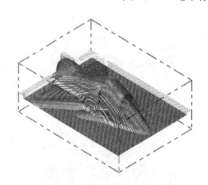

图 10-53 平行精修铣削刀路示意图

图 10-54 加工模拟的效果

4. 陡斜面精加工

1）执行【刀路】→【自定义】→【精修平行陡斜面】按钮，在绘图区中选择如图 10-40 所示的图素，然后按 Enter 键。系统会弹出【刀路曲面选择】对话框，单击【确定】按钮。

2）单击【曲面精修平行式陡斜面】对话框中的【刀具参数】选项卡，单击【从刀库选择】按钮 从刀库选择，选择直径为 5 的平刀。

3）单击【曲面精修平行式陡斜面】对话框中的【曲面参数】选项卡，进入曲面参数设置区。设置【安全高度】为 60，坐标形式为绝对坐标；【参考高度】为 20，坐标形式为增量坐标；【下刀位置】为 5，坐标形式为增量坐标；【加工面预留量】和【干涉面预留量】分别为 0、0；其他参数采用默认值，如图 10-55 所示。

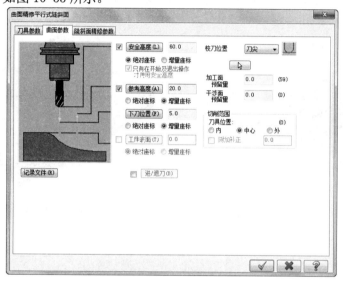

图 10-55　【曲面参数】选项卡

4）单击【曲面精修平行式陡斜面】对话框中的【陡斜面精修参数】选项卡，进入陡斜面精加工参数设置区。设置【整体公差】为 0.025；【最大切削间距】为 0.8；【加工角度】为 90；【切削方向】为双向，【从倾斜角度】为 40，【到倾斜角度】为 90，其他参数采用默认值，如图 10-56 所示。

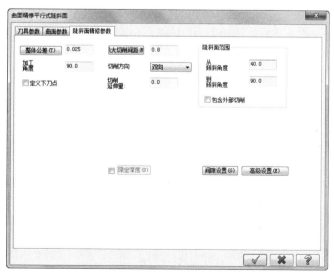

图 10-56　【陡斜面精修参数】选项卡

5）刀具路径验证、加工仿真。在操作管理区单击【切换显示已选择的刀路操作】按钮≈，即可进入刀具路径，图 10-57 所示为刀具路径的校验效果。在确定了刀具路径正确后，还可以通过真实加工模拟来观察加工结果。单击操作管理器中的【验证已选择的操作】按钮▥，系统弹出【Mastercam 模拟】对话框，单击【Mastercam 模拟】对话框中的【播放】按钮▶，图 10-58 所示为加工模拟的效果图。

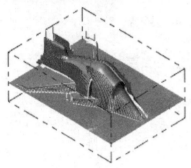 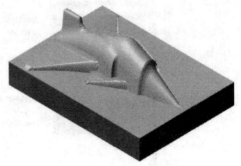

图 10-57　陡斜面精修刀路示意图　　　　　　图 10-58　陡斜面精修模拟的效果

第11章

多轴加工

在三轴的机床上，附加上绕 X 轴或 Y 轴两个方向的转动，即 A 轴或 B 轴，则形成了多轴（四轴或五轴）加工。理论上多轴运动是可以以任何姿态到达空间上任何一点位置的，因此多轴加工可以满足一些有特殊要求的零件加工。

本章首先介绍了 Mastercam 多轴加工的特点，然后结合实例对各种多轴加工方法进行了详细介绍。

Mastercam
2019

重点与难点

- 多轴加工的概念及特点
- 多轴加工方法的参数设置
- 多轴加工的应用

11.1 多轴加工概述

传统的数控机床一般都是 X、Y、Z 轴三轴联动，它可以满足绝大部分零件的加工要求，但对于一些形状特别或复杂曲面的加工一直是工程技术人员比较棘手的事情之一。采用多轴加工方法可以很好地解决这方面的问题。

所谓多轴加工是指加工轴为三轴以上的加工，主要包括四轴加工、五轴加工。四轴加工是指除了 X、Y、Z 方向平移外，刀具轴还可以在垂直某一设定的方向上旋转。而五轴加工可以同时五轴连续独立运动，通常刀具轴心是位于加工工件表面的法线方向，这不仅解决了特殊曲面和曲线的加工问题，而且加工精度也大大提高。因而，近年来，五轴加工被广泛应用于工业自由曲面加工中。

Mastercam 提供了功能强大的多轴加工功能。利用它不仅可以模拟多轴加工的刀路，而且还能生成多轴加工机械使用的 NC 文件。其主要特点如下：

1. 丰富的多轴铣削方法

Mastercam 多轴加工走刀方法异常丰富，并且经过广泛的实际应用。用户可以根据加工工艺的要求，选取合适的走刀方式加工出满意的零件。其多轴铣削方法主要包括：

➢ 曲线多轴：用于加工 3D 曲线或曲面的边界，类似于二维外形铣削加工，但其刀具位置的设置更加灵活，如图 11-1 所示。

➢ 钻孔多轴：类似于二维的钻孔加工，但可以按不同的方向进行钻孔加工。

➢ 沿边多轴：可以设定沿着曲面边界进行加工。

➢ 多曲面多轴：用于生成加工 3D 曲面或实体表面的多轴粗加工和精加工刀路。

➢ 沿面多轴：可以通过控制残脊高度和进刀量来生成精确、平滑的精加工刀路，如图 11-2 所示。

➢ 旋转五轴：很适合于加工近似圆柱体的工件，其刀具轴可在垂直设定轴的方向上旋转。

➢ 薄片五轴：主要用于一些拐弯形接口零件的加工。

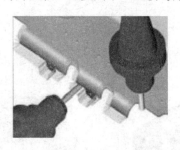 

图 11-1　曲线五轴加工　　　　　　　　　图 11-2　五轴流线加工

2. 多种多样的刀具运行控制

在多轴加工中，刀具切入、切出工件的路径和位置很重要。Mastercam 有多种控制刀具切入、切出的方法。并且还提供选项，控制刀具在走刀进程中的前仰角、后仰角度和左右倾角，如图 11-3 所示。通过设置前后仰角，可改变刀具的受力状况。提高加工的表面质量。通过改变侧仰角,可以避免刀具、刀杆与工件的碰撞。五轴精加工时,在零件曲率变化很大的区域内,Mastercam可加密刀位点,铣出光滑的表面。

　　3.强大的刀轴方向控制

　　五轴加工程序不仅应能迅速、方便地定义刀轴的方向,而且能控制刀轴的运动范围。真正达到随意控制刀具运动的目标。Mastercam 不仅提供了很多控制刀轴方向的办法,还进一步允许编程人员限制刀轴的运动范围,以适应一些极易干涉、碰撞状况下的编程,主要包括:

　　➢　用一组直线确定方向,五轴走刀时,刀轴的方向根据这组直线方向的变化而变化,如图11-4 所示。

　　➢　用上下两组曲线控制刀轴方向。系统按照等百分比的原则,在上下两条曲线上找出对应的插值点。然后根据此两点,确定刀轴的方向。

　　➢　用一个封闭的边界,控制刀轴的运动范围,刀轴的方向受限于边界。

　　➢　限制刀轴的倾角（A、B 或 C ）,以防碰撞。

　　➢　控制刀具的方向,使刀具在切削时,其轴线方向始终通过某一固定点。这样可以保证在整个走刀过程中,始终是刀尖在切削。

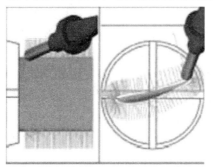 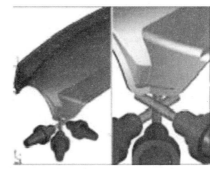

图 11-3　用前后仰角、左右摆角控制多轴刀具运动　　　　图 11-4　用直线的方向控制刀轴的方向

11.2 曲线多轴加工

　　曲线多轴加工多用于加工 3D 曲线或曲面的边界,根据刀具轴的不同控制,可以生成三轴、四轴或五轴加工刀路。

11.2.1 参数的设定

　　单击【机床】→【机床类型】→【铣床】→【默认】选项,在【刀路】管理器中生成机群组属性文件。然后单击【刀路】→【多轴加工】→【模型】→【曲线】按钮 或在刀路管理器的树状结构图空白区域右击,在弹出的快捷菜单中选择【铣床刀路】→【多轴加工】→【基本模型】→【曲线】命令,系统弹出【多轴刀路 - 曲线】对话框,选择【刀路类型】选项卡,如图 11-5所示。该对话框中各选项卡的含义如下:

　　1.切削方式选项卡

Mastercam 2019

（1）曲线类型：单击【多轴刀路 - 曲线】对话框中的【切削方式】选项卡，如图 11-6 所示。曲线五轴加工的加工几何模型既可以为已有的 3D 曲线，也可以为曲面边界。当加工的几何模型为曲面边界时，可以选择曲线的【所有曲面边界】或【单一曲面边界】的边作为刀路生成的几何模型。

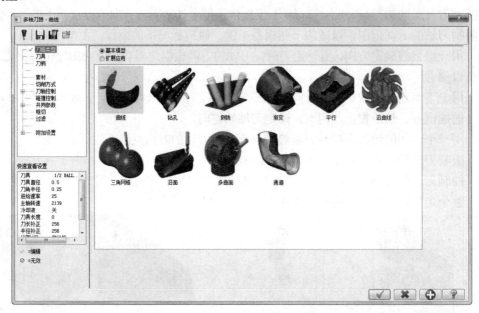

图 11-5 　【多轴刀路 - 曲线】对话框

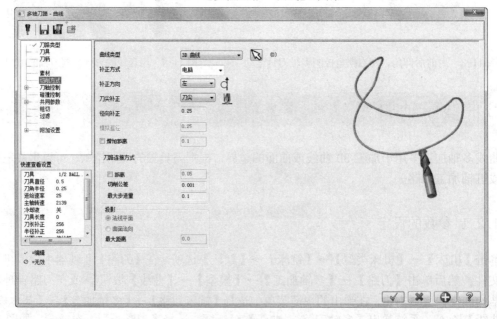

图 11-6 　【切削方式】选项卡

（2）补正方向：该选项用来设置刀具在横向偏移的方式。选择【左】刀具向曲线左侧偏移；选择【右】刀具向曲线右侧偏移。

（3）径向补正：该输入框用来输入横向偏移距离，仅在【补正方向】选项中选择了左视图或右视图时有效。用户可以输入一个负值来改变偏移方向，横向偏移的定义参见图 11-7。

（4）增加距离：该输入框用来输入纵向偏移距离，可输入正值或负值。输入正值线下偏移，输入负值线上偏移，纵向偏移的定义参见图 11-7。

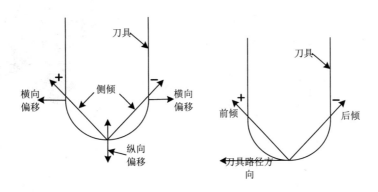

图 11-7　刀具控制参数示意

（5）刀路连接方式：该选项用来设置刀路与曲线的拟合精度。

1）最大步进量：当选择该单项后，系统按设置的固定步长进行刀路的拟合。

2）切削公差：当选择该项后，系统按设置的公差进行刀路的拟合。这时【最大步进量】输入框中输入值为按弦高进行刀路拟合时的最大步长。

（6）投影：Mastercam 提供了两种投影方式：

1）法线平面：选择该选项，则投影垂直于平面。

2）曲面法向：选择该选项，则投影垂直于曲面。当选择该方式时，可以在【最大距离】文本框中输入最大的投影距离。

在生成曲线五轴加工刀路时，除了曲线五轴加工图素的设置和共同参数外，还有一组切削参数来定义生成的曲线五轴加工刀路。

2.刀轴控制选项卡

单击【多轴刀路 - 曲线】对话框中的【刀轴控制】选项卡，如图 11-8 所示。

（1）刀轴控制：该选项用于定义刀具轴线的生成方式。Mastercam 提供了 6 种灵活多样的轴线定义方式，具体如下：

1）直线：选择该选项，则刀具的轴线由用户选定的某段直线的方向来控制。

2）曲面：选择该选项，则刀具的轴线由用户选定某个曲面的垂线方向来控制，这是系统的默认方式。

3）平面：选择该选项，则刀具的轴线由用户选定某个平面的垂线方向来控制。

4）从点：选择该选项，则刀具的轴线的起点为选定的某个点。

5）到点：选择该选项，则刀具的轴线的终点为选定的某个点。

6）曲线：选择该选项，则刀具的轴线由用户选定的线段、圆弧、曲线或任何串连的几何图素来控制。

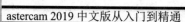

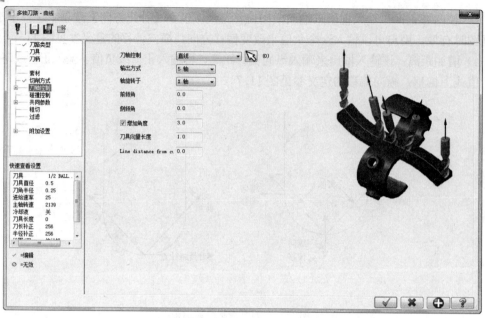

图 11-8 【刀轴控制】选项卡

（2）输出方式：该选项可以选择生成 3 轴、4 轴或 5 轴刀路，在【旋转轴】选项卡设置生成刀路时刀具的旋转轴，选择 3 轴刀路时，不需要进行刀具轴方向的设置。

（3）轴旋转于：当选择 X 轴选项时，刀具的旋转轴垂直于 X 轴，即刀具可在 YZ 平面内旋转；当选择 Y 轴选项时，刀具的旋转轴垂直于 Y 轴，即刀具可在 ZX 平面内旋转；当选择 Z 轴选项时，刀具的旋转轴垂直于 Z 轴，即刀具可在 XY 平面内旋转。

（4）前倾角：该输入框用来输入 Lead（前倾）或 Lag（后倾）角度，前倾或后倾的角度的定义参见图 11-7，前倾为正值，侧倾为负值。

（5）侧倾角：该输入框用来输入侧倾角度，侧倾角度的定义参见图 11-7。

（6）刀具向量长度：该输入框用来输入在屏幕上显示的刀路长度。

3．碰撞控制选项卡

单击【多轴刀路 - 曲线】对话框中的【碰撞控制】选项卡，如图 11-9 所示。

（1）刀尖控制：该选项用于设置刀具顶点的位置。包括以下几种：

1）在选择曲线上：选择该选项后，刀具的顶点在选取的曲线上。

2）在投影曲面上：选择该选项后，刀具的顶点在投影曲线上。该选项仅在选取曲面法线方式控制刀具轴时才有效。

3）在补正曲面上：选择该选项后，将刀具的顶点按在选取曲面上的投影进行偏移，单击 按钮返回绘图区选取投影曲面。该选项仅在选取曲面法线方式控制刀具轴时才有效。

（2）干涉面：利用该选项，用户可以选择曲面作为不加工的干涉面。

（3）过切处理：该选项用来设置过切处理的方式。

1）寻找相交性：选择该单选按钮后，系统启动寻找相交功能，即在创建切削轨迹前检测几何图形自身是否相交。如发现相交，则在交点以后的几何图形不产生切削轨迹。

2）过滤点数：选择该单选按钮后，仅对指定数量的刀具移动进行圆凿检查。选择该单选按钮后需在输入框中输入需要进行圆凿检查的刀具移动数量。

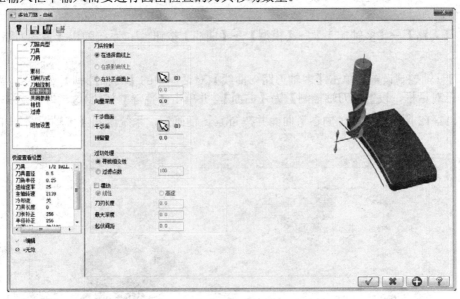

图 11-9　【碰撞控制】选项卡

11.2.2　实例操作

 网盘\动画演示\第 11 章\例 11-1.MP4

1. 打开文件

单击【快速访问工具栏】中的【打开】按钮，在弹出的【打开】对话框中选择【网盘→初始文件→第 11 章→例 11-1】文件，如图 11-10 所示。

图 11-10　曲线多轴加工零件模型

2. 选择机床

为了生成刀路，首先必须选择一台实现加工的机床，本次加工用系统默认的铣床，即直接执行【机床】→【机床类型】→【铣床】→【默认】命令即可。

3．创建刀路

单击【刀路】→【多轴加工】→【模型】→【曲线】按钮，系统弹出【多轴刀路－曲线】对话框。

1）刀具轴控制设置。单击【多轴刀路－曲线】对话框中的【刀轴控制】选项卡，弹出如图 11-11 所示对话框，设置【刀轴控制】为【曲面】，并单击【选择】按钮，再根据系统的提示选取如图 11-12 所示的刀具轴向参考曲面并按 Enter 键确定，系统返回【多轴刀路－曲线】对话框。

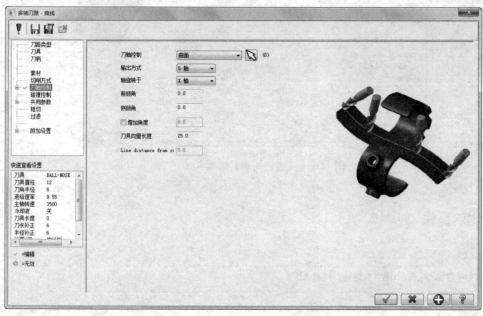

图 11-11 【刀轴控制】选项卡

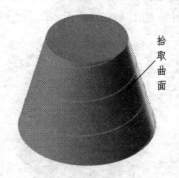

图 11-12 选取曲面

2）选择图素。选择【多轴刀路－曲线】对话框中的【切削方式】选项卡，弹出如图 11-13 所示对话框，设置【曲线类型】为【3D 曲线】，并单击【选择】按钮，系统返回绘图区，在绘图区中选取如图 11-14 所示的曲线并按 Enter 键确定，系统返回【多轴刀路 - 曲线】对话框。设置投影方式为【曲面法向】，并在【最大距离】文本框中输入 1，如图 11-13 所示。

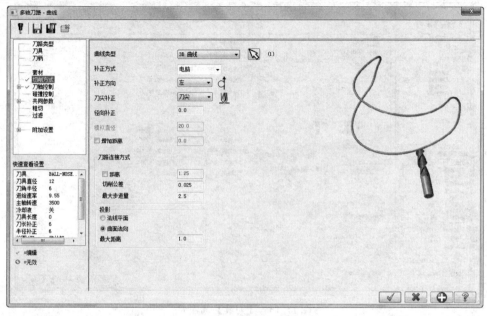

图 11-13　【切削方式】选项卡

图 11-14　拾取曲线

3）设置刀具参数。单击【多轴刀路 - 曲线】对话框中的【刀具】选项卡，进入刀具参数设置区。单击【从刀库选择】按钮 从刀库选择，选择直径为 5 的平刀，并设置如下的刀具参数：【进给速率】为 300，【主轴转速】为 2000，【下刀速率】为 200，如图 11-15 所示。

4）设置【碰撞控制】选项卡。单击【多轴刀路 - 曲线】对话框中的【碰撞控制】选项卡，设置【向量深度】为-4，如图 11-16 所示。

设置完后，最后单击【多轴刀路 - 曲线】对话框中的【确定】按钮 ✓，系统立即在绘图区生成刀路。

4. 工件设置

在操作管理区中，单击【素材设置】选项，系统弹出【机床分组属性】对话框。在该对话框中，在工件材料的【型状】栏中选中【实体】单选项，并单击其后的【选择】按钮 🗟，在系统

Mastercam 2019

的提示下选取该实体模型，最后单击【机床分组属性】对话框中的【确定】按钮，完成毛坯的参数设置。

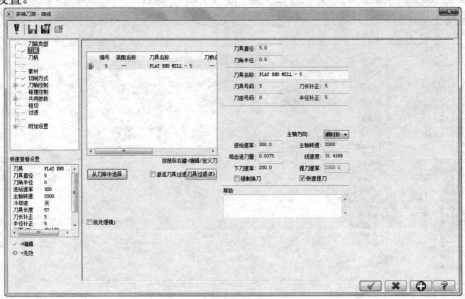

图 11-15   【刀具】选项卡

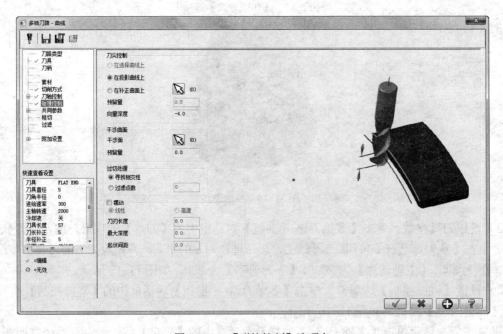

图 11-16   【碰撞控制】选项卡

5．刀路验证、加工仿真与后处理

完成刀路设置以后，接下来就可以通过刀路模拟来观察刀路是否设置合适。

1）单击操作管理器中的【验证已选择的操作】按钮，系统弹出【Mastercam 模拟】对话框，如图 11-17 所示。

2）单击【Mastercam 模拟】对话框中的【播放】按钮▶，加工模拟结果如图 11-18 所示。

3）在确认加工设置无误后，即可以生成 NC 加工程序了。单击【运行选择的操作进行后处理】按钮 G1，设置相应的参数、文件名和保存路径后，就可以生成本刀路的加工程序，如图 11-19 所示。

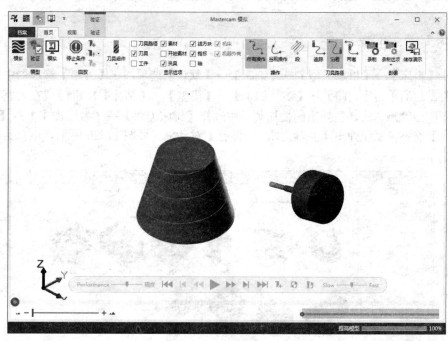

图 11-17　【Mastercam 模拟】对话框

图 11-18　刀路校验结果

图 11-19　生成的 G、M 代码

11.3 钻孔多轴加工

钻孔多轴加工类似于二维的钻孔模组，但可以按不同的方向进行钻孔加工，它的最大优点就在于能够加工出斜孔。根据刀具轴的不同控制，该模组可以生成 3 轴、4 轴或 5 轴曲线加工刀路。

11.3.1 参数的设定

单击【机床】→【机床类型】→【铣床】→【默认】选项，在【刀路】管理器中生成机群组属性文件。然后单击【刀路】→【多轴加工】→【模型】→【钻孔】按钮 或在刀路管理器的树状结构图空白区域右击，在弹出的快捷菜单中选择【铣床刀路】→【多轴加工】→【基本模型】→【钻孔】命令，系统弹出【多轴刀路 – 钻孔】对话框，如图 11-20 所示。该对话框中各选项的含义如下：

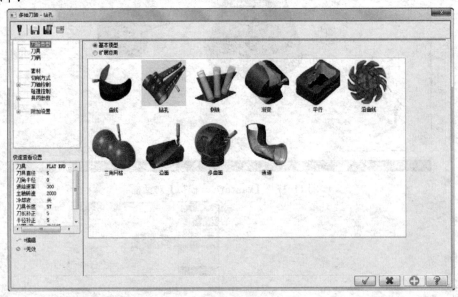

图 11-20　【多轴刀路-钻孔】对话框

1.　切削方式选项卡

单击【多轴刀路 – 钻孔】对话框中的【切削方式】选项卡，弹出图 11-21 所示的对话框。

图形类型：该选项用于设置点的类型。对于钻孔多轴加工，Mastercam 提供了两种图素的选取方式：

1）点：选择此选项后，可以选择已有的点作为生成刀路的图素。单击【选择】按钮 ，系统弹出【定义刀路孔】对话框并返回到绘图区，按二维钻孔模组的方法选取点并设置点的排列方向后，单击【确定】按钮 ，返回【多轴刀路 – 钻孔】对话框。

2）点/线：选择此选项后，可以选择直线的端点作为生成刀路的图素，这时不能进行刀具轴向控制和刀尖的控制，刀具轴的方向由选取的直线来控制。单击【选择】按钮 ，系统弹出【定义刀路孔】对话框并返回到绘图区，按二维钻孔模组的方法选取点和直线并设置点的排列方向后，单击【确定】按钮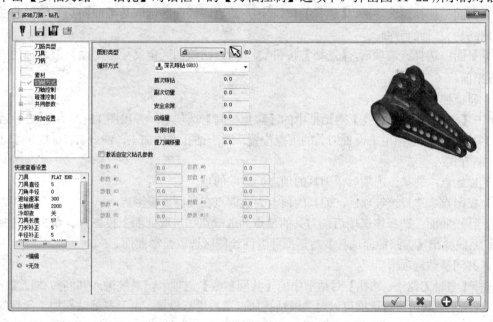，返回【多轴刀路 – 钻孔】对话框。

2. 刀具轴控制选项卡

单击【多轴刀路 – 钻孔】对话框中的【刀轴控制】选项卡。弹出图 11-22 所示的对话框。

图 11-21　【切削方式】选项卡

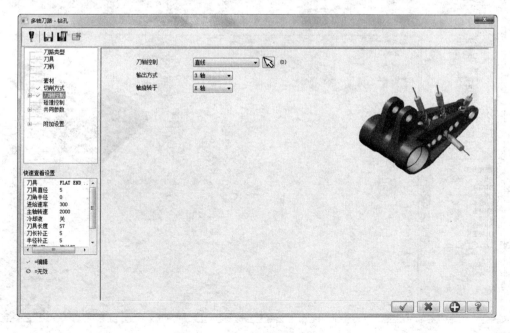

图 11-22　【刀轴控制】选项卡

刀轴控制：该选项用于设置控制刀具轴方向的方式。对于钻孔多轴加工，Mastercam 提供了 3 种刀具轴向控制方式：

1）直线：选择该选项后，单击【选择】按钮 🖰，后返回绘图区选取一条直线，系统将刀具轴设置为平行该选取直线。

2）曲面：选择该选项后，【选择】按钮 🖰，后返回绘图区选取基准曲面。系统以曲面的法线方向作为刀具轴的方向。

3）平面：选择该选项后，【选择】按钮 🖰，后返回绘图区定义一个平面。刀具轴的方向垂直于该平面。

3. 碰撞控制选项卡

单击【多轴刀路 – 钻孔】对话框中的【碰撞控制】选项卡，弹出图 11-23 所示的对话框。

刀尖控制：该选项用来设置刀具的顶点位置。对于钻孔多轴加工，Mastercam 提供了 3 种刀尖的控制方式：

1）原始点：选择该选项后，刀具的顶点为选取的点。

2）投影点：选择该选项后，刀具的顶点为选取点在曲面上投影点。

3）补正曲面：选择该选项后，刀具的顶点为选取点在选取曲面上投影点。单击【选择】按钮 🖰，系统弹出【刀路曲面选择】对话框并返回绘图区选取投影曲面。

4. 共同参数选项卡

选择【多轴刀路 – 钻孔】对话框中的【共同参数】选项卡，系统进入共同参数设置区，如图 11-24 所示。利用该对话框可以对多轴钻孔加工参数进行设置。由于多轴钻孔加工参数的设置内容和二维钻孔加工参数设置大同小异，读者可以参考相关内容，这里不再赘述。

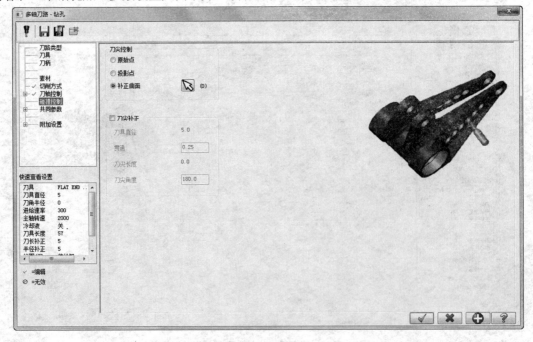

图 11-23 【碰撞控制】选项卡

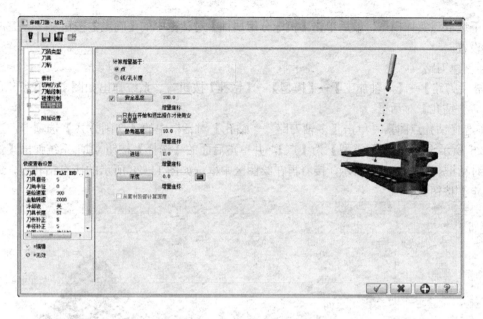

图 11-24　【共同参数】选项卡

11.3.2 实例操作

网盘\动画演示\第 11 章\例 11-2.MP4

1.　打开加工模型

单击【快速访问工具栏】中的【打开】按钮，在弹出的【打开】对话框中选择【网盘→初始文件→第 11 章→例 11-2】文件，如图 11-25 所示。

图 11-25　钻孔多轴加工零件

2.　选择机床

为了生成刀路，首先必须选择一台实现加工的机床，本次加工用系统默认的铣床，即直接执行【机床】→【机床类型】→【铣床】→【默认】命令即可。

3.　工件设置

在操作管理区中，单击【素材设置】选项，系统弹出【机床分组属性】对话框。在该对话框中，在工件材料的【型状】栏中选中【实体】单选项，并单击其后的【选择】按钮，在系统

的提示下选取该实体模型，最后单击【机床分组属性】对话框中的【确定】按钮，完成毛坯的参数设置。

4. 创建刀路

单击【刀路】→【多轴加工】→【模型】→【钻孔】按钮，系统弹出如图 11-20 所示的【多轴刀路 - 钻孔】对话框。

1）选择钻孔点图素。单击【多轴刀路 - 钻孔】对话框中的【切削方式】选项卡，进行如图 11-26 所示设置，【图形类型】为【点】，并单击后面的【选择】按钮，系统弹出【定义刀路孔】对话框。如图 11-27 所示，接着再在绘图区中框选如图 11-28 所示的所有钻孔点，最后单击【确定】按钮。

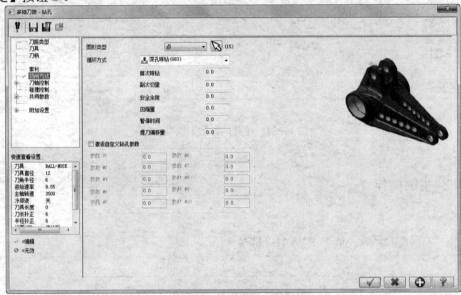

图 11-26　【切削方式】选项卡

图 11-27　【定义刀路孔】对话框

2）刀具轴控制设置。单击【多轴刀路 – 钻孔】对话框中的【刀轴控制】选项卡，设置【刀轴控制】为【曲面】，并单击后面的【选择】按钮![icon]，再根据系统的提示选取如图 11-29 所示的刀具轴向参考曲面并按 Enter 键确定，设置【输出方式】为【5 轴】，系统返回【多轴刀路 – 钻孔】对话框，如图 11-30 所示。

框选钻孔点

图 11-28　框选钻孔点　　　　　　　　图 11-29　选取曲面

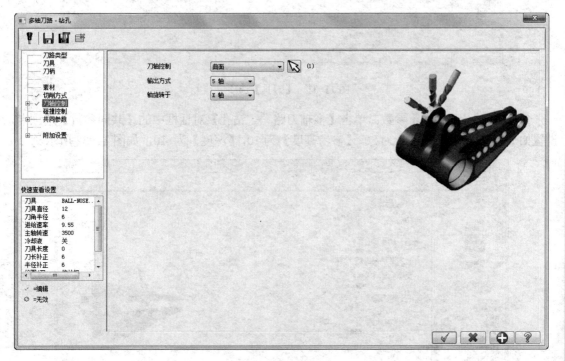

图 11-30　【刀轴控制】选项卡

3）设置刀具参数。单击【多轴刀路 – 钻孔】对话框中的【刀具】选项卡，进入刀具参数设置区。单击【多轴刀路 – 钻孔】对话框中的【从刀库中选择】按钮 从刀库选择 ，弹出【选择刀具】对话框，在【选择刀具】对话框中选择直径为 8 的【钻孔】，单击【确定】按钮 ✓ 。返回【多轴刀路 – 钻孔】对话框。双击刀具图标，弹出【编辑刀具】对话框，设置刀具参数，具体如下：选择【标准尺寸】为 8，【钻头直径】为 8，【总长度】为 50，【刀刃长度】为 25，【刀尖角度】为118,【刀肩长度】为37.5,【刀杆直径】为8,然后单击【编辑刀具】对话框中的【完成】按钮 完成 。然后设置相应的刀具参数,具体如下:【进给速率】为200,【主轴转速】为1000,如图11-31 所示。

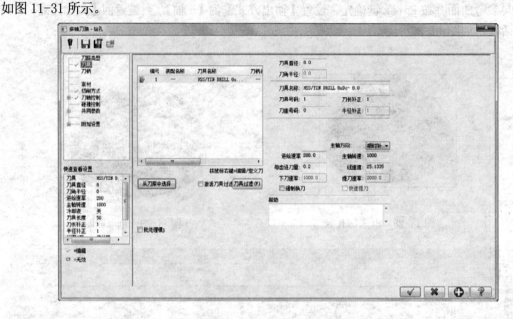

图 11-31　【刀具】选项卡

4）设置钻孔五轴加工参数。单击【多轴刀路 - 钻孔】对话框中的【共同参数】选项卡,设置如下参数:【安全高度】为20,【参考高度】为10,【深度】为-10,如图11-32 所示。

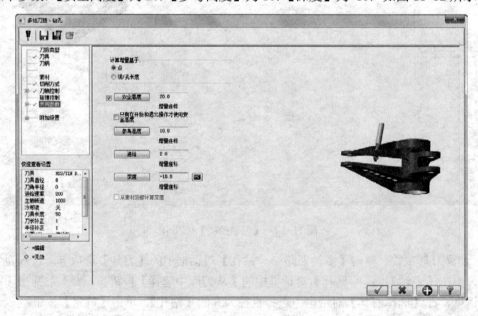

图 11-32　【共同参数】选项卡

设置完后，单击【多轴刀路 – 钻孔】对话框中的【确定】按钮 ，系统立即在绘图区生成刀路。

5．刀路验证、加工仿真与后处理

完成刀路设置以后，接下来就可以通过刀路模拟来观察刀路是否设置合适。单击操作管理器中的【验证已选择的操作】按钮，系统弹出【Mastercam 模拟】对话框，单击【Mastercam 模拟】对话框中的【播放】按钮，图 11-33 所示为加工模拟的效果图。

图 11-33　加工模拟的效果

Mastercam
2019

11.4　沿边多轴加工

沿边多轴加工是指利用刀具的侧刃来对工件的侧壁进行加工。根据刀具轴的不同控制，该模组可以生成四轴或五轴侧壁铣削加工刀路。

11.4.1　参数的设定

单击【机床】→【机床类型】→【铣床】→【默认】选项，在【刀路】管理器中生成机群组属性文件。然后单击【刀路】→【多轴加工】→【扩展应用】→【沿边】按钮或在刀路管理器的树状结构图空白区域右击，在弹出的快捷菜单中选择【铣床刀路】→【多轴加工】→【扩展应用】→【沿边】命令，系统弹出【多轴刀路 –沿边】对话框，如图 11-34 所示。该对话框中各选项的含义如下：

1．切削方式选项卡

单击【多轴刀路 –沿边】对话框中的【切削方式】选项卡，如图 11-35 所示。

壁边：该选项用于设置侧壁的类型，在 Mastercam 中可以选择曲面作为侧壁，也可以通过选取两个曲线串连来定义侧壁，其他参数设置如图 11-35 所示。

1）曲面：选择该选项后，可以选择已有的曲面作为侧壁来生成刀路。单击【选择】按钮，系统返回至绘图区，选取曲面后按 Enter 键；接着根据系统提示【选择第一个曲面】并在该曲面上定义侧壁的下沿，此时系统弹出【设置边界方向】对话框；设置相应的参数后单击【确定】按钮，返回【多轴刀路 –沿边】对话框。

2）串连：选择该选项后，可以选择两个曲线串连来定义侧壁。单击【选择】按钮，系统返回至绘图区，首先选取作为侧壁的下沿的串连，接着选取作为侧壁的上沿的串连，单击【确定】

按钮 ✓ ，返回【多轴刀路 - 沿边】对话框。

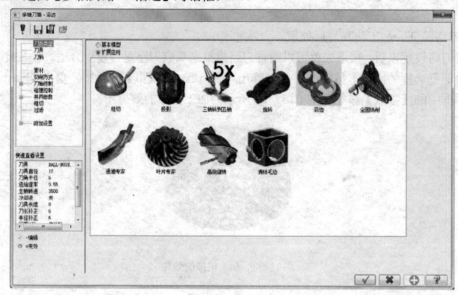

图 11-34 【多轴刀路 - 沿边】对话框

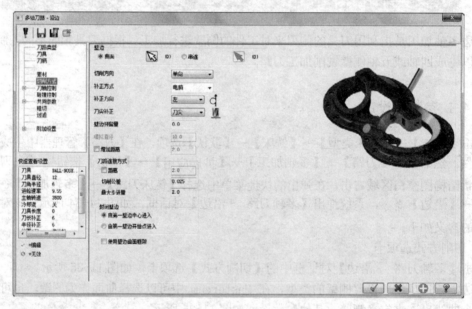

图 11-35 【切削方式】选项卡

2．刀轴控制选项卡

单击【多轴刀路 - 沿边】对话框中的【刀轴控制】选项卡，弹出如图 11-36 所示对话框，在五轴沿边铣削加工中，刀具轴沿侧壁方向。当选中【扇形切削方式】复选框时，则在每一个侧壁的终点处按【扇形距离】文本框中设置的距离展开。

3．碰撞控制选项卡

单击【多轴刀路 – 沿边】对话框中的【碰撞控制】选项卡，弹出图 11-37 所示的对话框。

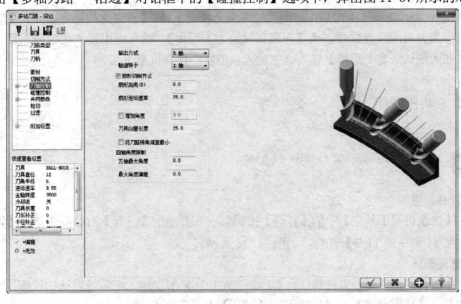

图 11-36　【刀轴控制】选项卡

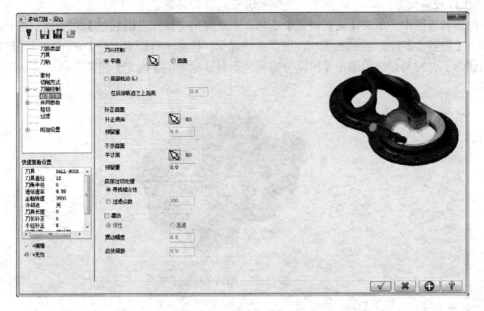

图 11-37　【碰撞控制】选项卡

刀尖控制：和前面多轴加工方式类似，该选项用来设置刀具的顶点位置。对于沿边多轴加工，Mastercam 提供了 3 种刀尖的控制方式：

1）平面：选择该选项后，用一个平面作为刀路的下底面。单击【选择】按钮，返回绘图区设置平面。

2）曲面：选择该选项后，用一个曲面作为刀路的下底面。单击【补正曲面】按钮，返回

绘图区选择曲面。

3）底部轨迹：选择该选项后，将侧壁的下沿上移或下移，【在底部轨迹之上距离】输入框中的输入值作为刀具的顶点位置。当【在底部轨迹之上距离】输入框中输入正值时，顶点位置上移；当【在底部轨迹之上距离】输入框中输入负值时，顶点位置下移。

11.4.2 实例操作

 网盘\动画演示\第 11 章\例 11-3.MP4

1. 打开加工模型

单击【快速访问工具栏】中的【打开】按钮，在弹出的【打开】对话框中选择【网盘→初始文件→第 11 章→例 11-3】文件，如图 11-38 所示。

2. 选择机床

为了生成刀路，首先必须选择一台实现加工的机床，本次加工用系统默认的铣床，即直接执行【机床】→【机床类型】→【铣床】→【默认】命令即可。

3. 工件设置

在操作管理区中，单击【素材设置】选项，系统弹出【机床分组属性】对话框；在该对话框中，单击【边界盒】按钮 边界盒(B)，根据系统提示，框选所有图素，按 Enter 键，系统即生成边界盒作为工件材料，最后单击【机床分组属性】对话框中的【确定】按钮，完成毛坯的参数设置。

图 11-38　沿边多轴加工零件

4. 创建刀路

单击【刀路】→【多轴加工】→【扩展应用】→【沿边】按钮或在刀路管理器的树状结构图空白区域右击，在弹出的快捷菜单中选择【铣床刀路】→【多轴加工】→【扩展应用】→【沿边】命令，系统弹出如图 11-34 所示的【多轴刀路 - 沿边】对话框。

1）选择侧壁图素。单击【多轴刀路 - 沿边】对话框中的【切削方式】选项卡，弹出如图 11-39 所示对话框，选中【曲面】选项并单击【选择】按钮，系统返回绘图区。在绘图区中选择如图 11-40 所示的侧壁以及侧壁下沿（注意方向应为顺时针方向），接着按 Enter 键返回【多轴刀路-沿边】对话框。其他参数设置如下：【补正方式】为【电脑】，【补正方向】为【右】。

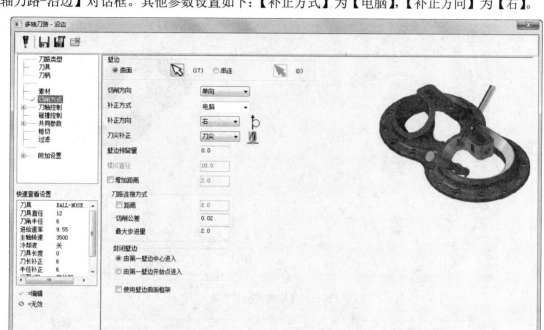

图 11-39　【切削方式】选项卡

2）刀尖控制设置。单击【多轴刀路 – 沿边】对话框中的【碰撞控制】选项卡，刀尖控制栏中选中【曲面】选项并单击【补正曲面】后的【选择】按钮，系统弹出如图11-41 所示的【刀路曲面选择】对话框。在该对话框中单击【选择】按钮，再根据系统的提示选取如图11-40所示的刀尖控制曲面并按 Enter 键确定，系统返回【刀路曲面选择】对话框，最后单击【确定】按钮，返回【多轴刀路 – 沿边】对话框，如图11-42 所示。

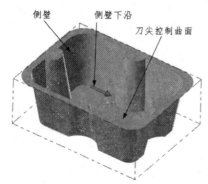

图 11-40　选取曲面提示

图 11-41　【刀路曲面选择】对话框

3）设置刀具参数。单击【多轴刀路 – 沿边】对话框中的【刀具】选项卡，进入刀具参数设置区。单击【从刀库选择】按钮，选择直径为 10 的球刀，并设置相应的刀具参数，具体如下：【进给速率】为 400，【主轴转速】为 2000，【下刀速率】为 500，如图11-43 所示。

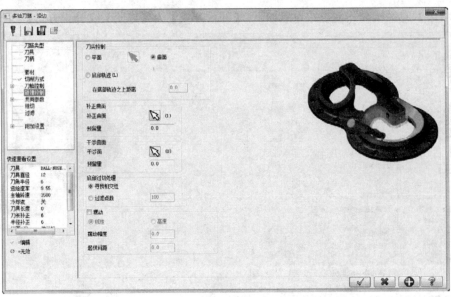

图 11-42　【碰撞控制】选项卡

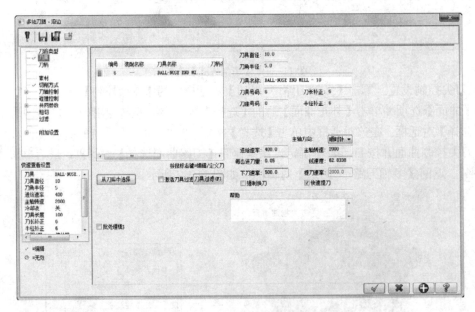

图 11-43　【刀具】选项卡

设置完后，最后单击【多轴刀路 – 沿边】对话框中的【确定】按钮 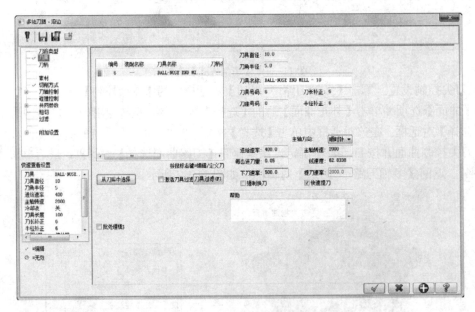，系统立即在绘图区生成刀路，如图 11-44 所示。

5. 刀路验证、加工仿真与后处理

完成刀路设置以后，接下来就可以通过刀路模拟来观察刀路是否设置合适。单击操作管理器中的【验证已选择的操作】按钮 ，系统弹出【Mastercam 模拟】对话框，单击【Mastercam 模拟】对话框中的【播放】按钮 ，图 11-45 所示为加工模拟的效果图。

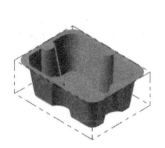 

图 11-44 沿边刀路示意　　　　　　　图 11-45 加工模拟的效果

11.5 曲面五轴加工

五轴多曲面加工适于一次加工多个曲面。根据不同的刀具轴控制，该模组可以生成 4 轴或 5 轴多曲面多轴加工刀路。

11.5.1 参数的设定

单击【机床】→【机床类型】→【铣床】→【默认】选项，在【刀路】管理器中生成机群组属性文件。然后单击【刀路】→【多轴加工】→【模型】→【多曲面】按钮 或在刀路管理器的树状结构图空白区域右击，在弹出的快捷菜单中选择【铣床刀路】→【多轴加工】→【基本模型】→【多曲面】命令，系统弹出【多轴刀路 – 多曲面】对话框，如图 11-46 所示。该对话框中的各选项的含义如下：

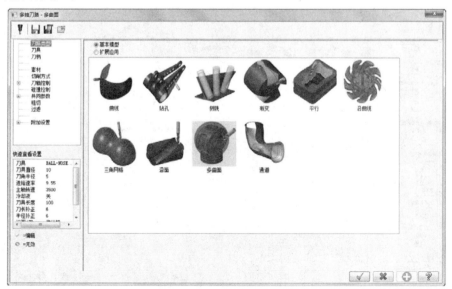

图 11-46 【多轴刀路 – 多曲面】对话框

1. 切削方式选项卡

单击【多轴刀路 – 多曲面】对话框中的【切削方式】选项卡。

模式选项：该选项用于设置五轴曲面加工模组的加工样板，加工样板既可以为已有的曲面，也可以定义为圆柱、球形或立方体，如图 11-47 所示。

2. 刀具

单击【多轴刀路 – 多曲面】对话框中的【刀具】选项卡，该选项用于设置加工所需的刀具，切削加工的参数等，如图 11-48 所示。

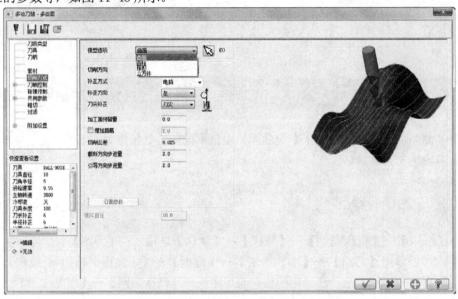

图 11-47 【切削方式】选项卡

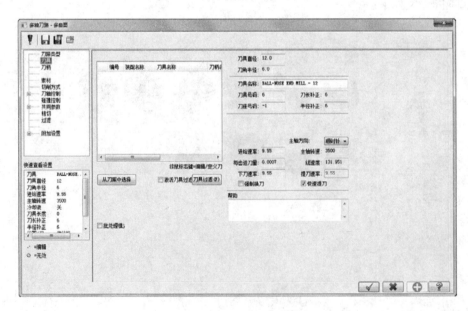

图 11-48 【刀具】选项卡

11.5.2 实例操作

网盘\动画演示\第 11 章\例 11-4.MP4

1. 打开加工模型

单击【快速访问工具栏】中的【打开】按钮，在弹出的【打开】对话框中选择【网盘→初始文件→第 11 章→例 11-4】文件，如图 11-49 所示。

2. 选择机床

为了生成刀路，首先必须选择一台实现加工的机床，本次加工用系统默认的铣床，即直接执行【机床】→【机床类型】→【铣床】→【默认】命令即可。

3. 工件设置

在操作管理区中，单击【素材设置】选项，系统弹出【机床分组属性】对话框。在该对话框中，设置工件材料的形状为【圆柱体】，设置圆柱体的中心轴为 Z，设置圆柱体的直径为 125、高度为 150，如图 11-50 所示。最后单击【机床分组属性】对话框中的【确定】按钮，完成毛坯的参数设置。

图 11-49　曲面五轴加工模型示意

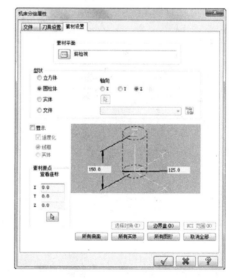

图 11-50　【机床分组属性】对话框

4. 创建刀路

单击【刀路】→【多轴加工】→【模型】→【多曲面】按钮或在刀路管理器的树状结构图空白区域右击，在弹出的快捷菜单中选择【铣床刀路】→【多轴加工】→【基本模型】→【多曲面】命令，系统弹出如图 11-46 所示对话框。

1）选择切削方式。单击【多轴刀路 - 多曲面】对话框中的【切削方式】选项卡，系统弹出如图 11-51 所示对话框，设置【模型选项】为【曲面】，并单击【选择】按钮，系统返回绘图区。然后选取如图 11-52 所示的 4 个切削样板并按 Enter 键，弹出【曲面流线设置】对话框，如图 11-53 所示。单击【确定】按钮 ，系统返回【多轴刀路 - 多曲面】对话框。设置如下
参数：【截断方向步进量】为 1，【引导方向步进量】为 1。

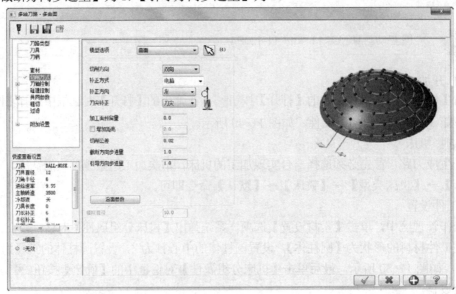

图 11-51 【切削方式】选项卡

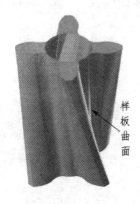

图 11-52 切削样板的选取

图 11-53 【曲面流线设置】对话框

2）刀具轴控制设置。单击【多轴刀路 - 曲面五轴】对话框中的【刀轴控制】选项卡，系统
弹出如图 11-54 所示对话框，设置【刀轴控制】为【曲面】。

3）设置刀具参数。单击【多轴刀路 - 多曲面】对话框中的【刀具】选项卡，进入刀具参数
设置区。单击【从刀库选择】按钮 从刀库选择 ，选择直径为 10 的球刀，并设置相应的刀具参数，
具体如下：【进给速率】为 300，【主轴转速】为 3000，【下刀速率】为 200，如图 11-55 所示。

设置完后，最后单击【多轴刀路 - 曲面五轴】对话框中的【确定】按钮 ，系统立即在
绘图区生成刀路，如图 11-56 所示。

5. 刀路验证、加工仿真与后处理

完成刀路设置以后，接下来就可以通过刀路模拟来观察刀路是否设置合适。单击操作管理器

中的【验证已选择的操作】按钮 ，系统弹出【Mastercam 模拟】对话框，单击【Mastercam 模拟】对话框中的【播放】按钮 ，图 11-57 所示为加工模拟的效果图。

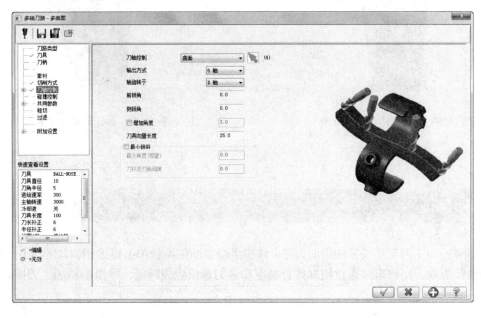

图 11-54　【刀轴控制】选项卡

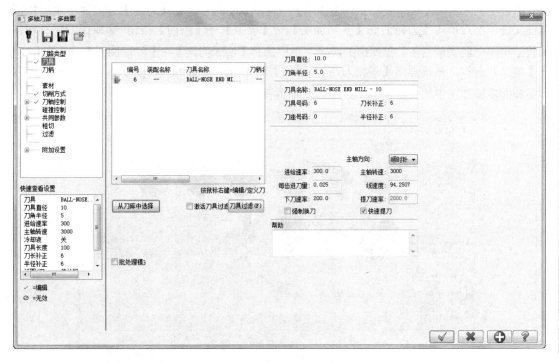

图 11-55　【刀具】选项卡

图 11-56　多曲面加工刀路示意　　　　　　　　图 11-57　加工模拟的效果

11.6 沿面多轴加工

沿面多轴加工用于生成多轴沿面刀路。该模组与曲面的流线加工模组相似，但其刀具的轴为曲面的法线方向。用户可以通过控制残脊高度和进刀量来生成精确、平滑的精加工刀路。

11.6.1 参数的设定

单击【机床】→【机床类型】→【铣床】→【默认】选项，在【刀路】管理器中生成机群组属性文件。然后单击【刀路】→【多轴加工】→【模型】→【沿面】按钮　或在刀路管理器的树状结构图空白区域右击，在弹出的快捷菜单中选择【铣床刀路】→【多轴加工】→【基本模型】→【沿面】命令，系统弹出【多轴刀路 - 沿面】对话框，如图 11-58 所示。该对话框中的内容和多曲面多轴加工中的内容基本一致，这里不再赘述。

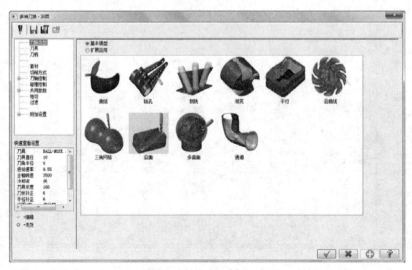

图 11-58　【多轴刀路-沿面】对话框

要生成五轴沿面加工刀路，除了要设置共有的刀具参数和多轴参数外，还要通过【多轴刀路－沿面】对话框中的【刀轴控制】选项卡来设置一组五轴沿面加工刀路特有的参数，【刀轴控制】选项卡如图 11-59 所示。

1．前倾角

【前倾角】输入框用来输入前倾或后倾角度。当输入值大于 0 时，刀具前倾；当输入值小于 0 时，刀具后倾。前倾和后倾角度的定义参见图 11-60。

2．侧倾角

【侧倾角】输入框用来输入侧倾的角度。侧倾角度的定义参见图 11-60。

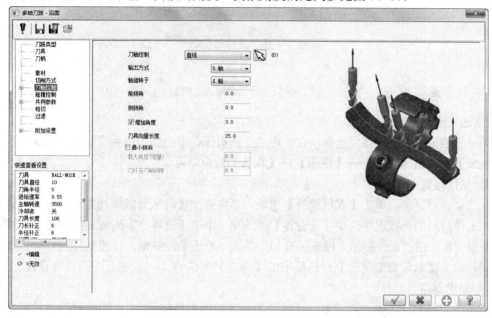

图 11-59　【刀轴控制】选项卡

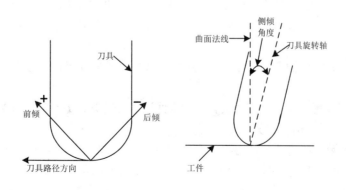

图 11-60　沿面加工参数示意

11.6.2 实例操作

网盘\动画演示\第 11 章\例 11-5.MP4

1．打开加工模型

单击【快速访问工具栏】中的【打开】按钮，在弹出的【打开】对话框中选择【网盘→初始文件→第 11 章→例 11-5】文件，如图 11-61 所示。

图 11-61　沿面多轴加工模型

2．选择机床

为了生成刀路，首先必须选择一台实现加工的机床，本次加工用系统默认的铣床，即直接执行【机床】→【机床类型】→【铣床】→【默认】命令即可。

3．工件设置

在操作管理区中，单击【素材设置】选项，系统弹出【机床分组属性】对话框。在该对话框中，在工件材料的形状栏中选中【立方体】单选项，单击【边界盒】按钮 边界盒(B)，弹出【边界盒】对话框，根据系统提示，框选所有加工曲面，单击 Enter 键，设置毛坯尺寸如图 11-62 所示，最后单击【机床分组属性】对话框中的【确定】按钮，完成毛坯的参数设置。

4．创建刀路

单击【刀路】→【多轴加工】→【模型】→【沿面】按钮或在刀路管理器的树状结构图空白区域右击，在弹出的快捷菜单中选择【铣床刀路】→【多轴加工】→【基本模型】→【沿面】命令，系统弹出【多轴刀路-沿面】对话框，如图 11-58 所示。

1）选择加工图素。单击【多轴刀路 –沿面】对话框中的【切削方式】选项卡。选中【曲面】选项并单击【选择】按钮，系统返回绘图区。在绘图区中选取如图 11-63 所示的曲面，最后按 Enter 键确定。系统弹出【曲面流线设置】对话框，确定切削方向后单击【确定】按钮。系统返回【多轴刀路 –沿面】对话框，设置如下参数：【切削方向】为【单向】，如图 11-64 所示。

2）刀具轴控制设置。单击【多轴刀路 –沿面】对话框中的【刀轴控制】选项卡，【刀轴控制】设置为【曲面】，【输出方式】设置为【5 轴】，如图 11-65 所示。

3）设置刀具参数。单击【多轴刀路 –沿面】对话框中的【刀具】选项卡，进入刀具参数设置区。单击【从刀库选择】按钮 从刀库选择，选择直径为 10 的球刀，并设置相应的刀具参数，具体如下：【进给速率】为 500，【主轴转速】为 2000，【下刀速率】为 400，【提刀速率】为 500，如图 11-66 所示。

设置完后单击【多轴刀路 –沿面五轴】对话框中的【确定】按钮，系统立即在绘图区生成刀路，如图 11-67 所示。

图 11-62　【机床分组属性】对话框

图 11-63　切削样板的选择

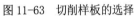

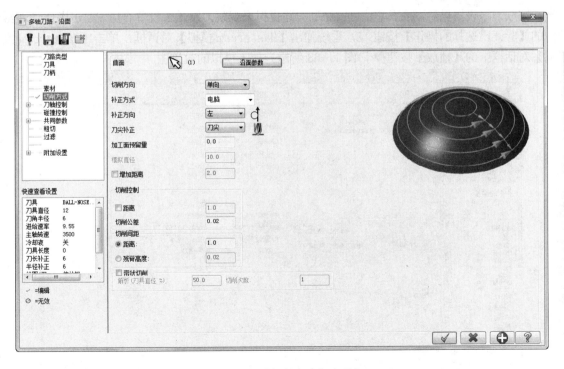

图 11-64　【切削方式】选项卡

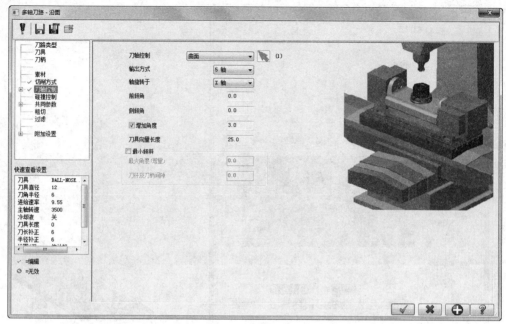

图 11-65　【刀轴控制】选项卡

5．刀路验证、加工仿真与后处理

完成刀路设置以后，接下来就可以通过刀路模拟来观察刀路是否设置合适。单击操作管理器中的【验证已选择的操作】按钮，系统弹出【Mastercam 模拟】对话框，单击【Mastercam 模拟】对话框中的【播放】按钮，图 11-68 所示为加工模拟的效果图。

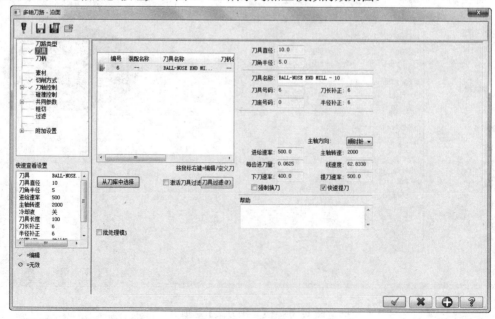

图 11-66　【刀具】选项卡

图 11-67　生成的刀路示意图　　　　图 11-68　加工模拟的效果

11.7　旋转五轴加工

五轴旋转加工用于生成 5 轴旋转加工刀路。该模组适合于加工近似圆柱体的工件，其刀具轴可在垂直设定轴的方向上旋转。

11.7.1　参数的设定

单击【机床】→【机床类型】→【铣床】→【默认】选项，在【刀路】管理器中生成机群组属性文件。然后单击【刀路】→【多轴加工】→【扩展应用】→【旋转】按钮 或在刀路管理器的树状结构图空白区域右击，在弹出的快捷菜单中选择【铣床刀路】→【多轴加工】→【扩展应用】→【旋转】命令，系统弹出【多轴刀路 - 旋转】对话框，如图 11-69 所示。下面对【多轴刀路 - 旋转】对话框中的选项卡进行简单介绍。

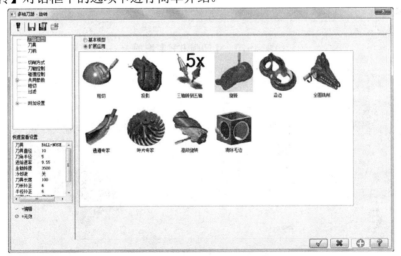

图 11-69　【多轴刀路 - 旋转】对话框

1. 切削方式选项卡

单击【多轴刀路 - 旋转】对话框中的【切削方式】选项卡，弹出如图 11-70 所示对话框，

其中参数含义如下:

1)切削公差:用于设置刀路的精度。较小的切削误差,会产生比较精确的刀路,但生成刀路的计算时间也随之增加。

2)封闭外形方向:该参数用于设置封闭外形的旋转 4 轴刀路的切削方向,Mastercam 提供了两个选项,即顺铣或逆铣。

3)开放外形方向:该参数用于设置开放式外形轮廓的旋转 4 轴刀路的切削方向,Mastercam 提供了两个选项,即单向或双向。

2. 刀轴控制设置

单击【多轴刀路 - 旋转】对话框中的【刀轴控制】选项卡,弹出如图 11-71 所示对话框,其中参数含义如下:

使用中心点:该选项在工件中心至刀具轴线使用一点,系统输出相对于曲面的刀具轴线。

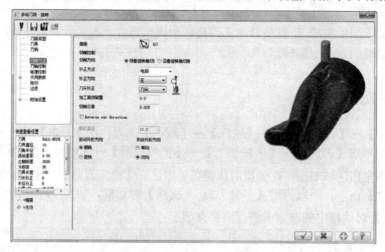

图 11-70 【切削方式】选项卡

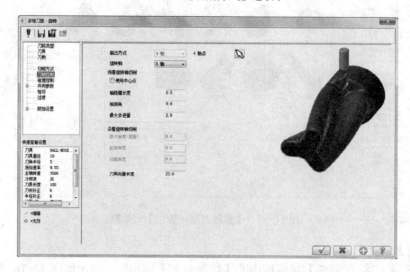

图 11-71 【刀轴控制】选项卡

11.7.2 实例操作

1. 打开加工模型

单击【快速访问工具栏】中的【打开】按钮，在弹出的【打开】对话框中选择【网盘→初始文件→第 11 章→例 11-6】文件，如图 11-72 所示。

2. 选择机床

为了生成刀路，首先必须选择一台实现加工的机床，本次加工用系统默认的铣床，即直接执行【机床】→【机床类型】→【铣床】→【默认】命令即可。

3. 工件设置

在操作管理区中，单击【素材设置】选项，系统弹出【机床分组属性】对话框；在该对话框中，在工件材料的形状栏中选中【立方体】单选项，单击【边界盒】按钮 边界盒(B) ，系统弹出【边界盒】对话框，根据系统提示，框选所有加工曲面，然后单击【确定】按钮，返回【机床分组属性】对话框，如图 11-73 所示。

图 11-72　外形铣削加工零件

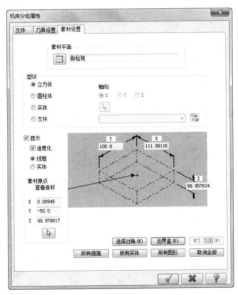

图 11-73　【机器群组属性】对话框

此时【机床分组属性】对话框中的毛坯尺寸以及素材原点 X、Y 文本框中的值相应改变，均使用原有值。如果选中【显示】复选框，就可以在绘图区中显示刚设置的毛坯，最后单击该对话框中的【确定】按钮，完成毛坯的参数设置。

4. 创建刀路

单击【刀路】→【多轴加工】→【扩展应用】→【旋转】按钮或在刀路管理器的树状结构图空白区域右击，在弹出的快捷菜单中选择【铣床刀路】→【多轴加工】→【扩展应用】→【旋

转】命令，系统弹出【多轴刀路-旋转】对话框，如图 11-69 所示对话框。

1）选择加工图素。单击【多轴刀路 －旋转】对话框中的【切削方式】选项卡，弹出如图 11-74 所示对话框，选中【曲面】选项后的【选择】按钮，系统返回绘图区。在该绘图区中选择如图 11-75 所示的曲面并按 Enter 键，系统返回【多轴刀路 －旋转】对话框，设置【开放外形方向】为【单向】。

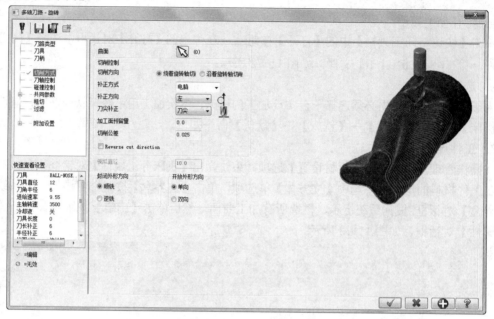

图 11-74 【切削方式】选项卡

2）设置刀具参数。单击【多轴刀路 －旋转】对话框中的【刀具】选项卡，进入刀具参数设置区。单击【从刀库选择】按钮 从刀库选择 ，选择直径为 10 的球刀，并设置相应的刀具参数，具体如下：【进给速率】为 400，【主轴转速】为 2000，【下刀速率】为 200，【提刀速率】为 200，如图 11-76 所示。

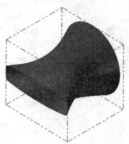

图 11-75 加工曲面选择示意

3）刀具轴控制。单击【多轴刀路 －旋转】对话框中的【刀轴控制】选项卡，设置如下参数：【旋转轴】为 Y 轴，【最大步进量】为 3，【刀具向量长度】为 15，如图 11-77 所示。

设置完后，最后单击【多轴刀路 －旋转】对话框中的【确定】按钮，系统立即在绘图区生成刀路，如图 11-78 所示。

5. 刀路验证、加工仿真与后处理

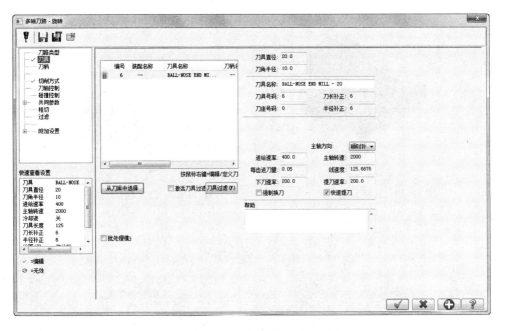

图 11-76　【刀具】选项卡

完成刀路设置以后，接下来就可以通过刀路模拟来观察刀路是否设置合适。单击操作管理器中的【验证已选择的操作】按钮，系统弹出【Mastercam 模拟】对话框，单击【Mastercam 模拟】对话框中的【播放】按钮，图 11-79 所示为加工模拟的效果图。

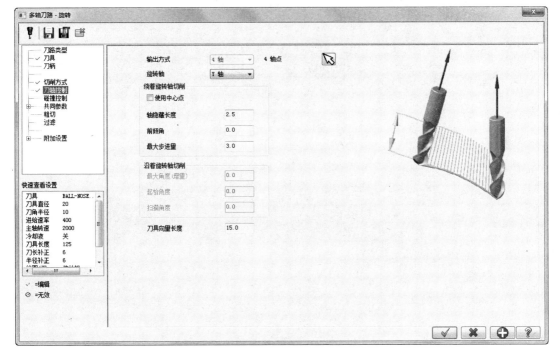

图 11-77　【刀轴控制】选项卡

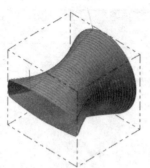

图 11-78　旋转刀路示意

图 11-79　加工模拟的效果

第12章

线架加工

线架加工是 Mastercam 早期版本就有的功能。对于一般的加工，需要先将线架绘制成曲面，再用曲面来产生刀具路径。这对于早期的计算机硬件配置极低的时候，是相当有难度的。因此，Mastercam 采用线架加工，即直接采用线架作为编程的基础，无需曲面。这样不仅减少了步骤，而且计算量上也减小了很多，速度就非常快了。

Mastercam 线架加工包括直纹加工、旋转加工、2D 扫描加工、3D 扫描加工、昆氏加工和举升加工。

重点与难点

- 直纹加工
- 旋转加工
- 2D 扫描加工、3D 扫描加工
- 昆氏加工

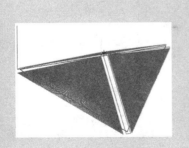

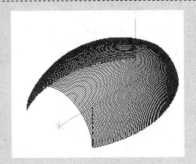

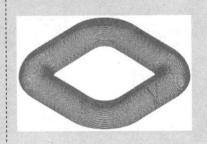

12.1 直纹加工

直纹加工主要是对两个或两个以上的 2D 截面产生类似线性直纹曲面式的刀具路径。如图 12-1 所示的图形即为直纹线架，下面以此例来说明参数设置。

12.1.1 直纹加工参数

1) 在【机床】选项卡【机床类型】面板中选择一种加工方法后（此处选择铣床），在【刀路】管理器中生成机群组属性文件，同时弹出【刀路】选项卡。单击【刀路】→【2D】→【2D铣削】→【直纹】按钮，弹出【串连选项】对话框，分别选取两个圆弧作为直纹加工的曲线，并且选取的位置必须一致，如图 12-2 所示。

图 12-1　直纹线架　　　　　图 12-2　选取曲线

2) 单击【串连选项】对话框中的【确定】按钮，系统弹出【直纹】对话框，如图 12-3 所示。在【直纹加工参数】选项卡中设置【切削方向】为【双向】，【截断方向切削量】为 1，截断方向即垂直于加工方向又垂直于直纹方向，相当于刀具路径之间的间距。【预留量】表示直纹加工最后的预留量。【安全高度】为绝对坐标，刀具从此位置下刀，并且抬刀也到此位置。【电脑补正位置】为【左】，即向曲面外补正。

图 12-3　【直纹】对话框

3）在直纹加工参数对话框中单击【确定】按钮，完成参数设置。系统根据参数生成刀具路径如图12-4所示。

图12-4　生成刀具路径

12.1.2　直纹加工实例

网盘\动画演示\第12章\例12-1.MP4

直纹加工截面可以是单个线条，也可以是多个线条，当然还可以是点，下面以实例来说明直纹加工参数设置的步骤。

【例12-1】对如图12-5所示的线架进行直纹加工，刀路结果，如图12-6所示。

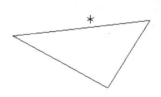

图12-5　五角星线架

图12-6　刀具路径结果

其步骤如下：

1）单击【快速访问工具栏】中的【打开】按钮，在弹出的【打开】对话框中选择【网盘→初始文件→第12章→例12-1】文件，单击【打开】打开(O)按钮，完成文件的调取。

2）单击【机床】→【机床类型】→【铣床】→【默认】选项，在【刀路】管理器中生成机群组属性文件。然后单击【刀路】→【2D】→【2D铣削】→【直纹】按钮，系统弹出【串连选项】对话框，用来选取直纹线架，选中串连和点，如图12-7所示。

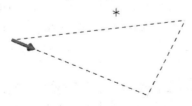

图12-7　选取串连

3）单击【串连选项】对话框中的【确定】按钮，系统弹出【直纹】对话框，该对话

框用来设置刀路参数、直纹加工参数等，如图 12-8 所示。

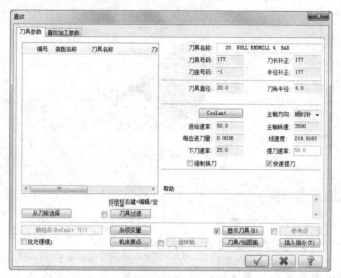

图 12-8　【直纹】对话框

4）在【刀具参数】选项卡中单击【从刀库选择】按钮 从刀库选择 ，弹出【选择刀具】对话框，选择直径为 8 的【球刀】，如图 12-9 所示，然后单击【选择刀具】对话框中的【确定】按钮 ，返回到【直纹】对话框，双击刀具图标，弹出【编辑刀具】对话框。

图 12-9　【选择刀具】对话框

5）在【编辑刀具】选项卡中设置刀具的具体参数，设置球刀的直径为 8，如图 12-10 所示。

6）在【刀具参数】选项卡的刀具列表框中显示创建了一把 D=8 的球刀，设置【进给速率】为 500，【下刀速率】为 200，【主轴转速】为 3000，并勾选【快速提刀】复选框，如图 12-11 所示。

7）在【直纹】对话框中单击【直纹加工参数】选项卡，在该选项卡中设置【切削方向】为【双向】，【截断方向切削量】为 0.5，【安全高度】为 30，【电脑补正位置】为【右】，即向曲面外补正，如图 12-12 所示。

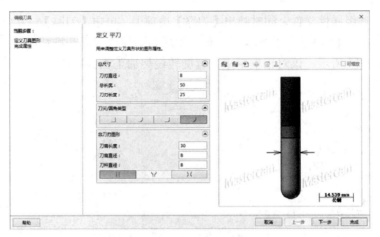

图 12-10　定义刀具参数

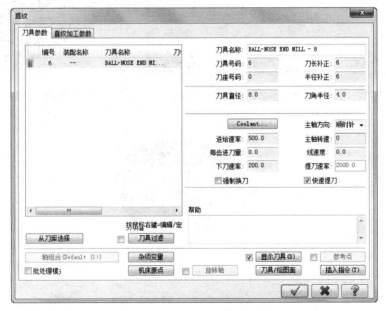

图 12-11　【刀具参数】选项卡

8）单击【直纹】对话框中的【确定】按钮，完成参数设置，系统根据设置的参数生成刀具路径，其结果如图 12-13 所示。

12.2 旋转加工

旋转加工能对 2D 截面绕指定的旋转轴产生旋转式刀路，产生的刀具路径如图 12-14 所示。下面将具体进行讲解旋转加工刀具路径的参数设置。

12.2.1 旋转加工参数

在【机床】选项卡【机床类型】面板中选择一种加工方法后（此处选择铣床），在【刀路】

管理器中生成机群组属性文件，同时弹出【刀路】选项卡。单击【刀路】→【2D】→【2D 铣削】
→【旋转】按钮，弹出【串连选项】对话框，分别选取旋转边界和旋转轴，系统弹出【旋转】
对话框，如图 12-15 所示。该对话框用来设置旋转线架加工相关参数。

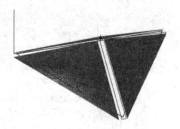

图 12-12　【直纹加工参数】选项卡　　　　　　　　图 12-13　刀路示意图

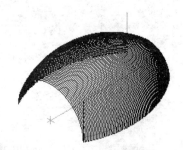

图 12-14　旋转刀具路径

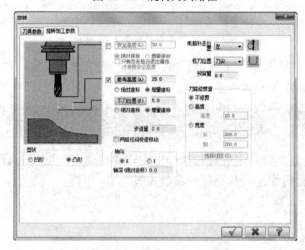

图 12-15　【旋转】对话框

其参数含义如下：

- 型状：用来设置旋转线架加工的形状，有凹形和凸形两种。
- 步进量：用来设置刀具路径之间的间距。
- 轴向：设置旋转线架加工的旋转轴。
- 电脑的补正位置：设置电脑补正的偏移方向，有左补偿和右补偿。从刀具切削方向看，刀具在曲面的左边就是左补偿，在右边就是右补偿。
- 校刀位置：有刀尖和中心，设置计算刀位点的参考。
- 刀路修剪至：设置刀具路径在高度和宽度上是否修剪。

12.2.2 旋转加工实例

网盘\动画演示\第 12 章\例 12-2.MP4

下面将以实例来说明旋转线架加工的参数设置步骤。

【例 12-2】对如图 12-16 所示的图形采用旋转线架加工，刀路结果如图 12-17 所示。

图 12-16　旋转线架

图 12-17　旋转刀具路径

其加工步骤如下：

1）单击【快速访问工具栏】中的【打开】按钮，在弹出的【打开】对话框中选择【网盘→初始文件→第 12 章→例 12-2】文件，单击【打开】 打开(O) 按钮，完成文件的调取。

2）单击【机床】→【机床类型】→【铣床】→【默认】选项，在【刀路】管理器中生成机群组属性文件。然后单击【刀路】→【2D】→【2D 铣削】→【旋转】按钮，系统弹出【串连选项】对话框，选择旋转串连，串连方向为顺时针，并选取旋转轴所在的点，如图 12-18 所示。

3）系统弹出【旋转】对话框，如图 12-19 所示。该对话框用来设置刀具路径参数、旋转加工参数等。

4）在【刀具参数】中单击【从刀库选择】按钮 从刀库选择 ，弹出【选择刀具】对话框，选择直径为 8 的【球刀】，如图 12-20 所示，然后单击【选择刀具】对话框中的【确定】按钮，返回到【旋转】对话框，双击刀具图标，弹出【编辑刀具】对话框。

5）在【编辑刀具】选项卡中设置刀具的具体参数，设置球刀的直径为 8，如图 12-21 所示。

6）在【刀具参数】选项卡的刀具列表框中显示创建了一把 D=8 的球刀，设置【进给速率】为 500，【下刀速率】为 200，【主轴转速】为 3000，并勾选【快速提刀】复选框，如图 12-22 所示。

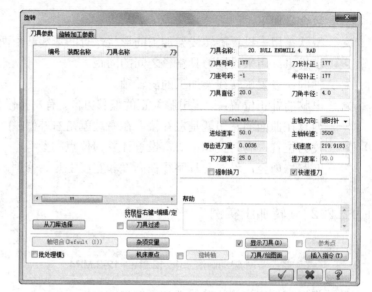

图 12-18　选取串连和点　　　　　　　　图 12-19　【刀具参数】选项卡

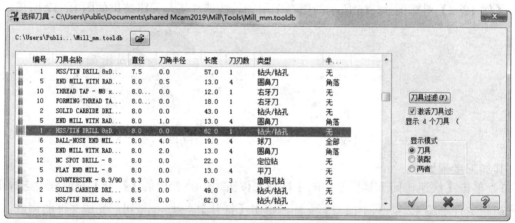

图 12-20　【选择刀具】对话框

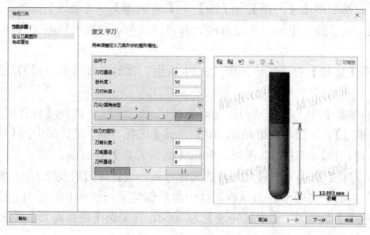

图 12-21　定义刀具参数

图 12-22 【刀具参数】选项卡

7）在【旋转】对话框中单击【旋转加工参数】选项，在该选项卡中设置【参考高度】为 25，【下刀位置】为 5，【步进量】为 2，【型状】选择【凸型】，如图 12-23 所示。

8）单击【旋转】对话框中的【确定】按钮 ✓，完成参数设置。系统根据设置的参数生成刀具路径，其结果如图 12-24 所示。

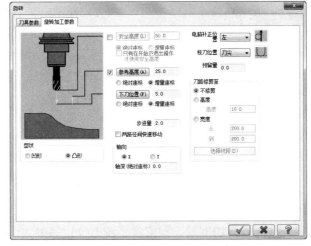

图 12-23 【旋转加工参数】选项卡

图 12-24 刀路示意图

12.3 2D 扫描加工

2D 扫描加工能对 2D 截面沿着指定的 2D 路径扫描产生扫描刀具路径。如图 12-25 所示的刀具路径即为 2D 扫描刀具路径。

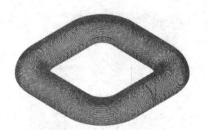

图 12-25　2D 扫描刀具路径

12.3.1　2D 扫描加工参数

使用 2D 扫描加工方法时，首先选择扫描截面，再选择扫描路径，最后选择扫描截面和扫描路径的相交点。选择完毕，系统根据设置的参数生成扫描刀路。

单击【机床】选项卡【机床类型】面板中的【铣床】按钮 ，选择默认选项，在【刀路】管理器中生成机群组属性文件，同时弹出【刀路】选项卡。单击【刀路】→【2D】→【2D 铣削】→【2D 扫瞄】按钮 ，弹出【串连选项】对话框，分别选取扫描截面、扫描路径和两者的交点，系统弹出【2D 扫描】对话框，如图 12-26 所示。

图 12-26　【2D 扫描】对话框

该对话框主要用来设置安全高度、截断方向切削量、预留量、校刀位置等参数。

12.3.2　2D 扫描加工实例

　网盘\动画演示\第 12 章\例 12-3.MP4

下面通过实例来说明 2D 扫描加工参数设置步骤。

【例 12-3】对图 12-27 所示的线架进行 2D 扫描加工，生成的刀路如图 12-28 所示。

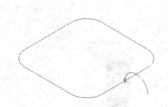

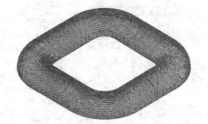

图 12-27　2D 扫描线架　　　　　　　　　图 12-28　2D 扫描加工刀路

其加工步骤如下：

1）单击【快速访问工具栏】中的【打开】按钮 📂，在弹出的【打开】对话框中选择【网盘→初始文件→第 12 章→例 12-3】文件，单击【打开】 打开(O) 按钮，完成文件的调取。

2）单击【机床】→【机床类型】→【铣床】→【默认】选项，在【刀路】管理器中生成机群组属性文件。然后单击【刀路】→【2D】→【2D 铣削】→【2D 扫瞄】按钮 ✎，系统弹出【串连选项】对话框，单击【串连选项】对话框中的【单体】按钮 ╱，选择 2D 扫描截面，然后单击【串连选项】对话框中的【串连】按钮 ⊙⊙⊙，选择扫描路径，在单击【串连选项】对话框中的【确定】按钮 ✓，系统提示【输入引导方向和截面方向的交点】，然后选择 2D 扫描截面和路径的交点，如图 12-29 所示。

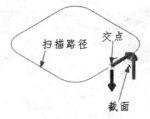

图 12-29　选择图素

3）系统弹出【2D 扫描】对话框，该对话框用来设置刀具路径参数、2D 扫描加工参数等。

4）在【刀具参数】中单击【从刀库选择】按钮 从刀库选择，弹出【选择刀具】对话框，选择直径为 8 的【球刀】，如图 12-30 所示，然后单击【选择刀具】对话框中的【确定】按钮 ✓，返回到【2D 扫描】对话框，双击刀具图标，弹出【编辑刀具】对话框。

图 12-30　【选择刀具】对话框

5）在【编辑刀具】对话框中设置刀具的具体参数，设置球刀的直径为 8，如图 12-31 所示。

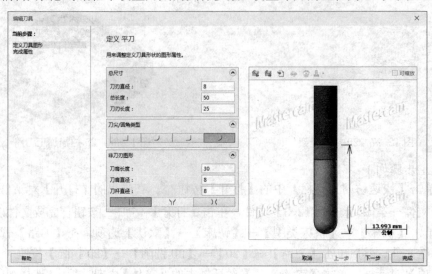

图 12-31　【编辑刀具】对话框

6）在【刀具参数】选项卡的刀具列表框中显示创建了一把 D=8 的球刀，设置【进给速率】为 500，【下刀速率】为 200，【主轴转速】为 3000，并勾选【快速提刀】复选框，如图 12-32 所示。

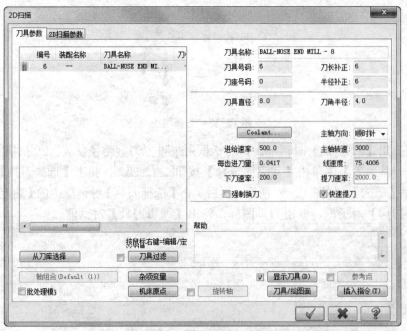

图 12-32　【刀具参数】选项卡

7）在【2D 扫描】对话框中单击【2D 扫描参数】选项卡，【截断方向切削量】设置为 1，【安全高度】设置为 30，如图 12-33 所示。

8）单击【2D 刀路】对话框中的【确定】按钮 ，完成参数设置。系统根据设置的参数生成刀具路径，其结果如图 12-34 所示。

图 12-33 【2D 扫描参数】选项卡

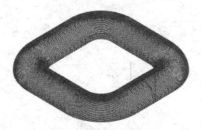

图 12-34 刀路示意图

12.4 3D 扫描加工

3D 扫描加工能使 2D 截面沿着 3D 路径进行扫描产生 3D 扫描刀路。如图 12-35 所示即为 3D 扫描刀路。

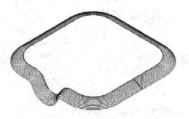

图 12-35 3D 扫描刀路

下面将对 3D 扫描刀路参数设置进行讲解。

12.4.1 3D 扫描加工参数

3D 扫描加工操作与 2D 扫描加工类似，需要设置扫描截面的数量，然后选择扫描截面图素，最后选择扫描路径，与 2D 扫描加工不同的是，3D 扫描加工不需要选取截面和路径之间的交点。

单击【机床】→【机床类型】→【铣床】→【默认】选项，在【刀路】管理器中生成机群组属性文件。然后单击【刀路】→【2D】→【2D 铣削】→【3D 扫描】按钮，系统弹出【请输入断面外形数量】对话框，在对话框中输入数值，单击 Enter 键，系统弹出【串连选项】对话框，选择扫描截面和扫描路径，并单击【串连选项】对话框中的【确定】按钮，系统弹出【3D 扫描】对话框，如图 12-36 所示。在【3D 扫描加工参数】选项卡中设置 3D 扫描加工相关参数。

图 12-36 【3D 扫描】对话框

3D 扫描加工参数主要设置引导方向和截断方向的切削量、切削方向、安全高度、电脑补正位置等。下面将通过具体实例来说明参数设置步骤。

12.4.2 3D 扫描加工实例

网盘\动画演示\第 12 章\例 12-4.MP4

本节将通过实例来介绍 3D 扫描加工参数的设置步骤。

【例 12-4】对如图 12-37 所示图形用 3D 扫描进行加工，刀路结果如图 12-38 所示。

其加工步骤如下：

1）单击【快速访问工具栏】中的【打开】按钮，在弹出的【打开】对话框中选择【网盘→初始文件→第 12 章→例 12-4】文件，单击【打开】  按钮，完成文件的调取。

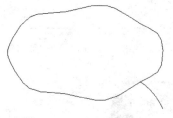

图 12-37　3D 扫描线架

图 12-38　刀路结果

2）单击【机床】→【机床类型】→【铣床】→【默认】选项，在【刀路】管理器中生成机群组属性文件。然后单击【刀路】→【2D】→【2D 铣削】→【3D 扫瞄】按钮 ，在弹出的【请输入断面外形数量】对话框中输入截面数量 1，按 Enter 键。系统弹出【串连选项】对话框，选择 3D 扫描截面，再选择扫描路径，如图 12-39 所示，单击【串连选项】对话框中的【确定】 ，按钮完成图素的选择。

图 12-39　选取串连和点

3）弹出【3D 扫描】对话框，该对话框用来设置刀具路径参数、3D 扫描加工参数等。

4）在【刀具参数】选项卡中单击【从刀库选择】按钮 ，弹出【选择刀具】对话框，选择直径为 8 的【球刀】，如图 12-40 所示对话框，然后单击【选择刀具】对话框中的【确定】按钮 ，返回到【3D 扫描】对话框，双击刀具图标，弹出【编辑刀具】对话框。

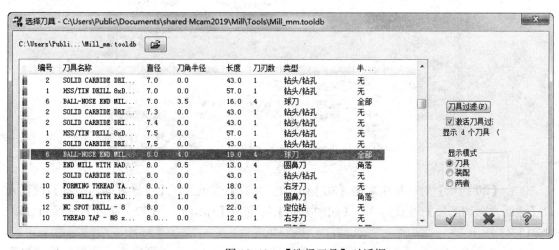

图 12-40　【选择刀具】对话框

5）在【编辑刀具】选项卡中设置刀具的具体参数，设置球刀的直径为 D=8。如图 12-41 所示。

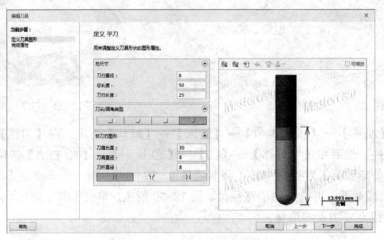

图 12-41　【编辑刀具】对话框

6）在【刀具参数】选项卡的刀具列表框中显示创建了一把 D=8 的球刀，设置【进给速率】为 500，【下刀速率】为 200，【主轴转速】为 3000，并勾选【快速提刀】复选框，如图 12-42 所示。

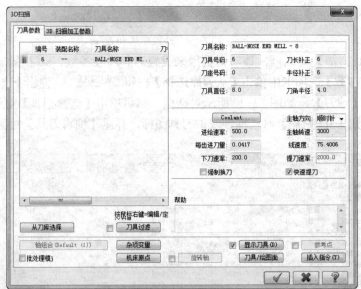

图 12-42　【刀具参数】选项卡

7）在【3D 扫描】对话框中单击【3D 扫描加工参数】选项卡，【引导方向切削量】设置为 1，【截断方向切削量】设置为 1，【切削方向】设置为【环切】，【安全高度】设置为 30，如图 12-43 所示。

8）单击【3D 扫描】对话框中的【确定】按钮，完成参数设置。系统根据设置的参数生成刀路。其结果如图 12-44 所示。

图 12-43　【3D 扫描加工参数】选项卡

图 12-44　生成刀具路径

12.5　昆氏加工

昆氏加工主要是对由昆氏线架所组成的曲面模型产生刀具路径。如图 12-45 所示的刀具路径即为昆氏线架加工。

图 12-45　昆氏线架

12.5.1　昆氏加工参数

单击【机床】→【机床类型】→【铣床】→【默认】选项，在【刀路】管理器中生成机群组属性文件。然后单击【刀路】→【自定义】→【混式加工】按钮，在弹出的【输入引导方向缀面数】和【输入截断方向缀面数】对话框中输入切削方向和截断方向的曲面数目，按 Enter键弹出【串连选项】对话框，选择切削方向和截断方向的线架即可，选择完毕后，系统弹出【昆氏加工】对话框。该对话框中的【昆氏加工参数】选项卡用来设置昆氏加工参数，如图 12-46所示。

12.5.2　昆氏加工实例

网盘\动画演示\第 12 章\例 12-5.MP4

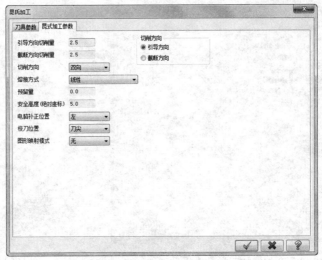

图 12-46 【昆氏加工】对话框

【例 12-5】对如图 12-47 所示图形采用昆氏加工进行铣削,刀具路径结果如图 12-48 所示。

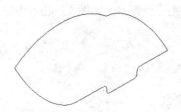

图 12-47 昆氏线架

图 12-48 昆氏刀具路径

其加工步骤如下:

1)单击【快速访问工具栏】中的【打开】按钮，在弹出的【打开】对话框中选择【网盘→初始文件→第 12 章→例 12-5】文件,单击【打开】 打开(O) 按钮,完成文件的调取。

2)单击【机床】→【机床类型】→【铣床】→【默认】选项,在【刀路】管理器中生成机群组属性文件。然后单击【刀路】→【自定义】→【混式加工】按钮,将昆氏截面的引导方向和截断方向曲面数目均设为 1,弹出【串连选项】对话框,单击【单体】按钮,根据系统提示分别拾取引导方向的曲线 1、2 和截断方向的曲线 3,再单击对话框中的【部分串连】按钮,拾取曲线 4 的开始和结束部分,完成串连。如图 12-49 所示,单击【串连选项】对话框中的【确定】按钮。

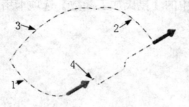

图 12-49 选取串连和点

3）系统弹出【昆氏加工】对话框，该对话框用来设置刀具路径参数、昆氏加工参数。

4）在【刀具参数】中单击【从刀库选择】按钮 从刀库选择 ，弹出【选择刀具】对话框，选择直径为 4 的【球刀】，出如图 12-50 所示对话框，然后单击【选择刀具】对话框中的【确定】按钮 ，返回到【昆式加工】对话框，双击刀具图标，弹出【编辑刀具】对话框。

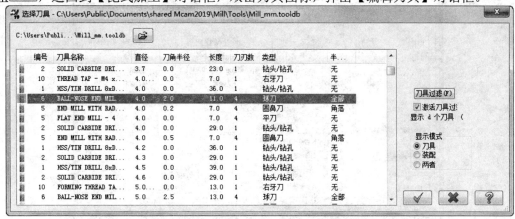

图 12-50 【选择刀具】对话框

5）在【编辑刀具】选项卡中设置刀具的具体参数，设置球刀的直径为 D=4，如图 12-51 所示。

6）在【刀具路径参数】选项卡的刀具列表框中显示创建了一把 D=4 的球刀，设置【进给速率】为 500，【下刀速率】为 200，【主轴转速】为 3000，并勾选【快速提刀】复选框，如图 12-52 所示。

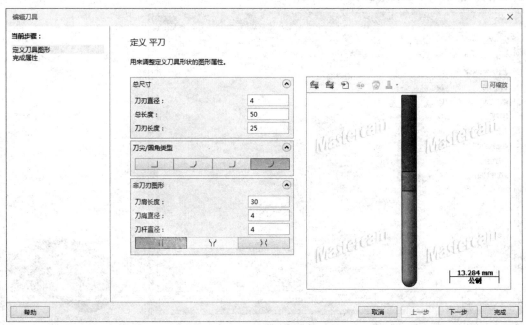

图 12-51 【编辑刀具】对话框

Mastercam 2019

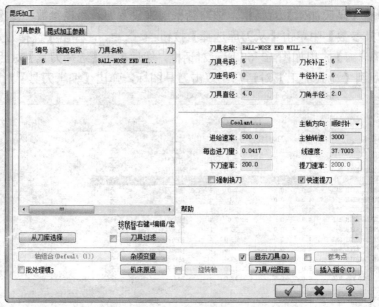

图 12-52 【刀具参数】选项卡

7）在【昆氏加工】对话框中单击【昆氏加工参数】选项卡，【引导方向切削量】设置为 1，【截断方向切削量】设置为 1，【切削方向】设置为【双向】，【熔接方式】设置为【抛物线】，【安全高度】设置为 30，如图 12-53 所示。

8）单击【昆式加工】对话框中的【确定】按钮 ，完成参数设置。系统根据设置的参数生成刀具路径。其结果如图 12-54 所示。

图 12-53 【昆氏加工】对话框   图 12-54 生成刀具路径

12.6 举升加工

举升线架加工能对多个举升截面产生举升加工刀具路径。举升加工刀具路径操作与举升曲面操作一样。如图 12-55 所示的加工刀具路径即为简单的举升刀具路径。

12.6.1 举升加工参数

举升加工操作与举升曲面类似，调取命令后选取举升线架，举升串连的选取必须起点对应。单击【机床】→【机床类型】→【铣床】→【默认】选项，在【刀路】管理器中生成机群组属性文件。然后单击【刀路】→【2D】→【2D 铣削】→【举升】按钮 ⬙，系统弹出【串连选项】对话框，选择举升线框，系统弹出【举升加工】对话框，如图 12-56 所示。该对话框用来设置举升线架加工相关参数。调用命令后选择举升线架，选择线架的起点必须对应。

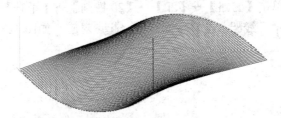

图 12-55　举升加工

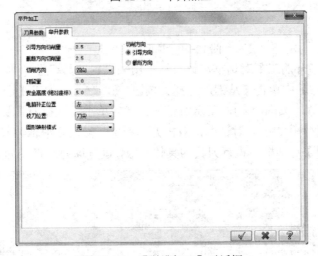

图 12-56　【举升加工】对话框

12.6.2 举升加工实例

参见网盘　网盘\动画演示\第 12 章\例 12-6.MP4

【例 12-6】对如图 12-57 所示的图形采用举升线架加工，刀具路径结果如图 12-58 所示。

图 12-57　举升线架

图 12-58　举升刀具路径

其加工步骤如下：

1）单击【快速访问工具栏】中的【打开】按钮，在弹出的【打开】对话框中选择【网盘→初始文件→第 12 章→例 12-6】文件，单击【打开】 打开(O) 按钮，完成文件的调取。

2）单击【机床】→【机床类型】→【铣床】→【默认】选项，在【刀路】管理器中生成机群组属性文件。然后单击【刀路】→【2D】→【2D 铣削】→【举升】按钮，系统弹出【串连选项】对话框，选择举升线架，注意方向一致，起点对应，如图 12-59 所示。

图 12-59　选取串连和点

3）系统弹出【举升加工】对话框，该对话框用来设置刀具路径参数、举升加工参数。

4）在【刀具参数】中单击【从刀库选择】按钮 从刀库选择 ，弹出【选择刀具】对话框，选择直径为 8 的【球刀】，如图 12-60 所示对话框，然后单击【选择刀具】对话框中的【确定】按钮，返回到【举升加工】对话框，双击刀具图标，弹出【编辑刀具】对话框。。

5）在【编辑刀具】对话框中设置刀具的具体参数，设置球刀的直径为 8，如图 12-61 所示。

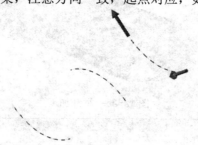

图 12-60　【选择刀具】对话框

6）在【刀具参数】选项卡的刀具列表框中显示创建了一把 D=8 的球刀，设置【进给速率】为 500，【下刀速率】为 200，【主轴转速】为 3000，并勾选【快速提刀】复选框，如图 12-62 所示。

7）在【举升加工】对话框中单击【举升参数】选项卡，【引导方向切削量】设置为 1，【截断方向切削量】设置为 1，【切削方形】设置为【双向】，【安全高度】设置为 30，如图 12-63 所示。

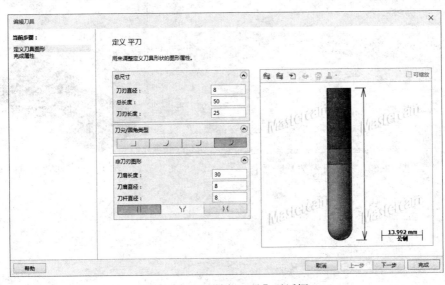

图 12-61　【编辑刀具】对话框

8）单击【举升加工】对话框中的【确定】按钮 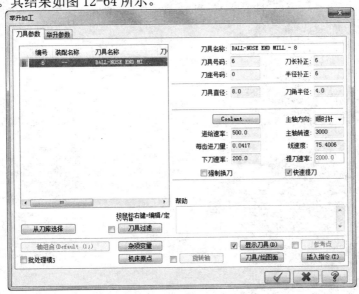 ，完成参数设置。系统根据设置的参数生成刀具路径。其结果如图 12-64 所示。

图 12-62　【刀具参数】选项卡

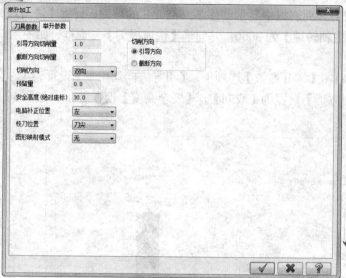

图 12-63　【举升参数】选项卡

图 12-64　生成刀具路径